F. FAIDEAU et Aug. ROBIN

SCIENCES NATURELLES

BREVET ÉLÉMENTAIRE

et cours complémentaires

LIBRAIRIE LAROUSSE. PARIS

PRIX : 2 FR. 75

SCIENCES NATURELLES

AVEC 397 REPRODUCTIONS PHOTOGRAPHIQUES
OU DESSINS ET 4 PLANCHES EN COULEURS; PAR

F. FAIDEAU,
PROFESSEUR DE SCIENCES
NATURELLES A L'ÉCOLE
JEAN-BAPTISTE SAY

AUG. ROBIN,
CORRESPONDANT DU
MUSÉUM NATIONAL
D'HISTOIRE NATURELLE

LIBRAIRIE LAROUSSE. — PARIS

13-17, RUE MONTPARNASSE. — SUCC^on, 58, RUE DES ÉCOLES

ENSEIGNEMENT PRIMAIRE

Cours complet de Sciences physiques et naturelles

I. — SCIENCES PHYSIQUES ET NATURELLES
par Dutilleul et Ramé
Cours élémentaire et moyen, 1 fr. 10.

II. — SCIENCES PHYSIQUES ET NATURELLES
par Dutilleul et Ramé
Cours moyen et supérieur (*Certificat d'études*), 1 fr. 50.

III. — SCIENCES NATURELLES, par Faideau et Robin.
Brevet élémentaire et Cours complémentaires, 2 fr. 75.

En préparation :

IV. — SCIENCES PHYSIQUES (*Physique et Chimie*)
par Grandmontagne
Brevet élémentaire et Cours complémentaires.

PRÉFACE

C E volume contient l'étude des sciences les plus captivantes : celles qui constituent l'*Histoire naturelle*. Il est divisé en cinq parties : L'*Homme* (anatomie, physiologie, hygiène) ; *Zoologie* (classification des animaux) ; *Botanique* (anatomie et classification des plantes) ; *Géologie* (roches, phénomènes actuels, terrains) et *Cultures*.

En présentant à l'élève l'étude des sciences de la Nature, nous avons voulu lui offrir, avec la clarté du texte et l'exactitude scientifique, l'éducation des yeux. Dans ce but, notre illustration, abondante et soignée, a eu recours à des représentations réellement artistiques et à la photographie non retouchée. En feuilletant ce livre, l'élève trouvera ainsi à chaque page les *formes vraies* des êtres et des choses : au lieu de pervertir sa vision avec des images incorrectes, nous lui montrons les formes toujours admirables de la Nature. En faisant ainsi, nous nous sommes rigoureusement associés à l'esprit des programmes nouvellement conçus pour l'enseignement du dessin. En effet, il ne faut pas attendre pour développer le goût chez l'enfant, il faut le saisir en sa jeunesse, car ses premières impressions sont les plus durables, et elles influent d'une manière très nette sur la mentalité future de l'individu. Ainsi se trouve réalisé un véritable enseignement par les yeux, et ce souci était d'autant plus indiqué dans nos livres, que la Nature et l'Art se suivent de très près : le second n'étant, en réalité, qu'une forme de culte rendu à la première.

Afin de rester lisible, une illustration aussi importante exigeait l'adoption d'un grand format ; pour ne pas créer un nouveau format scolaire, nous avons simplement adopté celui des cahiers cartonnés en usage dans les classes. D'autre part, il est évident qu'une illustration exclusivement artistique et photographique serait insuffisante dans un ouvrage destiné à l'enseignement : nous y avons joint, partout où ils étaient nécessaires, notamment dans les parties consacrées à l'anatomie, tous les schémas qu'exigeait la compréhension du texte.

Les *résumés* nous ont paru indispensables pour mettre en évidence ce que le texte qui les précède comporte d'*essentiel*. Mais, au lieu de les composer en petits caractères et de les réunir à la fin de chaque chapitre, où ils ne sont pas lus, nous les avons multipliés en les plaçant à la fin de chaque paragraphe, et cela dès que certains éléments pouvaient être utilement condensés. Nous leur avons d'ailleurs réservé le caractère *italique*, qui les différencie très nettement du texte courant. Ayant suivi le cours

du professeur, il suffira donc à l'élève de *lire* nos chapitres avec attention, de vouloir les *comprendre*, puis de bien *retenir* le mot à mot des résumés. Après avoir fragmenté pour apprendre, il faut réunir pour comparer : 15 *Tableaux-résumés*, illustrés pour la plupart, donnent les vues d'ensemble nécessaires.

L'*Index alphabétique* placé à la fin du volume a été établi avec un très grand soin ; il comporte un très grand nombre de renvois aux paragraphes. Nous y avons consigné toutes les *étymologies* utiles.

PROGRAMME OFFICIEL DU BREVET ÉLÉMENTAIRE

NOTIONS DE SCIENCES NATURELLES.

L'homme. — Notions sur la digestion **7** à **14**, la circulation **20** à **26**, la respiration **28** à **31**, le système nerveux **44** à **46**, les organes des sens **47** à **51**, conseils pratiques d'hygiène **17, 27, 32, 36, 43, 53**, abus du tabac **52**.

Des *boissons*. — 1° L'eau (**16**) ; 2° Boissons aromatiques : thé, café **17** ; 3° Boissons fermentées : cidre, bière, vin ; leur action : effets nuisibles de ces boissons sur la santé **17** ; 4° Boissons distillées : alcool ; effets nuisibles de leur usage habituel **18, 19** ; 5° Boissons distillées additionnées d'essence : absinthe ; graves dangers de leur usage **18**. L'ivresse et l'alcoolisme ; influence de l'alcoolisme des parents sur la santé des enfants **19**.

Les *animaux*. — Grands traits de la classification ; animaux utiles et animaux nuisibles **55** à **111**.

Les *végétaux*. — Parties essentielles de la plante **112** à **153**, principaux groupes **154** à **178**, herborisations.

Les *minéraux*. — Notions sommaires sur le sol **179, 196**, les roches **182** à **187**, les fossiles **182, 196**, les terrains **197** à **208**. Exemples tirés de la contrée. Excursions et petites collections.

Agriculture et Horticulture 1. — Notions plus méthodiques sur les travaux agricoles **211, 212, 216** à **225**, les outils aratoires **217** à **220**, le drainage **213**, les engrais naturels et artificiels **214, 215**, les semailles et les récoltes **219** à **225**. Les animaux domestiques **226** à **229**. La comptabilité agricole. Notions d'horticulture **230** à **236**. Principaux procédés de multiplication des végétaux les plus utiles de la contrée **151** à **154**. Notions d'arboriculture **235**. Greffes les plus importantes **153**.

1 Les Notions d'Agriculture et d'Horticulture *ne font pas partie du programme du Brevet élémentaire pour les jeunes filles.*

Phot. Gambier, Bolton.

Fig. 1. — Groupe de singes *Entelles*, vénérés aux Indes.

LES SCIENCES NATURELLES

LES *sciences naturelles* sont constituées par l'ensemble des connaissances que nous possédons sur la nature, et c'est là un domaine très vaste, car ce qui nous paraît y être étranger en vient et y retournera. Le caractère artificiel d'un objet fabriqué n'est que provisoire; cet objet, en effet, a été obtenu avec un ou plusieurs corps naturels et son altération progressive le ramènera fatalement, au bout d'un temps plus ou moins long, dans le milieu d'où il est sorti. C'est ainsi que les sciences naturelles sont mères de toutes les autres sciences et qu'on les retrouve à la base de toutes choses.

La nature, c'est notre terre entière avec ses continents et ses mers, ses montagnes, ses forêts, ses bêtes innombrables. Aussi l'étude d'un ensemble si grand a-t-elle dû être partagée et l'on a ainsi établi trois grandes divisions, trois règnes, qui sont: le règne *minéral* pour tout ce qui est privé de vie, comme les pierres; le règne *végétal* pour les plantes, et le règne *animal* pour les bêtes. La science à laquelle a été réservée l'étude du règne minéral est la *Géologie*; celle qui s'occupe du règne végétal est la *Botanique*, et celle qui s'intéresse au règne animal est la *Zoologie*. Or, en réfléchissant un peu, vous allez voir qu'il n'existe rien à la surface du globe, rien autour de vous, rien sur vous-même qui n'appartienne à l'un de ces trois règnes ou qui n'en vienne.

En voici des exemples : votre cravate de soie est d'origine animale; sa substance a pour auteur la larve d'un papillon qui est le ver à soie. Votre mouchoir de toile a été tissé avec les fibres du chanvre ou du lin, qui sont des végétaux. Les lames du canif avec lequel vous taillez votre crayon ont été empruntées à la terre sous forme de minerai de fer.

Il en est de même dans la classe. La serviette dans laquelle vous rangez vos livres est en cuir : elle représente la peau d'un animal. La table sur laquelle vous travaillez est en bois et les planches en ont été taillées dans un tronc d'arbre. Les vitres qui laissent entrer la lumière dans la salle ont été fabriquées avec un sable très fin et très pur.

Chez vos parents, dans votre chambre, le tapis qui est devant votre lit est fait de la laine d'un mouton. Les rideaux blancs de votre fenêtre sont en coton ; l'industrie en a trouvé les éléments dans le fruit d'un arbuste qui est le cotonnier. Enfin, la cuvette qui sert à vos ablutions est en faïence : elle a été fabriquée avec l'argile que l'on trouve dans le sol.

Comme le règne *végétal*, le règne *animal* recouvre la masse du règne *minéral* d'une sorte d'enveloppe à peu près ininterrompue, car si les gros animaux sont très clairsemés, sauf certaines exceptions, les petits pullulent à la surface du sol comme dans les eaux ; quant aux infiniment petits, ils sont partout : leur nombre incalculable, même sur un petit espace, est déconcertant.

Dans la campagne la plus solitaire, la plus dénuée de gibier et que les oiseaux semblent même avoir fuie, soulevez l'écorce des vieux arbres, vous y trouverez toute une série de bestioles appartenant au vaste embranchement des Articulés. Dans la mousse, ce seront des petites coquilles terrestres. Sous les pierres, dans l'herbe, ou à la base des vieux murs, de nouvelles populations vous apparaîtront. Dans les cultures, une foule d'organismes prélèvent un véritable impôt sur la récolte que l'homme attend. Dans la terre végétale, des vers de plusieurs espèces se nourrissent de l'aliment destiné à la plante. Sur le vieux chemin, la boue argileuse qui occupe le fond de l'ornière révélerait à l'aide du microscope un nombre très grand d'organismes qui, durant les périodes de sécheresse, vivent d'une vie latente, d'une vie dont l'activité est momentanément suspendue ; ils retrouveront le mouvement dès que la pluie viendra délayer leur milieu.

Les petites mares persistantes, aux eaux troubles, ont des milliards d'habitants ; il est de ces mares dont la vase est une véritable boue vivante. Toutes proportions gardées, la mer offre des conditions analogues ; en dehors des cétacés, des poissons et de tous les gros animaux qu'elle nourrit, elle tient en suspension dans ses eaux d'interminables nuées d'organismes dont le nombre est si grand que la chute de leurs minces débris sur le fond donne naissance à des dépôts considérables.

Les trois règnes de la nature forment ainsi une véritable association dans laquelle chaque élément ne peut se passer des deux autres.

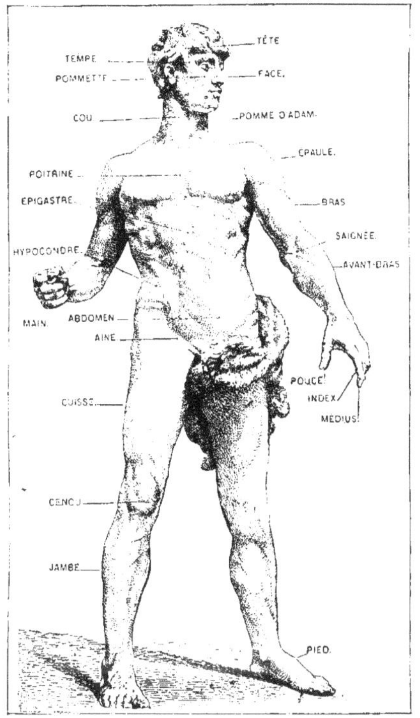

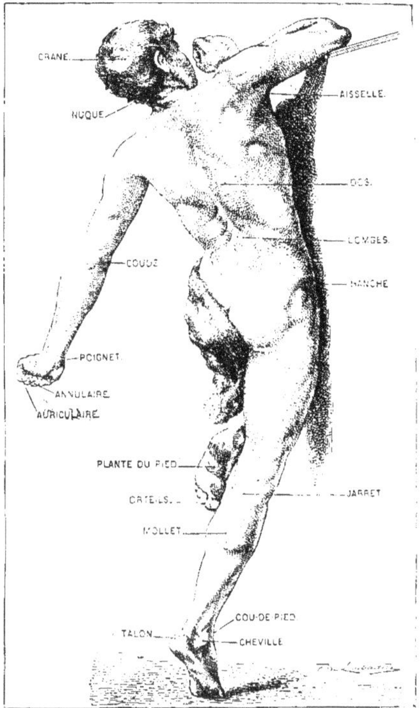

Fig. 2 et 3. — *Régions* du corps humain.

L'HOMME

I. TISSUS, ORGANES

1. Règnes de la nature. — Il est parfois bien difficile de déterminer le *règne* auquel appartient un corps naturel. Ainsi le *corail* (*fig.* 4) fut considéré d'abord comme *minéral* parce que sa substance est pierreuse ; puis, comme *végétal* à cause de sa structure ramifiée et parce qu'il semblait souvent couvert de fleurs ; enfin, comme *animal* parce qu'on reconnut que chacune de ses fleurs était un être doué de mouvement. On s'aperçut ainsi qu'il s'agissait d'une *colonie animale*, c'est-à-dire d'animaux groupés en colonie, sur un édifice de nature minérale.

On sait aujourd'hui mieux différencier les trois règnes. Les corps minéraux ne possèdent pas d'*organes*, pas de *fonctions* ; ils ne se *meuvent* pas ; ils ne se *nourrissent* pas,

Fig. 4. — *Structure ramifiée du Corail.*

c'est-à-dire qu'ils ne transforment pas en leur propre substance des éléments empruntés au dehors ; ils ne vivent pas, ce sont des corps *bruts*. Les plantes et les animaux sont au contraire des êtres *vivants*, c'est-à-dire qu'ils ont un commencement, la *naissance*, et une fin, la *mort*. Entre ces deux termes ils se nourrissent, se développent et se multiplient. Pendant toute la durée de leur vie, ils font à l'aide de leurs organes des échanges de matières avec le milieu extérieur : ce sont des *organismes*. Leur corps est formé de parties microscopiques nommées cellules.

※ *Les trois règnes de la nature sont les règnes* animal, végétal *et* minéral. *Les animaux et les plantes sont des êtres vivants ; ils sont formés de cellules, se nourrissent et se multiplient. Les minéraux sont des corps bruts ; ils n'ont pas d'organes.*

2. Distinction des êtres. — La distinction entre le règne animal et le règne végétal est parfois très difficile, quand il s'agit d'êtres inférieurs : on ne peut citer aucun caractère absolu différenciant tous les animaux de toutes les plantes. La différence essentielle est dans le mode de *nutrition*. La plante, toujours fixée, puise sur place, dans le sol et dans l'air, les substances minérales qu'elle transforme en aliments, tels que amidon, sucre. L'animal ne peut former ses aliments et, même quand il est fixé, il se nourrit d'autres organismes. Devant chercher sa nourriture, il est doué de *sensibilité* et de *mouvements d'ensemble* ; la plupart des plantes en sont dépourvues.

※ *L'animal se distingue de la plante par son mode de* nutrition, *d'où dérivent chez lui la sensibilité et les mouvements d'ensemble.*

3. Cellules. — Une cellule *fig. 5* est une petite masse vivante de matière analogue au

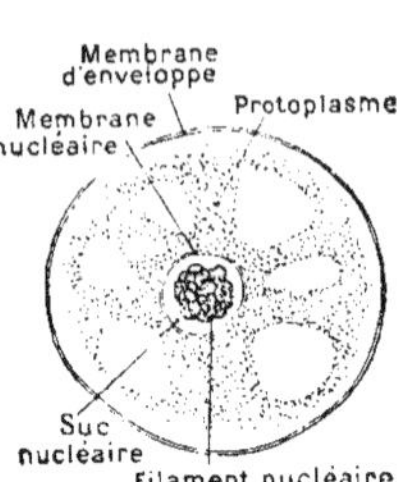

Fig. 5. — *Cellule* animale.

blanc d'œuf ou albumine, et que l'on nomme *protoplasme*. Elle est limitée ordinairement par une membrane de même nature, et un *noyau* de protoplasme condensé en occupe l'intérieur. Un très fort grossissement montre que le protoplasme présente une structure en réseau et que le noyau est composé surtout d'un *filament* très replié.

Certains animaux ne sont formés que d'une seule cellule, tels sont les Infusoires, que l'on peut observer au microscope dans une goutte d'eau stagnante ; mais la plupart des animaux comprennent un nombre immense de cellules réunies, résultant de la division d'une cellule unique, nommée *œuf*. Ce qui fait la supériorité d'un animal, ce n'est pas le grand nombre des cellules qui le composent, c'est la diversité de leurs formes et de leurs fonctions, c'est la *division du travail* qu'elles accomplissent. Il en résulte que, malgré sa petite taille, une Fourmi est un animal bien supérieur à une Éponge ou à une Huître.

※ *La cellule est une petite masse de protoplasme dont une partie est condensée en* noyau. *La supériorité d'un animal résulte de la division du travail de ses cellules.*

4. Tissus. — Un *tissu* est un ensemble de cellules différenciées de la même manière pour accomplir un même travail *fig. 6*. Nous distinguerons chez l'homme : 1° Les tissus *épithéliaux*, qui recouvrent la surface du corps (épiderme) ou en tapissent les tubes et cavités ; ils sont constitués par des cellules juxtaposées de formes variables ; 2° Les tissus de *soutien*, composés de cellules qu'une matière interstitielle sépare les unes des autres. Dans le tissu *conjonctif*, qui relie entre eux tous les organes, les cellules sont séparées par de longs filaments ou *fibres conjonctives* ; dans le

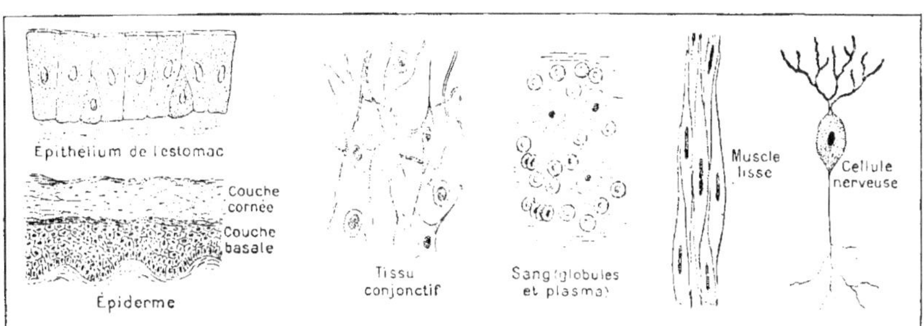

Fig. 6. — Les principaux *tissus* du corps humain.

tissu *cartilagineux* elles sont séparées par une matière assez dure, mais un peu flexible ; dans le tissu *osseux*, par des sels calcaires ; 3° Les tissus *mobiles*, formés de cellules plongées dans un liquide ; tel est le sang ; 4° Les tissus *musculaires*, formés de cellules contractiles allongées ou *fibres* ; 5° Le tissu *nerveux*, qui sera étudié plus loin (44 ; il est formé de cellules nommées *neurones*.

❀ *Les* tissus *sont des groupements de cellules semblables. On distingue les tissus épithéliaux, formés de cellules juxtaposées : les tissus de* soutien, *chez lesquels une matière interstitielle sépare les cellules ; les tissus mobiles,* musculaires *et* nerveux.

5. Organes, appareils, fonctions. — Un organe est un ensemble de tissus concourant à l'accomplissement d'une même fonction, c'est-à-dire d'une besogne indispensable à la prospérité de l'être. Certaines fonctions cependant exigent un groupe de plusieurs organes : ce groupe est alors un *appareil*, et c'est ainsi que l'*estomac* est l'un des principaux organes de l'*appareil digestif*, dont la fonction est la *digestion*.

On peut distribuer les fonctions en deux grands groupes, qui sont les fonctions de *nutrition* ou de la vie végétative, et les fonctions de *relation* ou de la vie animale. Les fonctions de *nutrition* sont communes aux animaux et aux végétaux ; ce sont la digestion, l'absorption, la circulation, la respiration et

l'excrétion. Les fonctions de *relation* sont spéciales aux animaux qu'elles mettent en rapport, en relation, avec le monde extérieur, leur permettant ainsi de trouver leur nourriture : ce sont la locomotion qui s'exerce par le squelette et les muscles, l'innervation qui a pour organes le système nerveux et les organes des sens.

L'*anatomie* est la science qui décrit les organes, tandis que la *physiologie* étudie leur fonctionnement.

❀ *Les animaux sont formés d'organes. Les organes groupés pour l'accomplissement d'une fonction constituent un* appareil. *Il existe deux groupes principaux de fonctions, celles de* nutrition *et celles de* relation.

6. Régions du corps. — Le corps de l'homme (*fig.* 2 et 3) comprend trois régions, qui sont : la tête, le tronc et les membres. La *tête* contient et protège le cerveau et les organes des sens. Le *tronc* est divisé en deux cavités, qui sont séparées par une mince cloison musculaire nommée *diaphragme*. Au-dessus de cette cloison se trouve la poitrine ou *thorax*, qui renferme le cœur et les poumons ; au-dessous est le ventre ou *abdomen*, qui contient l'estomac, l'intestin, le foie, la rate, les reins, etc.

❀ *Le corps est divisé en trois régions : la* tête, le *tronc et les* membres. *Le tronc comprend la* poitrine *et l'*abdomen, *qui sont séparés par le* diaphragme.

Fig. 7. — Le *Carreau des Halles, à Paris*, tableau de Lhermitte (Petit Palais des Champs-Élysées).

II. NUTRITION

DIGESTION

7. Appareil digestif : bouche. — L'appareil digestif se compose des organes chargés de transformer les aliments pour leur permettre de passer dans le sang ; il comprend successivement : la *bouche*, le *pharynx* qu'il ne faut pas confondre avec le larynx, l'*œsophage*, l'*estomac* et l'*intestin* (*fig.* 11). Dans les parois de ce *tube digestif* sont des petites glandes qui sécrètent, c'est-à-dire fabriquent aux dépens du sang, les liquides destinés à transformer les aliments. Il existe aussi d'autres glandes plus volumineuses, dites *glandes annexes*, qui, placées en dehors du tube digestif, y versent leurs liquides dissolvants ; ce sont les *glandes salivaires*, le *pancréas* et le *foie*.

La *bouche* est limitée en avant par les lèvres, en haut par le palais, sur les côtés par les joues, et elle s'ouvre en arrière sur le pharynx. Dans la bouche se trouvent les *mâchoires*, armées de *dents*, et la *langue*. La mâchoire supérieure est fixe ; elle est reliée au crâne par les autres os de la face ; la mâchoire inférieure, au contraire, est mobile.

L'appareil digestif comprend : bouche, pharynx, œsophage, estomac et intestin ; et de plus, les glandes annexes, qui sont les glandes salivaires, le pancréas et le foie. La bouche renferme les mâchoires, armées de dents.

8. Dents. — Les *dents* (*fig.* 8) sont des petits organes durs, implantés dans les cavités des mâchoires, ou alvéoles, par leur base nommée racine ; on nomme couronne leur partie visible. On distingue trois sortes de dents : les *incisives*, situées sur le devant de la bouche, sont coupantes et n'ont qu'une racine ; les *canines* ou *œillères* ont la couronne

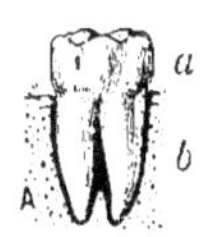 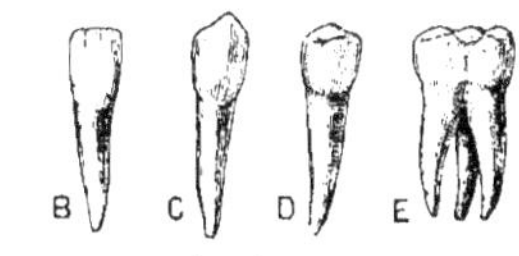

Fig. 8. — *Dents* :

A, dent placée dans son alvéole : *a*, couronne ; *b*, racine ;
B, incisive ; C, canine ; D, petite molaire ; E, grosse molaire.

pointue et une racine : les *molaires* (*fig.* 8), qui sont situées au fond de la bouche, ont une couronne large et mamelonnée : elles sont de deux sortes, les petites molaires n'ayant qu'une racine, et les grosses molaires, de deux à trois.

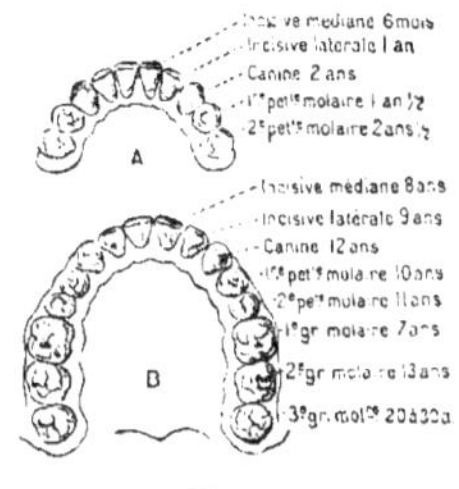

Fig. 9.
Dentitions successives :
A, de lait ; B, permanente.

L'homme a deux dentitions successives (*fig.* 9) : la *dentition de lait*, qui comprend 20 dents, et la *dentition permanente*, qui débute par l'apparition de la première grosse molaire. Les dents de lait tombent successivement, chassées par les dents permanentes.

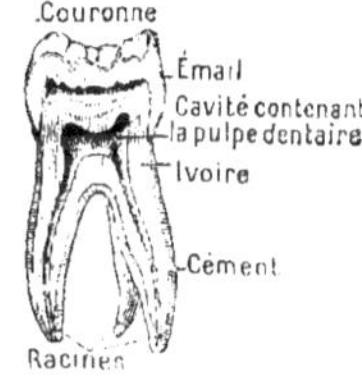

Fig. 10.
Coupe d'une molaire.

L'homme adulte doit donc avoir 32 dents : 2 incisives, 1 canine, 2 petites molaires et 3 grosses molaires, pour chaque *moitié* des mâchoires. Les dents sont formées d'une matière dure ou *ivoire*, protégée dans la couronne par l'*émail*, qui est blanc et brillant, et dans la racine par le *cément*, qui est jaunâtre et analogue à l'os (*fig.* 10). Au centre est la *pulpe dentaire*, molle et remplie de vaisseaux sanguins et de filets nerveux.

✿ *Les dents sont de trois sortes : incisives, canines et molaires. La dentition de lait comprend 20 dents, qui sont remplacées par la den-*

tition permanente de 32 dents. La dent est formée surtout d'ivoire.

9. Œsophage, estomac, intestins. — Le *pharynx*, nommé aussi *arrière-bouche* ou *gosier*, est une sorte de carrefour communiquant avec la bouche, les fosses nasales, les voies respiratoires et l'*œsophage*. Ce dernier (*fig.* 11) est un tube qui traverse le diaphragme et aboutit à l'estomac. L'*estomac* est un sac en forme de cornemuse situé dans la partie supérieure de l'abdomen ; son orifice d'entrée est le *cardia*, situé à gauche ; l'orifice de sortie est le *pylore*, qui peut être fermé par une *valvule* ou cercle de muscles lisses (*fig.* 6).

L'estomac est pourvu de muscles à fibres lisses (42) non soumis à la volonté, et porte dans ses parois des milliers de petites glandes sécrétant un liquide qui est le suc gastrique. L'*intestin* (*fig.* 11) est un tube très replié qui comprend deux parties : l'*intestin grêle*, qui a une longueur de 6 à 8 mètres avec un diamètre d'environ 3 centimètres, et le *gros intestin*, long de 2 mètres et entourant la masse repliée du précédent ; il comprend le cæcum avec un appendice vermiforme, puis le côlon et le rectum, qui se termine par un orifice nommé *anus*.

La paroi de l'intestin renferme des muscles ainsi que de nombreuses petites glandes sécrétant le suc intestinal. Elle porte des milliers de minuscules saillies ou *villosités intestinales* (*fig.* 14) qui donnent à sa surface interne un aspect velouté. Les intestins sont enveloppés

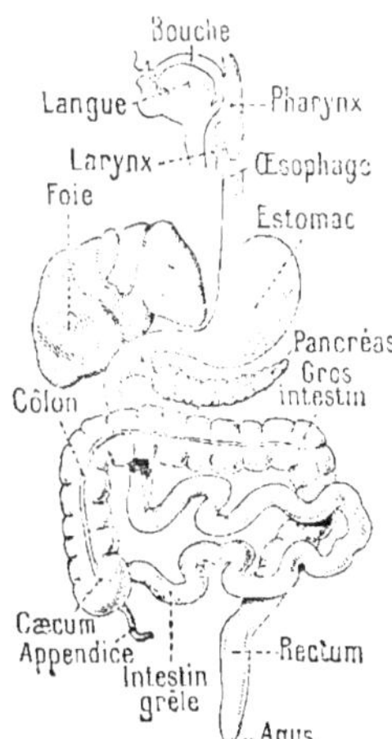

Fig. 11. — Ensemble schématique de l'appareil *digestif.*

et soutenus par le *mésentère*. C'est une partie du *péritoine*, membrane *séreuse* qui entoure aussi l'estomac et la plupart des organes abdominaux; elle est formée de 2 feuillets, entre lesquels est un liquide.

⁂ *A la bouche font suite le* pharynx, *l'oeso*phage, *l'estomac, dont les glandes fournissent le suc gastrique, et l'intestin tapissé intérieurement de petites saillies ou* villosités *intestinales. L'estomac et l'intestin sont enveloppés dans une membrane séreuse, le* péritoine.

10. **Glandes annexes.** — Les *glandes salivaires* sont au nombre de trois paires: les *parotides*, situées sous les oreilles, les *sous-maxillaires* et les *sublinguales* sous la langue; elles sécrètent la *salive* que des canaux spéciaux conduisent dans la bouche. Le *pancréas* est une glande allongée, située derrière l'estomac; il verse par un canal particulier aboutissant au *duodénum*, début de l'intestin grêle, le liquide qu'il sécrète, ou suc pancréatique.

Le *foie* fig. 11 est la plus grosse glande du corps: il pèse près de 2 kilogrammes; sa couleur est rouge brun. Il est situé dans la partie supérieure de l'abdomen et à droite de l'estomac qu'il recouvre en partie; c'est un important organe remplissant de multiples fonctions: il est chargé notamment de purifier le sang qui le traverse: il en retire un ensemble de substances formant un liquide jaune d'or, qui est la *bile*. La bile sort du foie par le canal *hépatique*, continué par le canal cholédoque, qui s'ouvre dans l'intestin grêle à côté du canal du pancréas.

⁂ *Les glandes annexes sont les glandes salivaires qui sécrètent la salive, puis le pancréas qui fournit le suc pancréatique et le foie qui sécrète la bile; ces deux dernières sécrétions sont versées au début de l'intestin.*

11. **Aliments.** — On nomme *aliments* toutes les substances empruntées au milieu extérieur et qui sont susceptibles, après avoir été transformées dans le tube digestif, d'en traverser la paroi pour aller dans le sang nourrir les éléments du corps. Les aliments ont un double rôle: ils sont *réparateurs* des tissus de l'or-

ganisme qui s'usent un peu chaque jour, et ils en assurent la croissance; ils sont *producteurs d'énergie*, car c'est leur combustion dans les tissus, sous l'action de l'oxygène de l'air introduit par la respiration, qui produit la chaleur nécessaire au travail 31).

Les aliments peuvent être d'origine *animale* comme la viande, les oeufs; d'origine *végétale* comme le pain, les légumes; ou d'origine *minérale* comme l'eau et le sel. Les substances qui peuvent servir à l'alimentation (pain, lait, viande, etc.) sont des aliments *composés*, formés d'un petit nombre d'aliments *simples* que nous diviserons en trois groupes:

1° L'eau et les *sels minéraux*, comme le sel marin, les sels calcaires; 2° les aliments *ternaires*, d'origine exclusivement organique; ils se composent de trois éléments, carbone, hydrogène et oxygène, et sont de trois sortes: féculents, sucres et corps gras; les aliments *quaternaires* ou *azotés* ont pour type l'albumine ou blanc d'oeuf; ils sont formés de quatre éléments: carbone, hydrogène, oxygène et azote. Les principaux sont, outre l'albumine de l'oeuf, la *musculine* de la viande, la *caséine* du lait, le *gluten* des céréales.

⁂ *Les substances alimentaires sont formées d'aliments simples en petit nombre: 1° eau et sels minéraux; 2° aliments ternaires, comme les féculents, sucres et corps gras; 3° aliments quaternaires ou* albuminoïdes, *d'origine animale (caséine) ou végétale (gluten).*

12. **Mastication, insalivation.** — Les actions que subissent les aliments sont de deux sortes: les unes sont *mécaniques*; elles consistent en mouvements, en contractions des parois de l'appareil digestif, qui forcent les aliments à parcourir successivement toutes les parties du tube; les autres sont *chimiques*; elles ont pour but de liquéfier, de dissoudre les aliments solides et de modifier ceux qui ne peuvent être utilisés tels quels par l'organisme. Les différents actes de la digestion sont la mastication, l'insalivation, la déglutition, la digestion stomacale et la digestion intestinale.

La *mastication* est exécutée par les dents : les incisives coupent ; les canines, qui déchirent chez les animaux carnivores, ne jouent chez l'homme qu'un rôle peu important, elles secondent plutôt les incisives ; enfin les molaires broient. La langue et les joues ramènent constamment les aliments sous les dents.

L'*insalivation* se produit en même temps. Des jets de salive arrivent dans la bouche et transforment les aliments en une pâte qui peut être avalée. De plus, la salive contient un ferment, la *ptyaline*, qui digère les féculents en les transformant en une matière sucrée soluble, le *glucose*.

❀ *La digestion assure la transformation des aliments, en vue de la nutrition. La mastication est exécutée par les dents. L'insalivation digère les aliments féculents et réduit les autres à l'état pâteux.*

13. Déglutition, digestion stomacale. —

La *déglutition* est l'action d'avaler. Les aliments mâchés et insalivés sont réunis par la langue en une petite boule ou *bol* alimentaire. A ce moment l'entrée des fosses nasales se trouve fermée par le *voile du palais* (*fig.* 12), et une petite soupape nommée *épiglotte* vient fermer l'entrée des voies respiratoires. Le bol alimentaire franchit alors le pharynx et parvient dans l'œsophage. Des mouvements de ce tube et le propre poids des aliments le conduisent par le cardia dans l'estomac (*fig.* 13.

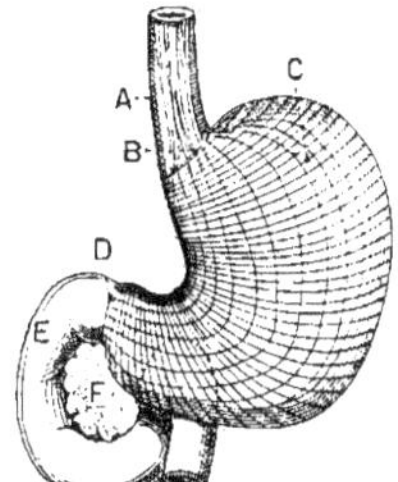

Fig. 13. — *Estomac.*

A. œsophage ; B. cardia ; C. estomac ; D. pylore ; E. intestin grêle ; F. pancréas (Les hachures indiquent la direction des fibres musculaires

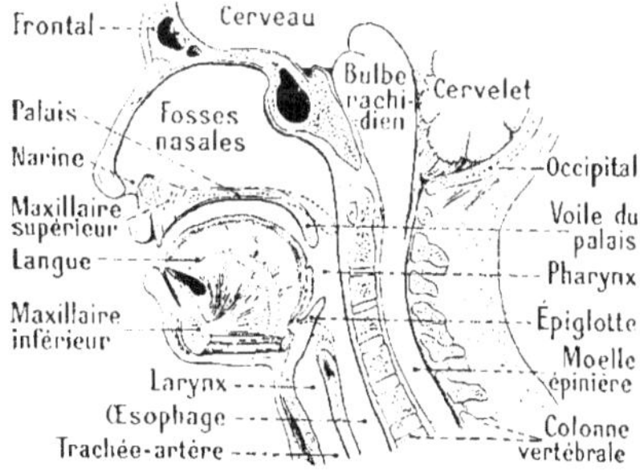

Fig. 12. — Coupe des différents organes de la tête.
Le *tube digestif* y est représenté par la *bouche*,
le *pharynx* et l'*œsophage*.

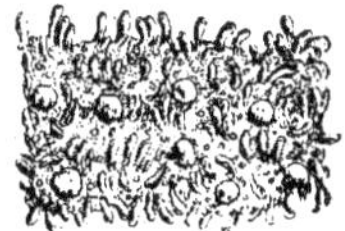

Fig. 14. — *Villosités intestinales (grossies.*

La *digestion stomacale* commence : le suc gastrique, liquide très acide, sécrété par les petites glandes de la paroi de l'estomac, arrive dans cet organe ; il contient un ferment, la *pepsine*, qui digère les aliments albuminoïdes et les transforme en *peptones* absorbables. Le travail musculaire des parois active cette transformation par un brassage continu. Les aliments ne quittent l'estomac que trois heures environ après être entrés dans la bouche. Le pylore, qui est resté fermé durant la digestion stomacale, s'ouvre et la masse alimentaire transformée, ou *chyme*, passe en peu de temps dans l'intestin grêle.

❀ *La déglutition est l'action d'avaler. La digestion stomacale est assurée par la sécrétion du suc gastrique, qui digère les aliments albuminoïdes, et aussi par le travail musculaire des parois de l'estomac.*

14. Digestion intestinale, absorption. —

Dans l'intestin le chyme se déplace, grâce aux mouvements de contraction de la paroi de ce tube. Lorsque ces mouvements deviennent trop brusques, ils sont douloureux ; on les nomme *coliques*. Trois liquides sécrétés par des glandes agissent dans l'intestin : ce sont : 1° le *suc pancréatique*, qui est le plus important de tous les liquides digestifs ; il termine la dissolution des féculents et des albuminoïdes que la salive et le suc gastrique avaient incomplètement réalisée ; de plus, il digère les corps gras ; 2° la *bile*, qui agit aussi sur les corps gras ; 3° le *suc intestinal*, qui est sécrété par les petites glandes de la paroi intestinale

I. — TABLEAU-RÉSUMÉ DE LA DIGESTION.

PARTIES DE L'APPAREIL DIGESTIF.	LIQUIDES DIGESTIFS.	FONCTIONS.
1. BOUCHE — Elle contient : *Langue...* *Mâchoires...* *Dents...*		1. MASTICATION.
Elle reçoit le produit des *Glandes salivaires*...	1. *Salive*... Digère les féculents.	2. INSALIVATION.
2. PHARYNX...		3. DÉGLUTITION ou action d'avaler.
3. ŒSOPHAGE...		
4. ESTOMAC — Sa paroi contient des... *Muscles...* *Petites glandes...*	2. *Suc gastrique*... Digère les albuminoïdes.	4. DIGESTION STOMACALE ou *chymification*.
5. INTESTIN — Intestin grêle. Gros intestin. Sa paroi contient des... *Muscles...* *Petites glandes...*	3. *Suc intestinal*... Digère le sucre,	5. DIGESTION INTESTINALE ou *chylification*.
Il reçoit le produit du... *Pancréas...*	4. *Suc pancréatique*... Digère féculents, albuminoïdes et corps gras.	
Foie...	5. *Bile*... Digère les corps gras.	

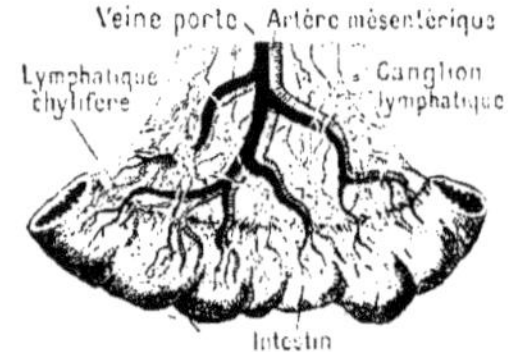

Fig. 15. — Portion de *l'intestin*, avec les rameaux qui en partent.

et digère le sucre ordinaire. On nomme *chyle* la masse des substances nutritives liquéfiées et prêtes pour l'absorption. Les résidus inutilisables s'accumulent dans le *gros intestin* et sont expulsés par l'*anus*.

L'*absorption* se produit par les *villosités* intestinales qui occupent toute la paroi (*fig. 14*) intérieure de l'intestin grêle. Leur longueur ne dépasse pas un millimètre ; on en compte plus de 4 millions. Elles contiennent des petits vaisseaux, *veines et chylifères*, qui emportent les aliments liquides et les abandonnent à la circulation du sang (*fig. 15*).

❊ *La digestion intestinale est assurée par le suc pancréatique, la bile et le suc intestinal qui achèvent la dissolution des aliments. L'absorption se produit par les villosités de la paroi intestinale qui transmettent les liquides nutritifs à la circulation du sang.*

15. Hygiène de l'alimentation. —

Le lait est un aliment *complet*, car il renferme les divers types d'aliments simples : eau, sels minéraux, sucre, beurre, caséine ; aussi suffit-il à la nourriture des jeunes enfants. Mais le régime alimentaire de l'homme doit être *mixte*, c'est-à-dire à la fois animal et végétal, avec une large place faite aux légumes et aux fruits. Une petite quantité d'aliments azotés est indispensable à la réparation des tissus ; les aliments féculents, sucrés et gras sont surtout producteurs d'énergie. L'abus de la viande est nuisible.

Les repas doivent être bien espacés et pris à heures fixes ; on doit auparavant se laver soigneusement les mains, souillées par une foule de contacts. Beaucoup de maux d'estomac proviennent d'une mastication insuffisante. Il faut éviter l'abus du sel, les excès de table. On doit faire cuire complètement la *viande*, qui renferme souvent des parasites (vers intestinaux, microbes), et bouillir le *lait*, qui transmet souvent la tuberculose. Certains *champignons* sont très vénéneux et aucune méthode pratique, en dehors des caractères botaniques, ne permet de les reconnaître : une grande prudence s'impose donc. Enfin, tout aliment animal ou végétal qui manque de fraîcheur peut être très dangereux.

❊ *L'alimentation doit être mixte, sans abus de la viande. Le lait, la viande peuvent transmettre de dangereux parasites.*

16. **Eau.** — La pureté des eaux d'alimentation est d'une grande importance pour la santé; par les eaux impures se propagent la fièvre typhoïde, le choléra et certains vers parasites (**106**). Une eau trop riche en sels calcaires est dite *dure;* elle est indigeste, impropre à cuire les légumes et à savonner. L'eau de pluie, recueillie dans les *citernes*, manque de sels minéraux et se corrompt vite; l'eau de *rivière* est toujours suspecte malgré sa limpidité; l'eau de *source* ayant filtré à travers une épaisseur suffisante de terrain est la meilleure, à condition de la recueillir à sa sortie du sol et de la protéger en cours de route, si on ne l'utilise pas sur place. Les *puits* peuvent donner une eau excellente, s'ils sont couverts et munis d'une pompe, si leur maçonnerie est en bon état et leur nappe d'alimentation assez profonde. Les fumiers et fosses d'aisances doivent en être éloignés. Il est prudent de toujours filtrer l'eau d'alimentation (*fig.* 16 et 17) ou de la faire bouillir à deux reprises de dix minutes chacune.

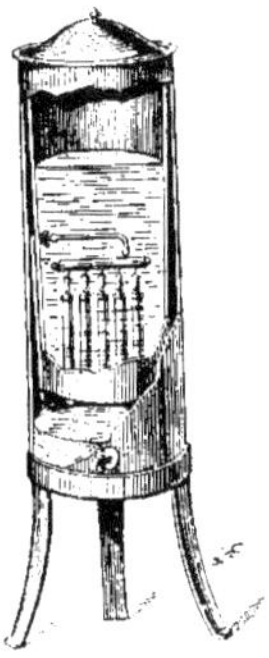

Fig. 16. — Filtre Chamberland *sans pression.*

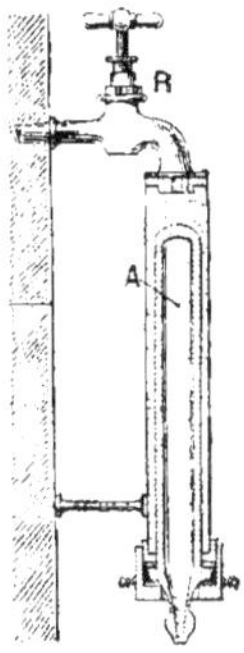

Fig. 17. — Filtre Chamberland *à pression.*
A. bougie; R. robinet.

❀ *Les eaux impures sont très* dangereuses : *elles peuvent transmettre des parasites intestinaux et les germes de la fièvre typhoïde; il est prudent de* filtrer *ou de faire* bouillir *l'eau d'alimentation.*

17. **Boissons aromatiques; boissons fermentées.** — L'eau est la seule boisson indispensable : la civilisation a développé l'usage de boissons artificielles qu'on peut rapporter à deux groupes : les boissons *aromatiques* et les boissons *alcooliques.*

Le *café* et le *thé* sont des boissons aromatiques excitantes; elles facilitent la digestion et activent le travail intellectuel; à haute dose elles provoquent de l'insomnie, du tremblement; mais, à la dose modérée où elles sont consommées d'ordinaire, elles n'offrent aucun inconvénient.

Les boissons alcooliques sont essentiellement des mélanges d'eau et d'alcool; elles comprennent les boissons *fermentées*, comme le vin, le cidre, la bière, et les boissons *distillées* ou alcools forts, eaux-de-vie, etc.

Les boissons fermentées sont *hygiéniques*, lorsqu'elles sont prises à dose modérée et au moment des repas. Le *vin* naturel, qui en est le type, contient en moyenne 10 pour 100 d'alcool, des sels et diverses matières nutritives. Étendu d'eau et à la dose maximum d'un litre par jour pour un adulte travaillant modérément, l'usage du vin n'a que des effets favorables : il agit comme stimulant faible de l'organisme; il est un aliment par ses matières dissoutes. L'alcool qu'il renferme est éliminé entièrement par la peau, les poumons et les reins : il n'en reste aucune trace pour empoisonner l'organisme.

❀ *Le café et le thé sont des boissons* excitantes, *inoffensives à dose modérée. Les boissons alcooliques sont* fermentées *ou* distillées. *Les premières sont hygiéniques à dose* modérée; *elles agissent comme* stimulants *faibles du système nerveux et de l'estomac et aussi comme* aliment.

18. **Alcools forts.** — Les alcools forts sont les *eaux-de-vie* et les *alcools d'industrie;* les premières résultent de la distillation des boissons fermentées; les seconds proviennent de la distillation des moûts de betteraves, de céréales ou de pommes de terre. En réalité, la plus grande quantité des prétendues eaux-de-vie naturelles, cognacs, etc., est fabriquée avec des alcools d'industrie et divers ingrédients.

Les alcools forts, livrés à la consommation, renferment de 40 à 70 pour 100 d'alcool ; le reste est de l'eau, avec des impuretés. L'alcool concentré irrite les muqueuses, altère tous les organes avec lesquels il entre en contact, déshydrate les tissus et provoque une soif ardente. L'usage *habituel* des alcools forts, même à faible dose, est nuisible.

D'autres liqueurs, dites apéritives, dont l'*absinthe* est le type, sont plus toxiques encore, parce que leur saveur est due à l'addition d'essences extrêmement nuisibles, parce qu'elles renferment une forte proportion d'alcool toujours impur, et parce qu'elles sont bues avant les repas ; l'action irritante de l'alcool est plus vive sur la muqueuse de l'estomac lorsqu'il est vide.

✻ *Les alcools forts contiennent de 50 à 70 pour 100 d'alcool, avec de dangereuses impuretés ; plus ils sont concentrés, plus ils sont nuisibles ; ils irritent les muqueuses, déshydratent les tissus ; les plus redoutables sont les prétendus apéritifs (absinthe).*

19. Action de l'alcool sur l'organisme. Alcoolisme.

— L'ingestion d'une forte dose d'alcool détermine un empoisonnement passager, ou *ivresse*, dégradant pour l'individu qui s'y expose, mais sans conséquences graves pour sa santé, si ces excès sont espacés. L'*alcoolisme*, au contraire, est une altération générale des organes, due soit à des habitudes d'ivrognerie, soit à l'ingestion quotidienne d'une dose d'alcool, trop faible pour provoquer l'ivresse, mais trop grande pour pouvoir être éliminée entièrement. L'usage immodéré du vin, comme celui des alcools forts, même à l'alcoolisme. L'usage journalier de fortes doses d'alcool provoque l'inflammation, puis le racornissement de l'estomac, la perte de l'appétit ; le foie, qui reçoit l'alcool venant de l'intestin, est d'abord congestionné, puis grossit *(fig. 18)* ; ses cellules s'altèrent et n'accomplissent plus leurs fonctions éliminatrices ; la paroi des artères devient dure *(sclérose)*, avec tendance à la rupture, d'où des hémorragies cérébrales fréquentes chez les alcooliques.

L'alcool finit par imprégner le cerveau du buveur, détermine de l'abrutissement, des hallucinations et souvent la folie. On observe fréquemment la forme aiguë du délire alcoo-

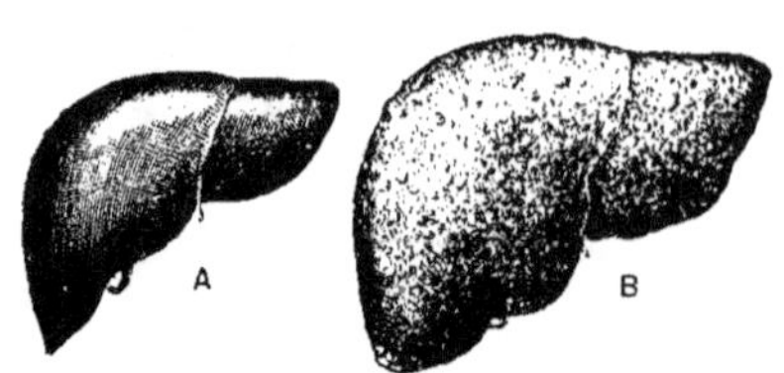

Fig. 18. — Foie *sain* et foie *hypertrophié*.

lique ou *delirium tremens*, qui, presque toujours, précède de peu la mort. Les statistiques montrent que, lorsque la consommation d'alcool croît dans une région, les cas de folie et la mortalité par la tuberculose suivent la même progression.

L'alcoolique nuit non seulement à lui-même, mais encore à sa descendance. Les tares alcooliques se transmettent héréditairement ; les enfants des buveurs meurent en bas âge ou restent débiles, mal équilibrés moralement et physiquement ; ils sont sujets aux convulsions et plus tard à l'épilepsie, ils offrent peu de résistance aux microbes infectieux, ils ont tendance à l'ivrognerie et deviennent souvent de précoces criminels.

✻ *L'alcoolisme est une altération générale des organes, résultant d'excès alcooliques habituels ou d'une consommation journalière trop grande d'alcools ; il conduit souvent à la folie et cause une mort prématurée. L'alcoolique, apte à contracter les maladies contagieuses, est inapte à en guérir. Les tares alcooliques se transmettent par hérédité.*

CIRCULATION

20. Rôle du sang.

— Toutes les cellules, même celles qui sont profondément enfouies dans la masse des tissus, ont besoin de recevoir des aliments et de l'oxygène. Le sang, tissu mobile reliant tous les autres, est chargé de leur en apporter. Durant toute la vie, sans arrêt, il accomplit son trajet ; il va chercher dans l'intestin les aliments digérés, et dans les poumons l'oxygène ; il les porte aux cellules qui s'en emparent et qui lui donnent en

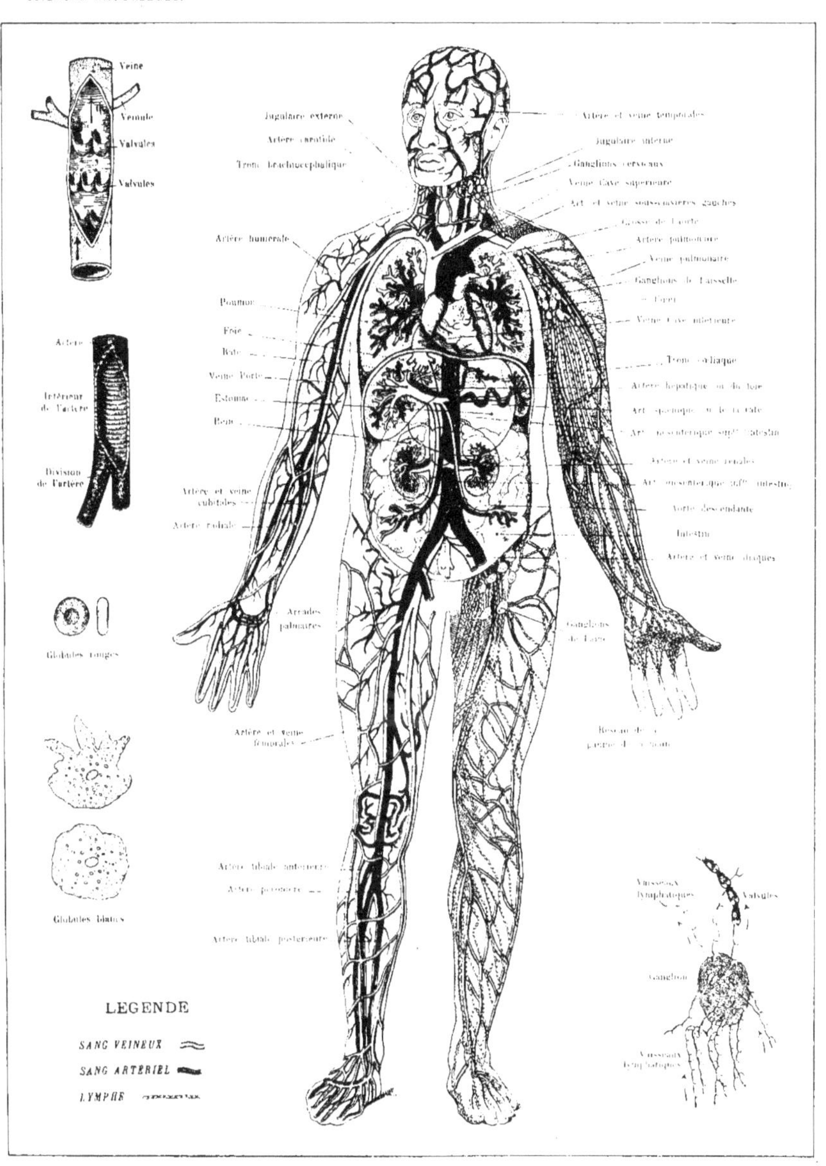

CIRCULATION DU SANG ET DE LA LYMPHE CHEZ L'HOMME.

échange les résidus ou produits nuisibles, tels que l'acide carbonique, formés sous l'influence de la vie. Le sang se débarrasse de ces produits en traversant les organes d'excrétion 33).

❀ *Le sang est un tissu mobile qui sert d'intermédiaire entre le milieu extérieur et les cellules. Il se revivifie dans les poumons et aux parois intestinales, s'altère dans les cellules, et se purifie dans les organes d'excrétion.*

21. Composition du sang. — Le sang est un tissu formé de deux parties : l'une liquide, le *plasma*; l'autre solide, les *globules*, dont les uns sont rouges, les autres blancs. Les *globules rouges* ont la forme de pièces de monnaie plus minces au centre qu'au bord (*fig.* 6) : ils ont 7 millièmes de millimètre de diamètre. La coloration du sang est due à leur grand nombre, qui peut atteindre 5 millions dans un millimètre cube. Un homme, ayant 5 litres de sang, compte ainsi 25 trillions de globules rouges. Les globules rouges sont colorés par une matière albuminoïde, l'*hémoglobine*; ils sont chargés de prendre l'oxygène dans les poumons et ils le portent aux cellules.

Alors que les globules rouges sont entraînés comme des corps inertes dans le courant sanguin, les *globules blancs* ont des mouvements propres; leur forme change à tout moment et ils peuvent traverser la paroi des vaisseaux capillaires (23); on les rencontre partout, prêts à défendre l'organisme contre l'invasion des microbes qu'ils entourent et qu'ils arrivent à digérer. Ils sont un peu plus gros que les globules rouges et beaucoup moins nombreux.

Le *plasma* contient en

dissolution les aliments, les déchets des organes, des gaz dissous ou combinés, et d'autre part une substance, la *fibrine*, qui au contact de l'air se solidifie en fibres qui emprisonnent les globules et donnent lieu à la *coagulation* du sang (*fig.* 19) : la masse rouge ainsi formée se nomme *caillot*, le liquide clair, jaunâtre, qui l'entoure est le *sérum*. Quand on se blesse, un caillot extérieur se forme et arrête l'effusion du sang.

❀ *Le sang se compose de plasma, liquide incolore, et de globules rouges et blancs. Les globules rouges portent aux cellules l'oxygène des poumons. Les globules blancs défendent l'organisme contre les microbes.*

22. Appareil circulatoire. Cœur. — Cet appareil se compose des organes chargés de contenir le sang et d'assurer sa marche dans le corps entier : c'est un ensemble clos, c'est-à-dire ne présentant aucun orifice ouvert à l'extérieur. Il comprend quatre parties, qui sont : 1° le *cœur*, organe central dont les contractions assurent la marche du sang : 2° les *artères*, vaisseaux qui conduisent le sang aux organes : 3° les *veines*, qui le ramènent des organes au cœur, et 4° les *vaisseaux capillaires* reliant les artères aux veines.

Le *cœur* (*fig.* 20) est un muscle creux très résistant, un peu plus gros que le poing et situé au milieu de la poitrine, entre les deux poumons ; son axe est fortement incliné à gauche. Il est entouré par une membrane

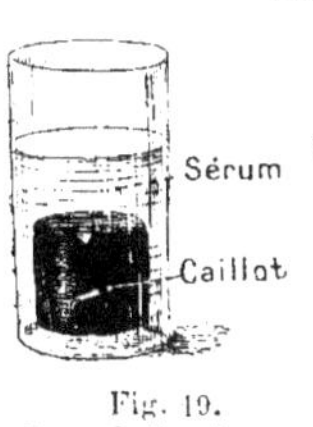

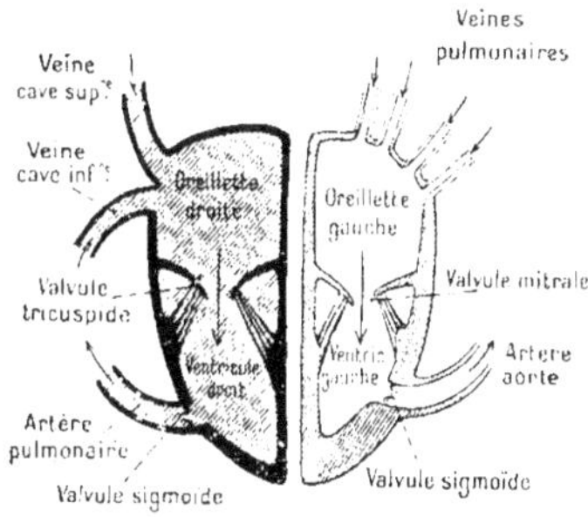

Fig. 19. *Coagulation* du sang.

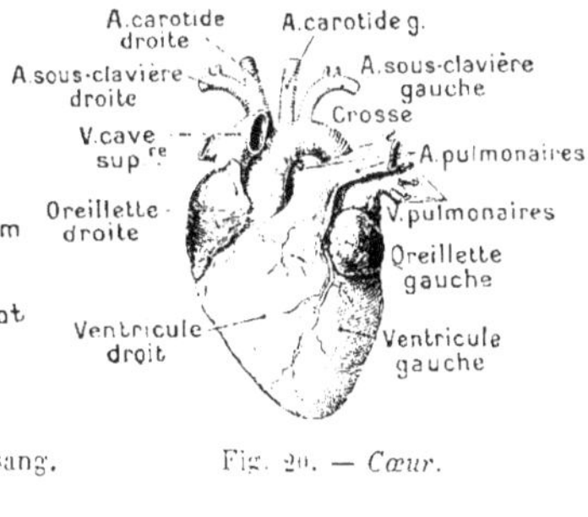

Fig. 20. — *Cœur.*

Fig. 21. — *Coupe schématique du cœur.*

séreuse, le *péricarde*. Il est divisé en deux parties principales complètement séparées par une cloison verticale : ce sont le cœur droit et le cœur gauche (*fig.* 21) ; le premier contient le sang *veineux* qui est rouge foncé et pauvre en oxygène ; le second renferme le sang *artériel* qui est rouge vif et riche en oxygène. Chacune de ces deux parties est subdivisée en deux autres cavités disposées l'une au-dessus de l'autre et communiquant entre elles. Les deux cavités supérieures sont appelées *oreillettes* ; les deux cavités inférieures sont nommées *ventricules*.

✿ *L'appareil circulatoire comprend le cœur, les artères, les veines et les capillaires. Le cœur est un muscle comportant 4 cavités, qui sont en haut les deux oreillettes et en bas les deux ventricules.*

23. Artères, veines, capillaires. — Les

artères partent des ventricules. Du ventricule droit se détache l'*artère pulmonaire* qui conduit le sang veineux aux poumons pour l'oxygéner. Du ventricule gauche part l'*artère aorte* qui conduit le sang artériel à tous les organes ; elle se recourbe en une *crosse* au-dessus du cœur et descend le long de la colonne vertébrale en nourrissant tous les organes. En s'éloignant du cœur, les artères se ramifient, sont de plus en plus minces de paroi, de plus en plus fines, et deviennent les *vaisseaux capillaires* (*fig.* 22). Ceux-ci, malgré leur nom, sont beaucoup plus fins que des cheveux ; leur nombre est si considérable qu'une piqûre d'aiguille en un point quelconque du corps en perce un très grand nombre et provoque ainsi l'effusion du sang.

Les *veines* commencent là où se terminent les capillaires et finissent aux oreillettes du cœur. À l'oreillette gauche arrivent les quatre *veines pulmonaires* ramenant le sang oxygéné des poumons ; à l'oreillette droite aboutissent les deux

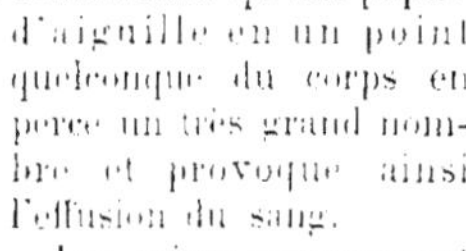

Fig. 22.
Capillaires.
a, artère ; v, veine.

veines caves ramenant le sang veineux de tout le corps. Les veines sont beaucoup plus nombreuses que les artères ; leurs parois sont moins résistantes ; elles sont surtout musculaires, tandis que les grosses artères sont élastiques.

✿ *Les artères partent des ventricules et les veines aboutissent aux oreillettes. Les capillaires joignent les artères aux veines.*

24. Fonctionnement circulatoire. — Le

cœur est le moteur de la circulation. Les deux oreillettes, remplies du sang qui vient des veines, se contractent brusquement et chassent le sang dans les ventricules ; la contraction de ces derniers le lance dans les artères. Le jeu de plusieurs soupapes ou *valvules*, placées à l'intérieur et à la sortie du cœur, empêche à chaque mouvement le sang de revenir en arrière. L'ensemble de tous ces mouvements constitue un *battement* du cœur ; il y en a environ 75 par minute chez l'homme au repos et bien portant.

À chaque contraction des ventricules, l'artère aorte, grâce à son élasticité, se gonfle de sang ; puis sa paroi revient sur elle-même, ce qui chasse plus loin l'excès du sang qu'elle vient de recevoir ; de là une série d'ondulations en nombre égal à celui des contractions du cœur : c'est le phénomène du *pouls*. Le pouls existe dans toutes les artères, mais on ne le sent que sur celles qui sont voisines de la peau ou qui sont appliquées contre une partie osseuse, comme au poignet ou à la tempe. Le pouls va en s'affaiblissant à mesure que l'artère s'éloigne du cœur ; il n'existe plus dans les vaisseaux capillaires.

Le rôle des capillaires est des plus importants, car c'est à travers leur paroi très mince que se font les échanges entre le sang et les cellules du corps, ainsi que les différentes modifications du sang : oxygénation, altération, épuration, etc. C'est aussi par les vaisseaux capillaires que le sang va puiser sur toute la surface des replis de l'intestin grêle les principes nutritifs dissous par la fonction digestive.

La contractilité des veines et la présence des valvules dans celles où le sang circule en sens inverse de la pesanteur, c'est-à-dire de bas en haut, facilitent le retour de ce liquide au cœur. (Voir la Planche en couleurs de la CIRCULATION, p. 10.)

❀ *Le cœur est le moteur de la circulation. Il agit par ses contractions ou* battements. *Le sang échappé du cœur par les artères s'engage dans les vaisseaux capillaires et va puiser aux intestins les produits nutritifs résultant de la digestion. Il retourne ensuite au cœur par les* veines.

25. Grande et petite circulation. — Le cœur est le centre de deux circulations distinctes (*fig.* 23) : l'ensemble formé par l'artère pulmonaire et les veines pulmonaires, avec les capillaires interposés, constitue la *circulation pulmonaire* ou petite circulation, dans laquelle l'artère contient le sang veineux, et les veines le sang artériel. Au contraire, l'artère aorte et les veines caves, avec tous leurs rameaux et les capillaires interposés, sont les vaisseaux de la *circulation nourricière* ou générale, dite aussi grande circulation ; les artères y contiennent le sang artériel et les veines le sang veineux.

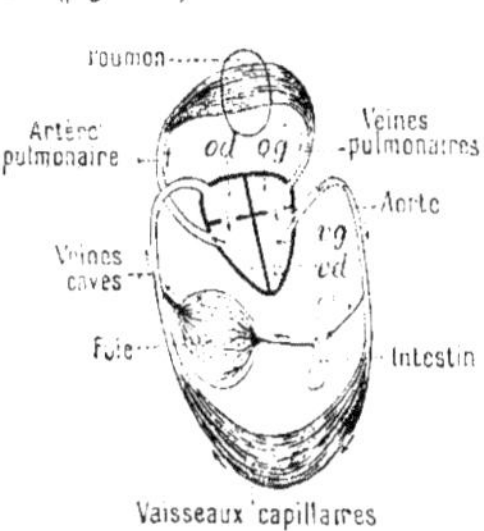

Fig. 23. — Ensemble schématique de *l'appareil circulatoire.*

❀ *On distingue la circulation* pulmonaire *ou petite circulation, et la circulation* générale *ou grande circulation.*

26. Lymphe. — La lymphe est un liquide formé de plasma et de globules blancs, c'est du sang privé de globules rouges. La circulation lymphatique complète la circulation sanguine ; elle atteint la totalité de l'organisme, nourrit les cellules en circulant dans les espaces qui les séparent, se charge de leurs déchets, puis se rassemble dans les *capillaires lymphatiques*, plus gros que les capillaires sanguins, mais à paroi aussi mince, les capillaires lymphatiques aboutissent à des vaisseaux lymphatiques de plus en plus gros, ceux-ci reconduisent la lymphe dans le système veineux. En d'autres termes, le sang amené du cœur aux cellules par une seule voie : celle des artères et des capillaires, revient au cœur par deux voies : celle des veines et celle des vaisseaux lymphatiques. La lymphe circule dans les lymphatiques comme le sang dans les veines, mais plus lentement. La structure des vaisseaux lymphatiques est analogue à celle des veines.

❀ *La lymphe se compose du* plasma *et des globules blancs du sang ; elle circule entre les cellules et retourne au sang par les vaisseaux* lymphatiques.

27. Hygiène de la circulation. — Différents accidents intéressant la circulation exigent certains soins immédiats : ce sont les contusions, blessures, congestions cérébrales. Les *contusions* résultent d'un choc accompagné de l'écrasement des petits vaisseaux sanguins les plus superficiels ; le sang qui s'en est échappé s'est répandu sous la peau en formant ce qu'on appelle un *bleu*. L'eau fraîche et une légère pression sont indiquées.

Les *blessures*, ou simplement les *coupures*, doivent être lavées avec soin pour en retirer les moindres poussières. C'est par *inoculation*, c'est-à-dire en pénétrant directement dans le sang par une piqûre, une morsure, par le contact avec une plaie ou une écorchure que les germes des maladies microbiennes peuvent envahir l'organisme. S'il y a hémorragie, il faut comprimer avec de l'amadou ou avec plusieurs épaisseurs de toile ; mais si le sang s'épanche en certaine quantité et s'il vient d'une artère, il faut établir autour du membre intéressé une compression destinée à diminuer la quantité de sang qui arrive du cœur ; pour cela, le lien élastique bretelle, avec lequel on fera cette compression, devra être placé entre le cœur et la blessure.

Les *congestions cérébrales* peuvent être provoquées par une digestion difficile ou par une grande émotion, par la chaleur ou par le froid ; elles sont caractérisées par une grande quantité de sang portée au cerveau et par l'arrêt de circulation de ce sang. En attendant le médecin, il faut appliquer sur la tête de l'eau froide et frictionner les jambes.

Les vêtements trop serrés troublent parfois la fonction circulatoire.

❀ *Les contusions se soignent par de l'eau fraîche. L'hémorragie faible se traite par lavage et compression avec de l'amadou ; l'hémorragie abondante et artérielle, par un lien élastique placé entre le cœur et la blessure. Les congestions cérébrales exigent l'eau froide sur la tête et la friction des jambes.*

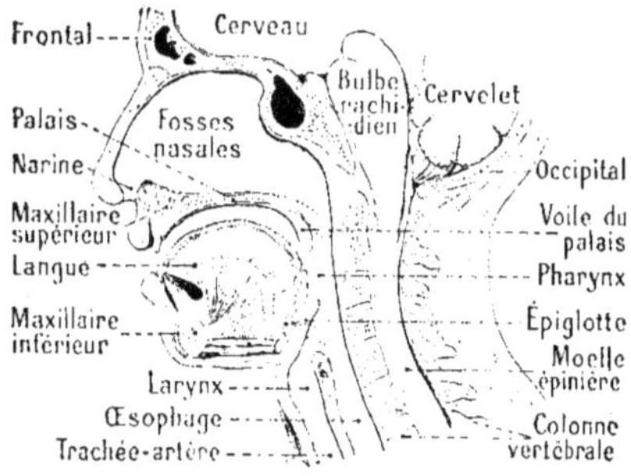

Fig. 24. — Coupe des différents organes de la tête.
(Les voies *respiratoires* y sont représentées par les *fosses nasales*, le *larynx* et la *trachée-artère*.)

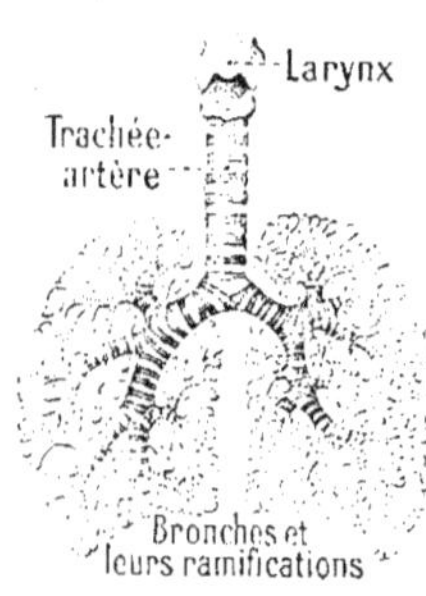

Fig. 25.
Appareil respiratoire.

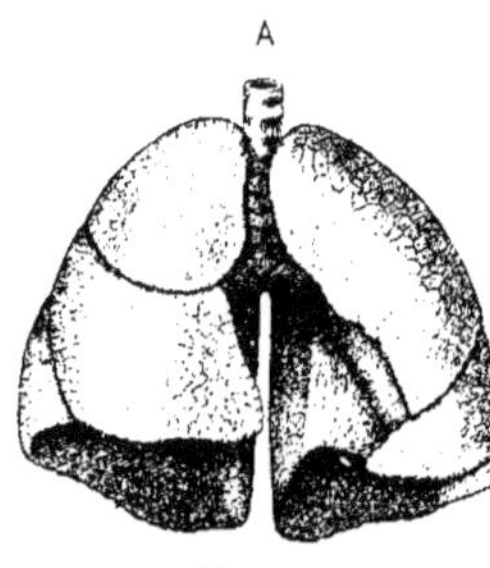

Fig. 26.
Aspect extérieur des poumons.
A, trachée-artère.

28. Appareil respiratoire. — La fonction respiratoire a pour but de fournir de l'*oxygène* au sang et de le débarrasser de l'acide carbonique dont il s'est chargé ; c'est dans les poumons que se fait cet échange. Les organes de la respiration s'ouvrent dans l'*arrière-bouche* (fig. 24). Ces organes sont : le *larynx*, qui représente la dilatation de la *trachée-artère*, laquelle lui fait suite verticalement, puis se divise en deux conduits, ou *bronches* (fig. 25), dont l'un dessert le poumon droit et l'autre le poumon gauche. Les *poumons* (fig. 26) sont entourés par les *plèvres*, membranes séreuses analogues au péritoine, mais plus simples : les poumons sont disposés de chaque côté du cœur ; leur structure est spongieuse ; ils sont formés d'une grande quantité de petites cavités serrées les unes contre les autres, et qui sont les *alvéoles pulmonaires*. Ces alvéoles ont un quart de millimètre de diamètre et la surface de leurs parois intérieures, bosselées en vésicules pulmonaires (fig. 28), égale 100 mètres carrés pour un seul poumon. En se ramifiant à l'infini, les bronches arrivent à atteindre tous ces alvéoles et à les alimenter d'air.

❀ *La respiration fournit l'oxygène au sang. Les organes respiratoires sont le larynx, la trachée-artère, les bronches et les deux poumons, divisés en un très grand nombre d'alvéoles pulmonaires.*

29. Mécanisme de la respiration. — La dilatation du thorax (fig. 35) sous l'effort de ses muscles, c'est-à-dire l'écartement des côtes (38) et l'abaissement du diaphragme, entraîne la dilatation des poumons et provoque l'entrée d'un demi-litre d'air en moyenne, ou *inspiration* ; c'est au contraire leur contraction qui amène la sortie ou *expiration*. Les alvéoles pulmonaires qui constituent chaque poumon se gonflent donc à chaque inspiration et se dégonflent à chaque expiration ; ce sont les phénomènes *mécaniques* de la respiration. Ils se produisent environ 16 fois par minute chez l'homme sain et au repos.

On reproduit expérimentalement ces phénomènes à l'aide d'une cloche de verre (*fig.* 27). Dans le bouchon, on introduit un tube portant deux petits ballons de caoutchouc, et on ferme le fond de la cloche avec une lame de caoutchouc. Quand à l'aide d'une ficelle on abaisse cette sorte de diaphragme, on augmente le volume intérieur de la cloche et l'on diminue la pression : les ballons se gonflent et l'air extérieur s'y précipite. Quand on laisse remonter la lame de caoutchouc, les ballons comprimés se dégonflent.

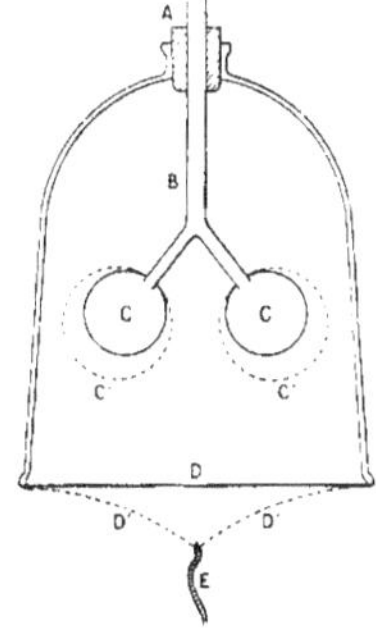

Fig. 27. — Expérience reproduisant les *mouvements respiratoires.*

A, bouchon : B. tube (trachée); C, C, ballons(poumons); D, D, lame de caoutchouc (diaphragme : E, ficelle.

✻ *La dilatation du thorax provoque la dilatation des poumons et, du même coup, le gonflement des alvéoles pulmonaires : c'est l'entrée de l'air ou* inspiration. *La contraction produit la sortie de l'air ou* expiration.

30. Oxygénation du sang ou hématose. —

Le sang rouge noirâtre qui revient au cœur chargé d'acide carbonique en sort par l'*artère pulmonaire.* Cette artère se subdivise à l'intérieur du poumon de manière à porter ce sang aux parois de toutes les vésicules (*fig.* 28). Quant à l'oxygène, nous savons qu'il est apporté dans l'intérieur des alvéoles par les dernières ramifications des bronches. C'est donc à travers le tissu extrêmement mince qui limite les alvéoles que se produit l'oxygénation des globules rouges du sang, et que le

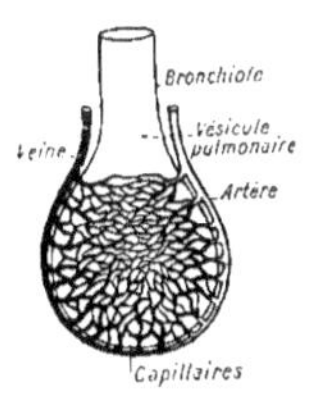

Fig. 28. — Vaisseaux d'une *vésicule pulmonaire.*

plasma se débarrasse de son gaz carbonique et de l'eau en excès sous forme de vapeur. On reconnaît la présence de ce gaz, dans l'expiration, à la propriété qu'il possède de blanchir l'eau de chaux, en formant du calcaire ou carbonate de chaux.

Les globules du sang se combinent avec l'oxygène, et de rouge foncé ils deviennent rouge vif. Cette transformation du sang veineux en sang artériel s'appelle *hématose.*

Il faut dire ici que les veines qui circulent sous la peau permettent à une petite partie du sang qu'elles charrient de s'oxygéner à travers la peau : il y a là une respiration supplémentaire *cutanée,* qui a son importance.

✻ *C'est à travers le tissu des* alvéoles pulmonaires *et au contact de l'air pur apporté par les bronches que le sang des veines abandonne son acide carbonique et s'enrichit d'oxygène.*

31. Respiration des tissus. —

Purifié, le sang passe alors dans le réseau des *veines pulmonaires* et retourne au cœur d'où, par l'aorte, il va porter l'oxygène aux cellules, qui s'en emparent; cette respiration *cellulaire* est la véritable respiration. Aussitôt que l'air pur apporté par les bronches est chargé d'acide carbonique, une expiration le chasse au dehors et une nouvelle inspiration le remplace.

En vingt-quatre heures il pénètre dans les poumons environ 10 000 litres d'air, soit 2 000 litres d'oxygène et 8 000 d'azote. Nous rejetons par l'expiration tout l'azote et environ 1 450 litres d'oxygène. Les 550 litres d'oxygène consommés se sont combinés dans les tissus avec le carbone, l'hydrogène et l'azote des aliments.

✻ *Le sang artériel cède une partie de son oxygène aux tissus, à travers la paroi des capillaires; c'est la respiration cellulaire, ou respiration proprement dite. L'organisme consomme et utilise en vingt-quatre heures environ 550 litres d'oxygène.*

32. Hygiène de la respiration. —

Il importe autant de respirer un air pur que de se nourrir d'aliments sains. On doit éviter de respirer par la bouche; la respiration nasale

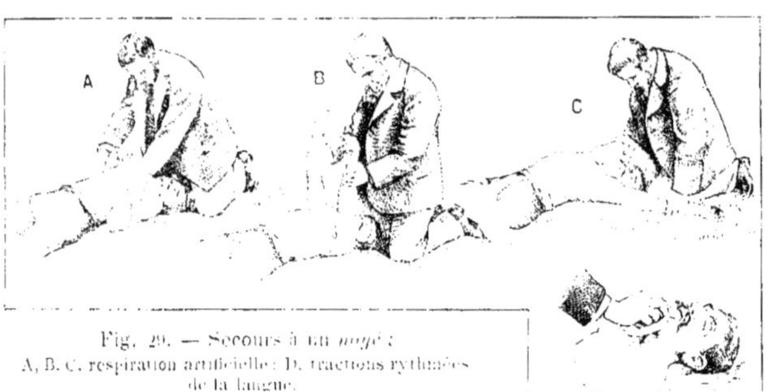

Fig. 29. — Secours à un *noyé* :
A, B, C, respiration artificielle ; D, tractions rythmées
de la langue.

est infiniment préférable, car l'air se débarrasse d'une quantité de poussières dans les sinuosités humides des fosses nasales ; en même temps il s'échauffe et se charge d'humidité. Parmi les corps en suspension dans l'air se trouvent des algues microscopiques nommées *microbes* **177**. Certains microbes sont inoffensifs ; on rencontre cependant des microbes nuisibles, principalement le bacille de la *tuberculose* (*fig*. 30) qui a été rejeté avec la salive et les crachats des tuberculeux. Ce microbe peut attaquer tous les organes, mais surtout les poumons, dans lesquels il détermine des petites tumeurs ou tubercules, qui se détruisent bientôt et laissent des cavernes : c'est la *phtisie pulmonaire*. Cette redoutable maladie serait plus rare si beaucoup de gens perdaient l'habitude dangereuse de cracher à terre.

L'air normal contient, pour 100 litres, 79 litres d'azote, 21 litres d'oxygène et 3 à 4 centilitres de gaz carbonique. Dans les espaces clos, chambres ou ateliers, la composition de l'air se modifie rapidement : l'oxygène qu'il contient diminue et le gaz carbonique augmente ; cela est dû à la respiration des personnes présentes et aux appareils de chauffage et d'éclairage. L'abaissement de l'oxygène à 9 pour 100, comme l'élévation du gaz carbonique à 25 pour 100, amènent la mort par asphyxie. Les appareils de

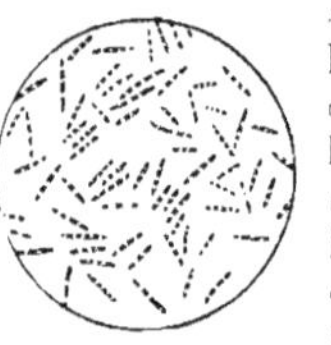

Fig. 30. — Bacille
de la *tuberculose*.

chauffage dans lesquels la combustion est incomplète fournissent en outre de l'oxyde de carbone, gaz inodore, fort dangereux et qui provoque la mort à 0,3 pour 100 ; il forme avec les globules rouges un composé rouge vif très résistant ; tout globule rouge combiné avec ce gaz est perdu. L'*asphyxie*, provoquée par l'arrêt ou par le ralentissement trop accentué des phénomènes respiratoires, peut encore avoir pour cause l'immersion ou la strangulation. On rappelle souvent à la vie les noyés par les tractions rythmées de la langue et par l'élévation et l'abaissement également rythmés des bras (*fig*. 29).

❋ *Il est important de respirer un air pur. La viciation de l'air dans les espaces clos, l'immersion ou la strangulation peuvent entraîner l'asphyxie.*

EXCRÉTION

33. Glandes sécrétantes et excrétantes. — Les glandes sont formées par des épithéliums repliés **4** : le sang, en les traversant, se modifie constamment. Au point de vue de leurs fonctions, les unes sont *excrétantes*, comme les reins : elles retirent du sang les principes nuisibles provenant de l'activité des cellules, et elles les rejettent au dehors. Les autres glandes sont *sécrétantes* et forment aux dépens du sang des principes indispensables à différentes fonctions. Les glandes sécrétantes peuvent être *ouvertes* comme les glandes salivaires : leurs sécrétions sont versées dans les appareils où elles sont utiles ; elles peuvent être *closes* rate : leurs sécrétions sont versées dans le sang. Les principes nuisibles excrétés sont l'*urine*, dont s'emparent les reins, et la *sueur*, abandonnée aux glandes sudoripares.

Ajoutons ici que la bile, sécrétée par le foie (**10**), contient des substances nuisibles qui sont expulsées avec les résidus de la digestion.

❀ *Les glandes excrétantes débarrassent le sang des substances nuisibles qu'il renferme. Les glandes sécrétantes, au contraire, forment aux dépens du sang les principes indispensables à certaines fonctions.*

34. Urine, sueur. — Les *reins* (*fig.* 31) sont situés dans la partie postérieure de l'abdomen, à droite et à gauche de la colonne vertébrale ; ils sont au nombre de deux ; leur forme est celle d'un haricot ; ils reçoivent le sang de la circulation artérielle par l'*artère rénale* et le renvoient purifié dans la circulation veineuse par la *veine rénale* ; la filtration se produit à travers des capillaires disposés en petits pelotons ou glomérules de Malpighi. Le résidu liquide, ou *urine*, abandonné dans les reins par le sang, peut être considéré comme une solution d'*urée* dans de l'eau salée. A mesure qu'elle se forme, elle descend dans la *vessie* par les *uretères*. La vessie n'est qu'un réservoir d'attente en relation avec l'extérieur et qui permet d'espacer les éliminations.

Les *glandes sudoripares* sont situées dans la partie profonde de la peau, c'est-à-dire dans le derme, sous l'épiderme *fig.* 32 . C'est là que des vaisseaux capillaires viennent leur apporter de l'acide carbonique, de l'urée et de l'eau qu'elles excrètent sous forme de *sueur*, de transpiration. La sueur est éliminée d'une manière continue, mais irrégulière ; elle est plus abondante avec l'élévation de la température et lorsqu'on se livre à des exercices violents.

❀ *Les reins s'emparent de l'urine, solution d'urée, qui descend dans la vessie, d'où elle est expulsée au dehors. Les glandes sudoripares reçoivent aussi de l'urée, de l'acide carbonique et de l'eau qu'elles éliminent sous forme de sueur.*

35. Nutrition et chaleur animale. — Tous les phénomènes étudiés jusqu'ici ont pour but de préparer la nutrition proprement dite, qui s'accomplit dans les cellules et qui comprend surtout l'assimilation et la désassimilation. Par l'*assimilation*, les tissus transforment en leur propre substance les aliments apportés par le sang et la lymphe. La *désassimilation* est l'ensemble des phénomènes chimiques accomplis dans le protoplasme des cellules ; ils fournissent des déchets que l'excrétion rejette, mais aussi de l'énergie, manifestée surtout sous forme de *chaleur animale*. Les mammifères et les oiseaux ont une température *constante* et sont dits à *sang chaud* ; les autres animaux ont, au contraire, une température *variable*, dépassant peu celle du milieu extérieur ; ils sont dits à *sang froid*.

Tous les aliments ne sont pas immédiatement utilisés ; une partie est mise en *réserve* sous forme de glycogène ou de graisse. La *graisse* résulte surtout de la transformation des matières hydrocarbonées (sucre, amidon) ; les animaux engraissant le plus facilement sont les herbivores au repos et les omnivores, comme le porc. La graisse se dépose sous la peau, sur le péritoine et autour des viscères ; elle repasse dans le sang quand le besoin s'en fait sentir, au cours d'une maladie ou pendant une période de travail excessif.

Une importante réserve se produit dans le foie sous forme d'amidon animal ou *glycogène*, qui se transforme ensuite en un sucre nommé glucose, propre à la nutrition des cellules.

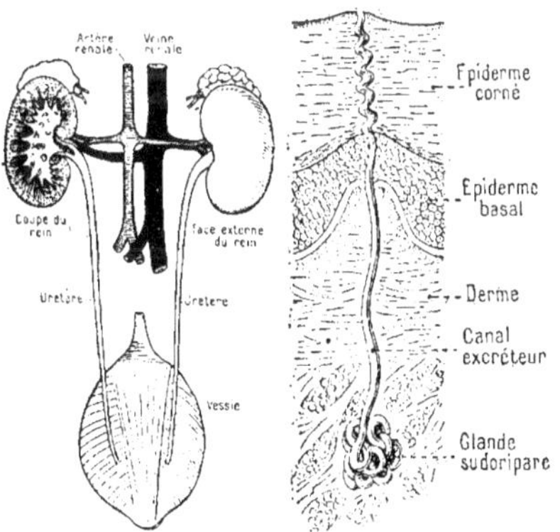

Fig. 31. — Ensemble de l'appareil *urinaire*.   Fig. 32. — Glande *sudoripare* (grossie).

II. — TABLEAU-RÉSUMÉ DES FONCTIONS DE NUTRITION.

Le SANG est l'intermédiaire entre le milieu extérieur et les cellules du corps ; tous les phénomènes de la nutrition modifient sa composition et celle de la *lymphe*.			
RÉVIVIFICATION du sang.	CIRCULATION du sang.	ALTÉRATION du sang.	PURIFICATION du sang.
DIGESTION : transforme dans le tube digestif les aliments solides et liquides. INSPIRATION : introduit dans les alvéoles pulmonaires l'oxygène, aliment gazeux. ABSORPTION *intestinale* : amène dans le sang les aliments digérés. MISE EN RÉSERVE d'aliments dans les tissus, pour parer aux besoins de l'organisme.	CIRCULATION VEINEUSE : L'*Artère pulmonaire* part du ventricule droit, conduit dans les poumons le sang veineux qui va s'y oxygéner. Les 2 *Veines caves* ramènent à l'oreillette droite le sang veineux venant des organes. Les *Vaisseaux lymphatiques* ramènent dans la circulation veineuse les globules blancs et le plasma qui a traversé la paroi des capillaires. CIRCULATION ARTÉRIELLE : Les 4 *Veines pulmonaires* ramènent à l'oreillette gauche le sang artériel venant des poumons. L'*Artère aorte* part du ventricule gauche et conduit à tous les organes le sang artériel nourricier.	RESPIRATION DES TISSUS : Le sang cède l'*oxygène* aux cellules. ASSIMILATION : Le sang cède les *aliments* aux cellules. DÉSASSIMILATION : Le sang reçoit des cellules des *déchets* nuisibles résultant des phénomènes chimiques qui s'y accomplissent et qui produisent la *chaleur animale*.	EXCRÉTION : de gaz carbonique et de vapeur d'eau par les *poumons* ; de bile par le *foie* ; d'urine par les *reins* ; de sueur par les *glandes sudoripares*.

❀ *L'assimilation et la désassimilation constituent la nutrition. Les phénomènes chimiques de désassimilation qui s'accomplissent dans les tissus produisent la chaleur animale. La graisse et le glycogène sont des matières de réserve formées aux dépens des aliments.*

36. Conseils d'hygiène. — La chaleur animale éprouve une notable déperdition, et cela pour plusieurs causes, qui sont : le *rayonnement*, d'autant plus considérable que l'air est plus froid ; la *conductibilité*, dans l'eau froide par exemple, et la *transpiration*. La transpiration ne doit pas laisser l'homme indifférent ; il doit notamment, dans cet état, éviter l'immobilité dans un courant d'air, car dans ce cas l'évaporation se trouve augmentée, avec production de froid ; or le froid peut déterminer le développement de la tuberculose chez un homme dont l'organisme aurait pu résister sans cette imprudence.

La production de chaleur animale remplace au fur et à mesure la déperdition, mais à la condition que l'intensité des causes de déperdition n'atteigne pas un degré trop élevé. On remédie à l'action du froid par une nourriture plus abondante, principalement composée de féculents, de sucres et surtout de corps gras. En outre, les animaux possèdent généralement une fourrure ou un plumage qui entravent le rayonnement : c'est pour arriver au même résultat que l'homme a adopté des vêtements ; il établit ainsi une zone *mauvaise conductrice*, analogue à celle que possèdent naturellement les Mammifères et les Oiseaux, et c'est à ces animaux qu'il emprunte une grande partie des éléments dont il a besoin : lainages, fourrures. Il emprunte le reste au règne végétal : lin, chanvre, coton. Les vêtements mouillés doivent être quittés aussitôt comme producteurs de froid.

❀ *La déperdition de chaleur animale résulte principalement du rayonnement dans l'air froid et de la transpiration ; on y remédie par une nourriture abondante et par les vêtements.*

Fig. 33. — Partie de football : une mêlée tournée.

III. RELATION

LOCOMOTION

37. Les os. — Les os sont formés pour un tiers de leur poids d'une matière albuminoïde, l'*osséine*, et pour les deux autres tiers de sels calcaires, principalement de phosphate de chaux, puis de carbonate de chaux. Les 206 os qui constituent le squelette de l'homme sont de trois sortes : les os *longs*, comme le tibia (*fig. 34*) : les os *courts*, comme les vertèbres ; et les os *plats*, comme l'omoplate.

Si l'on coupe un os par le milieu, on voit qu'il est formé d'une membrane externe : le *périoste*, entourant une masse osseuse compacte, formée de lamelles concentriques, et percée en son centre d'un canal renfermant la *moelle*, substance jaunâtre, d'apparence grasse. Les os sont d'abord cartilagineux : la croissance en *longueur* d'un os long commence par le milieu et les deux extrémités, elle est terminée vers l'âge de vingt-cinq ans. La croissance en *épaisseur* est due à

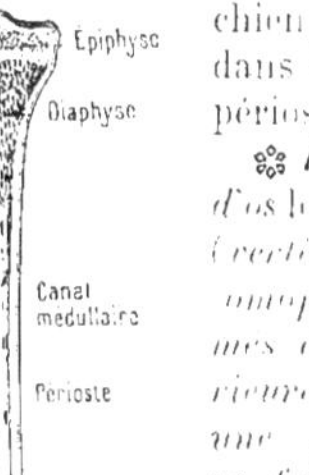

Fig. 34. — Coupe d'un *os long*.

l'activité du périoste ; la couche interne de cette membrane a la propriété de former constamment des cellules osseuses, peu à peu chassées vers la moelle où elles tombent et se détruisent : l'os se renouvelle donc d'une manière continue de la périphérie au centre. C'est ainsi qu'un fil de platine introduit sous le périoste d'un os long d'un chien se retrouve plus tard dans la moelle. L'activité du périoste s'affaiblit avec l'âge.

Le squelette se compose d'os longs (tibia), d'os courts (vertèbres) et d'os plats (omoplate). Les os sont formés d'une membrane extérieure ou périoste entourant une partie compacte qui renferme la moelle. La croissance des os est due à l'activité du périoste.

38. Squelette du tronc. — La partie essentielle du squelette (*fig. 35*) est la *colonne vertébrale* (*fig. 36*), ainsi appelée parce qu'elle est composée de *vertèbres*. A la partie supérieure se trouvent les 7 vertèbres *cervicales*, qui constituent le cou: leur nombre est le même chez tous les Mammifères, quelle que soit la longueur du cou. Viennent ensuite les 12 vertèbres *dorsales* qui portent les côtes, les 5 vertèbres *lombaires* qui sont les plus grosses et s'appuient sur un petit ensemble de 5 vertèbres soudées, nommé *sacrum*; celui-ci se termine par une queue très rudimentaire, ou *coccyx*, qui comprend 4 petites vertèbres. Les vertèbres sont percées en arrière d'un trou *fig.* 37, sauf les 2 dernières vertèbres du sacrum et le coccyx; elles for-

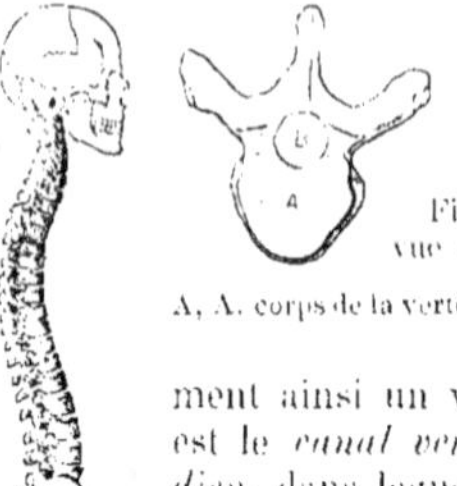

Fig. 37. — *Vertèbre* vue en plan et de profil.

A, A. corps de la vertèbre; B, trou vertébral.

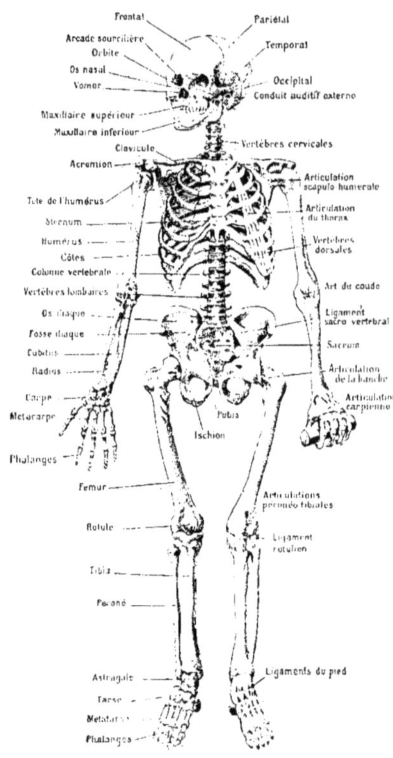

Fig. 36. — *Squelette de l'Homme.*

Fig. 36. Colonne vertébrale de profil.

ment ainsi un véritable tube qui est le *canal vertebral* ou *rachidien*, dans lequel passe la moelle épinière. La première vertèbre supérieure est l'*atlas*, qui par son articulation avec l'*occipital* effectue les mouvements de flexion de la tête en arrière et en avant; elle permet notamment de faire le signe *oui*; le signe *non* est facilité par la seconde vertèbre ou *axis* dont l'articulation avec l'atlas est pivotante (*fig.* 38). Chacune des 12 vertèbres dorsales porte 2 côtes (*fig.* 35); ces 12 paires de côtes s'arrondissent de chaque côté du corps et se rattachent sur la poitrine au *sternum*: elles forment ainsi une sorte de cage osseuse ou cage *thoracique* dans laquelle sont enfermés le cœur et les poumons.

❀ *Le squelette est la charpente solide du corps humain. La colonne vertébrale est composée de 33 vertèbres; elle supporte 12 paires de côtes qui se relient au sternum pour former le thorax.*

39. Tête. — La tête de l'homme *fig.* 39 comprend les os du *crâne*, ceux de la *face* et la mâchoire ou *maxillaire inférieur*. Le crâne, qui contient le cerveau, repose sur la colonne vertébrale; sa partie supérieure est divisée en os *frontal* devant, et os *pariétaux* au milieu. Au-dessous et en arrière de ces derniers est

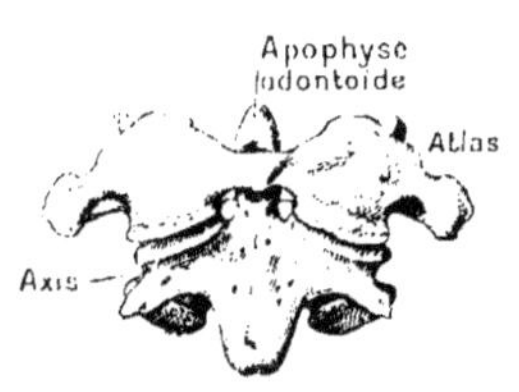

Fig. 38. — *Articulation de l'atlas et de l'axis.*

l'occipital, qui communique par un trou avec le canal vertébral. Sur les côtés sont les deux *temporaux*; c'est dans leur partie arrière ou rocher qu'est creusée l'o-

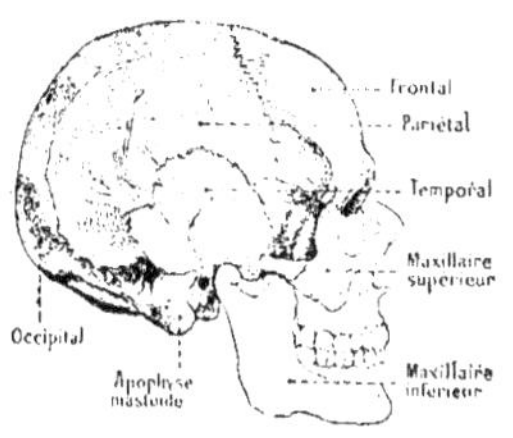

Fig. 39. —Ossature de la *tête*, vue de profil.

reille. Les os de la face sont nombreux et délicats; ils cloisonnent les cavités des yeux ou orbites, celles du nez et de la bouche. Plusieurs d'entre eux constituent la mâchoire supérieure sous laquelle vient s'appliquer le maxillaire inférieur, qui, seul, est mobile.

Le crâne repose sur la colonne vertébrale par l'os occipital. Les os de la face cloisonnent les cavités des yeux, du nez et de la bouche ; plusieurs d'entre eux forment la mâchoire supérieure fixe, contre laquelle s'applique le maxillaire inférieur mobile.

40. Membres. —Chaque membre supérieur (*fig.* 35) est rattaché au tronc par la *clavicule* en avant et l'*omoplate* en arrière; ces deux os constituent l'épaule. On y rencontre, de haut en bas, l'*humérus* ou os du bras, le *radius* et le *cubitus* pour l'avant-bras, 8 petits os *carpiens* pour le poignet, 5 *métacarpiens* pour la paume de la main et les *phalanges* des doigts, dont 2 pour le pouce et 3 pour chacun des autres doigts.

Chaque *membre inférieur* est analogue, mais il est suspendu à un os arrondi et résistant appelé *bassin* et formé de 3 os soudés, dont le plus important est l'os de la hanche. Pour chaque membre on trouve, de haut en bas, le *fémur* ou os de la cuisse, le *tibia* et le *péroné* pour la jambe, 7 petits os *tarsiens* pour le cou-de-pied, 5 *métatarsiens* pour la plante du pied, et les *phalanges* des orteils, dont 2 pour le gros orteil et 3 pour chacun des autres. La partie antérieure de l'articulation du genou est protégée par un petit os arrondi appelé *rotule*.

Reliés à la clavicule et à l'omoplate, les os du membre supérieur sont l'humérus, le radius et le cubitus et les petits os de la main. Suspendus au bassin, ceux du membre inférieur sont le fémur, le tibia et le péroné et les petits os du pied.

41. Articulations. — Tous les os sont reliés entre eux par des jointures ou *articulations*. Certaines articulations sont immobiles, elles s'engrènent à l'aide de denticulations : c'est le cas de celles qui réunissent les différentes pièces du crâne. D'autres ne jouissent que d'une mobilité très limitée, comme celle des vertèbres. Enfin, d'autres se meuvent comme des charnières parce que les os sont reliés par des *ligaments* résistants, élastiques et entre-croisés : les plus typiques de ces articulations sont celles du *coude* (*fig.* 40) et du *genou*. Sur toute l'étendue d'une articulation les os sont durs et lisses ; dans cette partie ils sont entourés par un *cartilage* blanc, nacré, amortisseur des chocs (*fig.* 41 : ils sont en outre continuellement imprégnés, lubrifiés, par un liquide qui remplit le rôle de l'huile dans une machine : ce liquide est la *synovie*, contenue dans un petit sac membraneux ou *capsule synoviale*. Le déboîtement, le déplacement accidentel d'une articulation, est connu sous le nom de luxation.

Les os sont reliés entre eux par les articulations, généralement mobiles (coude, genou) et constamment lubrifiées par un liquide appelé synovie.

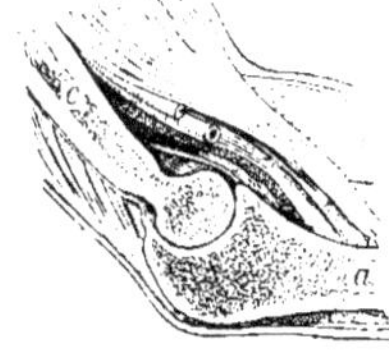

Fig. 40.

Coupe de l'articulation du coude.

a, cubitus ; *c*, humérus.

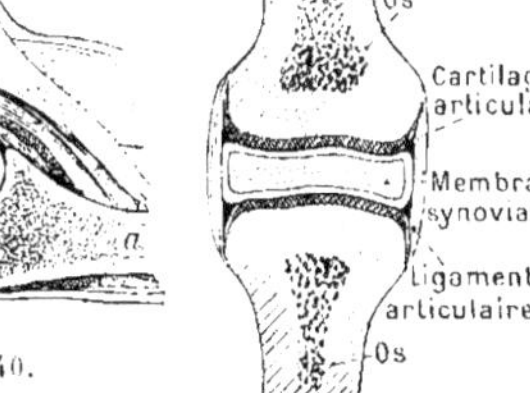

Fig. 41. — *Articulation mobile* dont on a écarté les os.

42. Muscles. — Le moteur de toute cette charpente humaine est le *muscle*. Les morceaux de viande rouge que l'on aperçoit à l'étalage des bouchers sont des muscles d'animaux : ceux de l'homme sont semblables. La vigueur d'un individu est proportionnée à leur développement ; on dit d'un homme doué d'une grande force physique qu'il est bien *musclé*. Les muscles sont formés de fibres groupées en faisceaux et entourées d'une enveloppe membraneuse. Certains muscles sont soumis à l'action de la volonté ; ce sont des muscles rouges ou à fibres *striées ;* ils accomplissent les mouvements volontaires. D'autres sont disposés en couches minces dans les parois des viscères et agissent en dehors de la volonté ; ce sont des muscles blancs ou à fibres *lisses (fig. 6).* Cependant, deux exceptions sont à noter : le cœur renferme des muscles rouges involontaires, et la vessie des muscles blancs volontaires. Les muscles ont la propriété de se *contracter*, c'est-à-dire de se raccourcir en se gonflant ; ceux qui sont soumis à la volonté font ainsi mouvoir les os, auxquels ils sont rattachés par des cordons très solides appelés *tendons (fig.* 43). Un exemple très net de contraction musculaire est celui du biceps, que nous montrons à l'effort et au repos *(fig.* 42). Les muscles se contractent sous l'influence des nerfs moteurs (46) ; ces nerfs servent ainsi d'intermédiaires entre le cerveau qui commande et la force musculaire qui exécute.

✤ *Les muscles sont des faisceaux de fibres dont les contractions font mouvoir les os par l'intermédiaire des tendons. Les ordres émanés du cerveau leur sont transmis par les nerfs moteurs.*

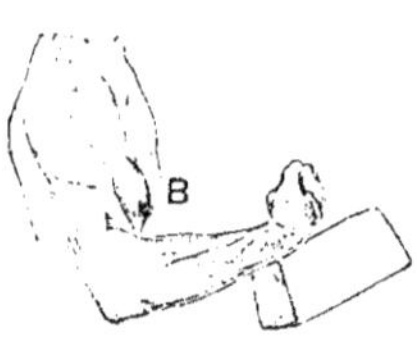

Fig. 42. — *Muscle biceps* B à l'effort et au repos.

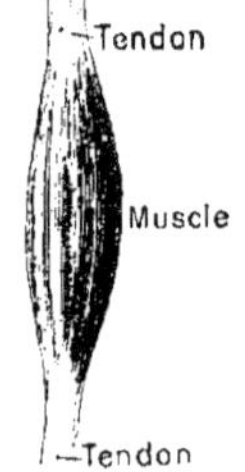

Fig. 43. — *Muscle rouge et ses tendons.*

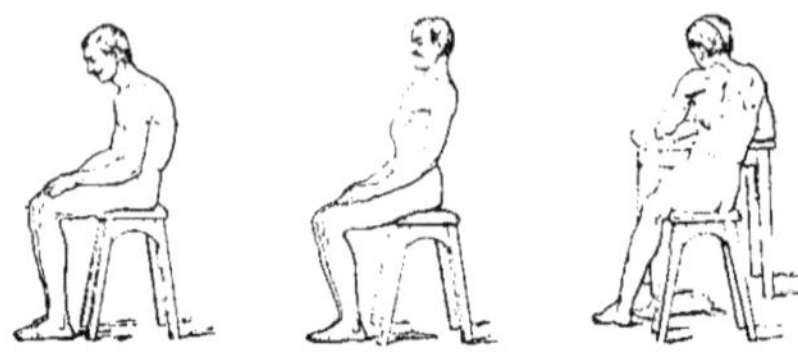

Fig. 44. — *Mauvaises attitudes* assises.

43. Hygiène du mouvement. — Les organes longtemps inactifs s'atrophient ; c'est le cas des muscles chez les personnes trop sédentaires ; il en résulte que le défaut d'exercice peut entraîner la *dégénérescence physique.* Les mauvaises attitudes, surtout chez les enfants, amènent des déformations du squelette, ou des muscles *(fig.* 44). Le mouvement active le fonctionnement de tous les organes et entretient la santé ; il augmente l'amplitude des poumons par la plus haute intensité des phénomènes respiratoires *(fig.* 33) il calme le système nerveux et il accroît les excrétions.

L'exercice physique modéré est bon. Le *surmenage*, au contraire, est toujours nuisible : si l'on oblige les muscles à dépenser plus qu'ils ne reçoivent, on provoque dans l'organisme une accumulation de déchets qui ne peuvent être éliminés assez vite et qui produisent un véritable empoisonnement.

L'exercice physique, mal dirigé ou imprudent, peut être la cause de foulures, luxations ou cassures. La *foulure*, ou déchirement d'un ligament, se traite par les frictions et l'eau froide. La *luxation*, ou déboîtement d'une articulation, exige l'application de linges frais en attendant le médecin. Pour la *cassure*, toujours grave, la seule mesure provisoire à prendre est de relever le blessé avec de grandes précautions et de le placer sur un lit, en assurant l'immobilité complète du membre lésé.

✤ *Les exercices physiques modérés activent le fonctionnement des organes et calment le système nerveux. Les foulures se traitent par les frictions ; les luxations par l'application de linges frais. Les cassures exigent d'abord l'immobilité du membre lésé.*

INNERVATION

44. Cellule nerveuse. — L'innervation s'exerce par le système nerveux et les organes des sens. Le *système nerveux* (*fig.* 47) est l'organe de la sensibilité; il est à la fois l'excitateur et le régulateur des mouvements et des sécrétions; il relie entre eux tous nos organes et assure l'harmonie de leurs fonctions. Le système nerveux est composé essentiellement de cellules nerveuses ou *neurones* (*fig.* 45), comprenant un corps cellulaire d'où partent un ou plusieurs *panaches protoplasmiques*, ramifiés dès la base, et un seul *cylindre-axe*, prolongement plus mince, ramifié seulement

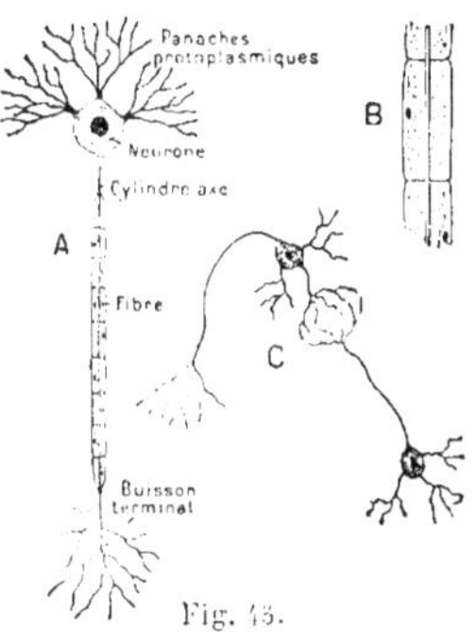

Fig. 45.

A, cellule nerveuse ou *neurone*; B, détail de la *fibre nerveuse*; C, rapport de deux neurones.

à son extrémité. Parfois le cylindre-axe est court et relie le neurone à un neurone voisin, parfois il est très long et entouré de cellules qu'il traverse; il constitue une *fibre nerveuse*.

Le système nerveux comprend des *centres nerveux* et des conducteurs ou *nerfs*, reliant les centres aux organes. Les nerfs sont des groupements de fibres nerveuses. Dans les centres nerveux, une agglomération de cylindres-axes forme une substance *blanche*; un amas de corps de neurones avec leurs panaches constitue une substance *grise*.

⁂ *Le système nerveux, organe de la sensibilité et ordonnateur des mouvements, est formé de neurones, cellules prolongées par des panaches protoplasmiques et un cylindre-axe. Une fibre nerveuse est un cylindre-axe long, entouré d'une gaine cellulaire.*

45. Centres nerveux. — Les centres nerveux, enveloppés dans trois membranes appe-

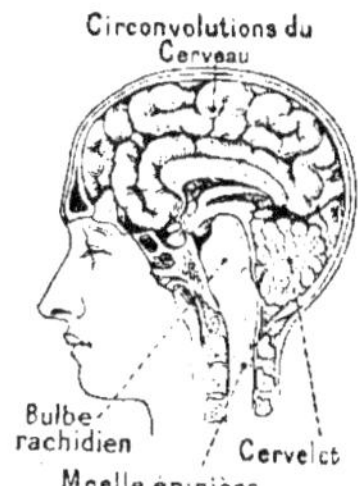

Fig. 46.

Coupe de l'*encéphale*.

lées méninges, sont la *moelle épinière*, qui occupe le canal vertébral ou rachidien, et l'*encéphale*, qui est logé dans le crâne.

La *moelle épinière* est un long cordon blanc terminé en pointe à sa partie inférieure; elle est formée d'un axe central de substance grise, entouré de substance blanche, qui est groupée en trois paires de cordons. Elle offre à sa partie supérieure un épanouissement : c'est le *bulbe rachidien* qui la relie au cerveau; les cordons de la moelle s'y entre-croisent. Le passage qui permet à la moelle d'atteindre ainsi l'encéphale est le trou occipital.

L'*encéphale* (*fig.* 46) se compose du bulbe rachidien, du cervelet et du cerveau. Le *cervelet* est situé au-dessous du cerveau dans la partie postérieure du crâne; il est partagé en trois parties : l'une médiane, petite, qui est le vermis, et deux lobes latéraux. Il est formé de substance blanche centrale, à contours élégamment découpés et entourée d'une écorce grise. Le rôle du cervelet n'est pas encore bien défini : on lui attribue la coordination des mouvements.

Le *cerveau* est une masse de matière nerveuse divisée en deux moitiés ou hémisphères. Il est formé de substance blanche entourée d'une mince écorce grise, dont la surface présente des replis ou circonvolutions, qui sont très nombreux et très accentués chez l'homme et le sont beaucoup moins à mesure qu'on descend les degrés de la série des Mammifères. On considère le cerveau comme le siège des sensations et le centre ordonnateur des mouvements volontaires : c'est l'organe de la pensée et le siège des facultés intellectuelles.

⁂ *La moelle épinière occupe le canal vertébral; le bulbe rachidien la relie au cerveau, qui est le siège des sensations et des facultés intellectuelles; on attribue au cervelet la coordination des mouvements.*

46. Nerfs. Grand sympathique. — L'encéphale émet 12 paires de *nerfs crâniens* et la moelle épinière 31 paires de *nerfs rachidiens* (*fig.* 47); ces derniers se livrent passage entre les vertèbres. Les nerfs sont des cordons blanchâtres; il en existe de deux sortes: les

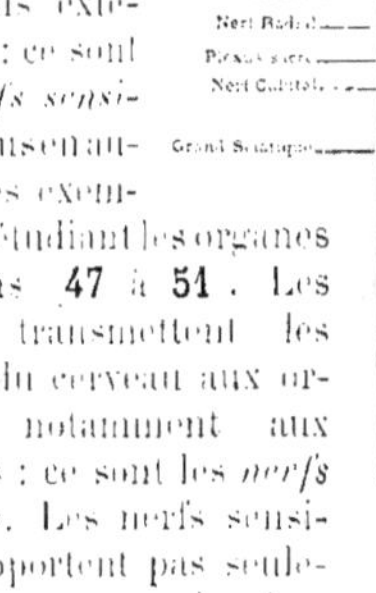

Fig. 47.
Système *nerveux*
de l'Homme.

uns sont en quelque sorte avertisseurs, ils transmettent au cerveau les impressions extérieures: ce sont les *nerfs sensitifs*; nous en aurons des exemples en étudiant les organes des sens **47** à **51**. Les autres transmettent les ordres du cerveau aux organes, notamment aux muscles: ce sont les *nerfs moteurs*. Les nerfs sensitifs n'apportent pas seulement au cerveau les impressions produites sur les sens de l'ouïe, de la vue: ils transmettent toutes les impressions superficielles venues de l'extérieur ou des organes internes. Admettons qu'une guêpe nous pique à la jambe: les nerfs sensitifs en donnent immédiatement connaissance au cerveau: sous l'influence de celui-ci, les nerfs moteurs transmettent instantanément aux muscles l'ordre d'agir, ce qui permet à la main de chasser sans retard l'insecte. On nomme acte *réflexe* cette transformation de la sensibilité en mouvement. On le voit, les réseaux nerveux réalisent un service rapide et continu d'informations et de secours qui permet à l'organisme de répondre à tout.

En dehors du système nerveux proprement dit ou *cérébro-spinal*, existe le système du *grand sympathique*, formé de deux chaînes de ganglions nerveux placées de chaque côté de la colonne vertébrale. C'est par ces nerfs que s'accomplissent les actes inconscients: ils sont excitateurs de fonctions involontaires.

✽ *Les nerfs relient le cerveau et la moelle épinière aux organes. Les nerfs sensitifs avertissent le cerveau; les nerfs moteurs lui obéissent. Les nerfs sympathiques excitent les fonctions involontaires.*

47. Sens. Toucher. — Les organes des sens sont placés à la périphérie du corps: ils recueillent les *impressions* extérieures et les transmettent au cerveau par les *nerfs sensitifs*; le cerveau les transforme en *sensations*. L'homme a cinq sens, qui sont: le toucher, le goût, l'odorat, l'ouïe et la vue.

Le *toucher* a pour siège la peau, qui est formée de deux couches superposées: l'épiderme à la surface et le derme placé immédiatement en dessous. L'*épiderme* comprend une partie profonde ou couche *basale*, formée de cellules jeunes, et la couche *cornée*, alimentée par la couche basale, et formée de cellules dont les plus externes sont mortes. Les poils, les ongles sont des productions cornées, dues également à l'activité de la couche basale. Le *derme*, plus épais que l'épiderme, est du tissu conjonctif, assez élastique pour suivre tous les changements de forme des muscles qu'il recouvre; il est fort riche en terminaisons nerveuses et en vaisseaux sanguins: il renferme les glandes sudoripares, la base des poils et des ongles (*fig.* 48) et les *corpuscules* du tact.

Ces derniers (*fig.* 49) se trouvent d'ailleurs au contact de l'épiderme: ils sont le siège du sens du toucher, qui s'étend ainsi sur la surface entière du corps. Ce sens permet de reconnaître la forme, la température, la consistance d'un corps: il est plus sensible à l'extrémité des doigts parce que les corpuscules y sont plus nombreux. La transmission au cerveau

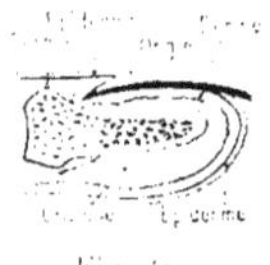

Fig. 48.
Coupe de l'extrémité du doigt
et de l'ongle.

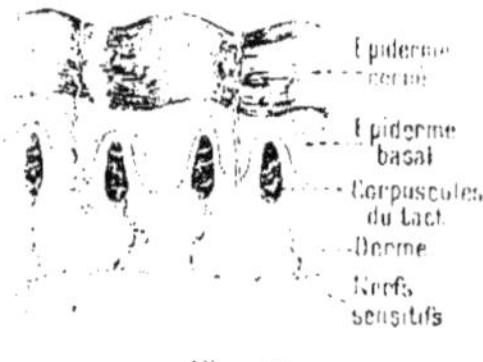

Fig. 49.
Corpuscules du *tact*.

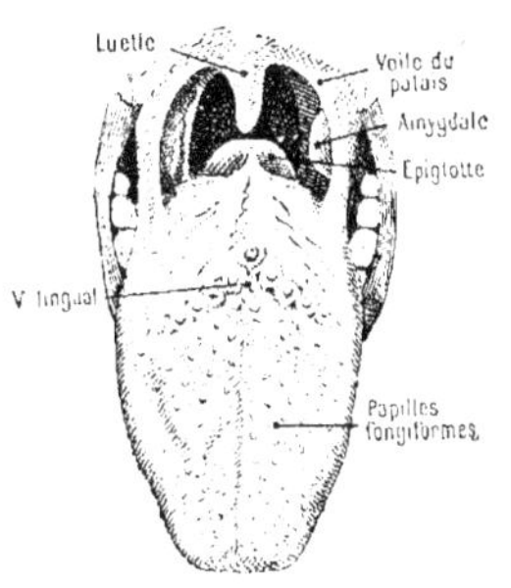

Fig. 50. — *Langue.*

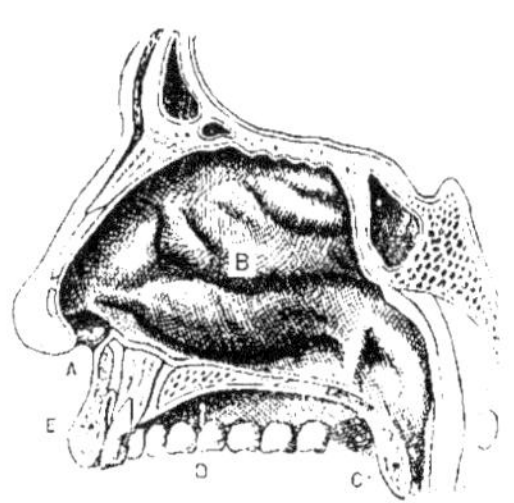

Fig. 51.

Coupe des *fosses nasales* B :
A. narine ; C. voile du palais ; D. palais ; E. lèvre supérieure.

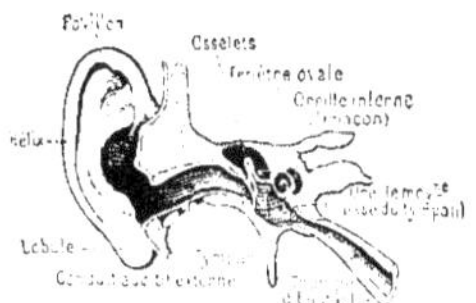

Fig. 52.
Coupe de l'oreille.

gustatives. *Le siège de l'odorat est dans les parois des fosses nasales ; le nerf olfactif en transmet l'impression au cerveau.*

s'accomplit par les nerfs sensitifs, dont les ramifications atteignent ces corpuscules.

❀ *Les cinq sens sont le* toucher, *le* goût, *l'odorat, l'ouïe et la* vue. *Le sens du* toucher, *qui a pour siège la peau, s'exerce par les corpuscules du* tact *qui en transmettent les impressions au cerveau par leurs nerfs.*

48. Goût, odorat. — La langue est une masse de muscles rouges recouverte par une muqueuse. Sa face supérieure est le siège du sens du *goût* ; on y remarque en effet un très grand nombre de *papilles gustatives* (*fig.* 50) dans lesquelles aboutissent des nerfs sensitifs. Ces nerfs recueillent l'impression de la saveur des aliments dissous, impression transformée par le cerveau en sensation de *goût*. Les papilles les plus importantes, dites *caliciformes*, sont disposées de manière à former une sorte de V, ou V lingual (*fig.* 50).

Le *nez* donne accès à deux chambres situées au-dessus du palais et que l'on appelle *fosses nasales* (*fig.* 51). Les parois osseuses des fosses nasales sont recouvertes par la membrane *pituitaire* qui contient les ramifications du nerf *olfactif*, lequel est chargé de transmettre au cerveau les impressions de l'*odorat* ; c'est en se fixant sur cette membrane que les corps odorants arrivent à impressionner les extrémités de ces ramifications.

❀ *Le* goût *s'exerce à la face supérieure de la langue ; l'impression est transmise au cerveau par les nerfs sensitifs des* papilles

49. Ouïe. — Le sens de l'*ouïe* a pour organe l'*oreille*, qui comprend trois parties : l'oreille externe, moyenne et interne (*fig.* 52). L'oreille externe comprend le *pavillon*, immobile chez l'homme, et dans lequel s'ouvre le *conduit auditif*, fermé à 2 centimètres de profondeur par une membrane fine et tendue qui est le *tympan* ; c'est là que sont recueillies les vibrations de l'air. De l'autre côté du tympan se trouve la *caisse du tympan* ou oreille moyenne, qui s'ouvre dans les fosses nasales par deux conduits appelés *trompes d'Eustache* et permettant le renouvellement de l'air contenu dans la caisse du tympan. Cette chambre contient quatre *osselets* : le marteau, l'enclume, l'os lenticulaire et l'étrier, qui transmettent les vibrations du tympan à l'oreille interne ; c'est dans ce troisième compartiment, de forme très compliquée, que les impressions sonores sont reçues par le *nerf auditif* et transmises au cerveau.

❀ *En pénétrant dans le pavillon de l'oreille, les vibrations extérieures font vibrer le* tympan ; *elles sont transmises par les osselets à l'oreille interne, d'où le nerf auditif porte au cerveau l'impression du son.*

50. Vue. Parties accessoires de l'œil. — Les organes de la *vue* sont les *yeux*, placés dans des cavités osseuses ou *orbites* ; ils sont mis en mouvement chacun par six muscles rouges qui leur permettent de viser toutes les directions. Les yeux (*fig.* 53) sont protégés antérieurement par les *paupières* : ce sont deux replis de la peau réunis par une membrane transparente, ou *conjonctive*, qui passe en avant du globe de l'œil. La vigilance des paupières est stimulée par l'extrême sensibilité des *cils*; aussi se ferment-elles instinctivement au contact de la moindre poussière. L'humidité de la conjonctive est assurée par les larmes, sécrétées par la glande *lacrymale*; l'excès des larmes s'échappe par le *canal lacrymal* situé à l'angle interne de l'œil, et par le nez. Cette sécrétion devient abondante par un grand chagrin, elle déborde alors entre les paupières.

Les organes de la vue sont les yeux; ils sont protégés par les paupières. Celles-ci sont réunies par la conjonctive et leur vigilance est stimulée par la sensibilité des cils. L'humidité de la conjonctive est assurée par les glandes lacrymales.

51. Globe de l'œil.

— Le globe de l'œil (*fig.* 54) est l'organe essentiel de la vue; il est formé de trois *membranes* superposées et de *milieux* transparents. La membrane la plus externe est la *cornée*, opaque sur sa plus grande étendue, mais transparente en avant pour la pénétration des rayons lumineux. En dedans de la cornée s'étend une deuxième membrane qui est la *choroïde*, entièrement noire, sauf en arrière de la cornée transparente où elle forme un écran vertical, l'*iris* ou *prunelle*. L'iris est diversement coloré suivant les personnes; il est percé en son centre d'un trou circulaire dilatable, ou *pupille*. La membrane interne, seule sensible à la lumière, est la *rétine*, formée par l'épanouissement des fibres du nerf optique. Les milieux transparents sont l'humeur *aqueuse*, située entre la cornée et l'iris, puis le *cristallin* en forme de lentille biconvexe, enfin l'humeur *vitrée* qui constitue les quatre cinquièmes du globe de l'œil.

Les rayons qui ont traversé le cristallin se trouvent projetés au fond de l'œil et forment l'image sur la *rétine*; l'image est alors trans-

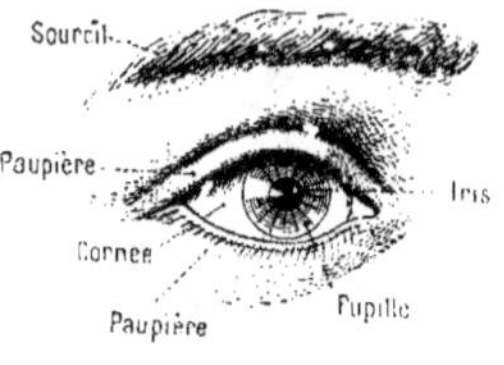

Fig. 53.
Œil ouvert.

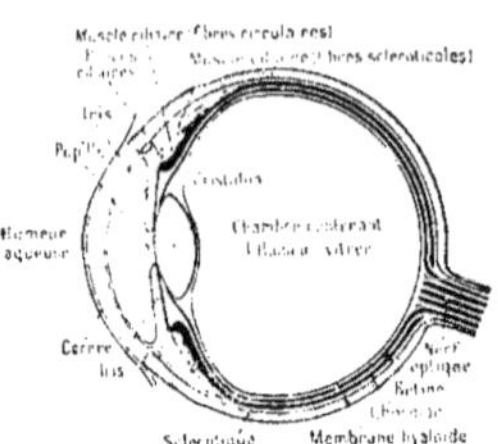

Fig. 54.
Coupe du globe de l'œil.

mise par le *nerf optique* au cerveau qui en éprouve la *vision*. On le voit, la disposition des différentes parties du globe de l'œil est exactement semblable à celle des pièces d'un appareil photographique. Les paupières servent en effet d'obturateur; l'iris, troué de la pupille, constitue un diaphragme; le cristallin représente la lentille de l'objectif; l'intérieur du globe de l'œil est une chambre noire, au fond de laquelle la rétine reçoit l'image lumineuse, comme le fait la plaque sensible en photographie. La mise au point, ou *accommodation*, est due au cristallin qui se bombe sous l'action d'un muscle dépendant de la choroïde.

Le globe de l'œil comprend trois membranes : cornée, choroïde et rétine, puis des milieux transparents. Les rayons lumineux passent par le trou de l'iris ou pupille et vont impressionner la rétine; l'impression est transmise au cerveau par le nerf optique.

52. Danger des excitants.

— En dehors des aliments utilisables par les tissus, l'homme use trop souvent de substances excitantes auxquelles l'organisme s'habitue, malheureusement; ces substances altèrent le système nerveux et finissent par causer des maladies que la suppression tardive de leur usage ne parvient pas toujours à enrayer.

Le *café* et le *thé* sont des boissons aromatiques excitantes; elles facilitent la digestion et activent le travail intellectuel; à haute dose elles provoquent de l'insomnie et du tremblement. L'*opium* extrait de la capsule du pavot est un poison violent; on en retire la morphine, employée en médecine comme calmant; l'emploi de l'opium conduit à l'abrutissement. L'usage du *tabac* est très répandu dans notre pays; il cause des maux d'estomac, des migraines, des troubles du cœur et une diminution de la mémoire. L'excitant le plus redoutable est l'*alcool* (**17** à **19**).

❀ *L'homme a le tort de recourir à certains excitants. L'abus du café et du thé provoque l'insomnie; l'opium conduit à l'abrutissement et le tabac cause des maux d'estomac, des troubles du cœur, etc.*

53. Hygiène de la peau et des sens. — La peau se couvre rapidement d'un enduit gras, composé de substances sécrétées et de poussières venues de l'air; cet enduit obstrue les pores, gêne les fonctions de la peau et fixe les microbes. Aussi l'hygiène de la peau exige-t-elle une propreté rigoureuse. Si la peau est écorchée, le lavage à l'eau bouillie ou avec une solution antiseptique doit être pratiqué et renouvelé, car toute blessure est une porte ouverte aux microbes (**27**).

Tous les sens doivent être l'objet de certains soins. Pour le goût, il ne faut pas oublier que l'usage des condiments et du tabac irrite la muqueuse linguale et en diminue la sensibilité aux saveurs. La muqueuse nasale est sujette à une inflammation appelée *coryza* ou rhume de cerveau. La partie visible du conduit auditif externe de l'oreille doit être tenue libre de toute sécrétion cireuse, dont l'accumulation peut entraîner une surdité temporaire. Enfin, l'hygiène de la vue est de la plus haute importance : les yeux sont des organes fort délicats : il faut éviter les lumières et réverbérations trop intenses, les lumières faibles ou vacillantes, la lecture de textes trop fins, etc.

❀ *L'hygiène des sens exige la parfaite propreté de la partie extérieure de leurs organes. En outre, il faut les* ménager : *les yeux, notamment, sont fort délicats.*

54. Production de la voix. — Le siège de la voix est au *larynx*. Il contient deux muscles appelés *cordes vocales* et contre lesquels vient frapper l'air des poumons (*fig. 55* ; les cordes vocales éprouvent alors des vibrations sonores qui constituent la voix. L'*articulation* du son, qui différencie la voix de l'homme de celle des animaux, est produite dans la bouche par la langue et les lèvres.

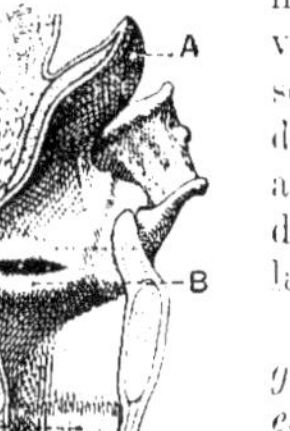

Fig. 55. — Coupe du *larynx* :

A, épiglotte; B, corde vocale; C, trachée-artère.

❀ *Le* larynx *est l'organe de la voix; la voix est due aux vibrations des cordes vocales frappées par l'air chassé des poumons. Le son est articulé par la langue et par les lèvres.*

III. — TABLEAU-RÉSUMÉ DU SYSTÈME NERVEUX ET DES ORGANES DES SENS.

CENTRES NERVEUX.	NERFS.	ORGANES DES SENS.
CERVEAU ....⎫ CERVELET ......⎬ ENCÉPHALE. BULBE ou *Moelle*⎭ Il en part.	12 PAIRES DE NERFS CRANIENS, reliés aux organes de la tête et du tronc.	L'ŒIL, organe de la *vue*, est impressionné par la lumière.
allongée.		L'OREILLE, organe de l'*ouïe*, est impressionnée par les vibrations sonores.
MOELLE ÉPINIÈRE. Il en part.	31 PAIRES DE NERFS RACHIDIENS, reliés aux membres et aux muscles du tronc.	Le NEZ, organe de l'*odorat*, est impressionné par les particules odorantes.
		La LANGUE porte les corpuscules du *goût*.
SYSTÈME SYMPATHIQUE. Il en part. ..	Les NERFS SYMPATHIQUES, reliés aux organes internes du tronc.	La PEAU porte les organes du *toucher*.

Fig. 56. — *Moutons domestiques* en troupeau; hauteur, 0 m. 70 en moyenne.

ZOOLOGIE

IV. VERTÉBRÉS

55. Espèces, races. — Une *espèce* animale est composée d'animaux de même forme et qui se ressemblent autant entre eux que leurs petits leur ressemblent quand ils sont devenus adultes.

Une espèce peut donner des *races*, témoin les races humaines ; ces races résultent de l'influence du milieu dans lequel d'innombrables générations se sont succédé. Le *climat* est le principal élément de ce milieu. L'animal trouve en effet dans chaque climat des conditions de vie très différentes, et une même espèce partagée entre deux climats bien différenciés donnera, avec le temps, deux races.

✿ *Une espèce animale est composée d'animaux de même forme et qui se ressemblent autant entre eux que leurs petits leur ressemblent. Les races naturelles résultent de l'influence lente de conditions de vie très différentes sur une même espèce.*

56. Embranchements et subdivisions. — Les animaux ont été divisés d'abord en *embranchements*, puis en *classes, ordres, familles, genres* et *espèces*. Pour former les grands groupes, on a surtout recours aux caractères internes. Un caractère anatomique très précieux est l'existence d'un *squelette interne*, dont l'axe est représenté par la *colonne vertébrale*. C'est le cas chez l'homme, le chat, le coq, le lézard, la grenouille, la carpe. Voilà donc un groupe très important dont on a fait l'embranchement des *Vertébrés*.

Tous les animaux qui n'en font pas partie sont des *Invertébrés* ; mais le nombre de ces derniers est si grand et leur organisation si variée, qu'il a été nécessaire de les subdiviser *fig. 57*. Ainsi l'on a constitué : l'embranchement des *Articulés* pour ceux dont le corps est, entièrement ou en partie, composé d'articles ou anneaux, tels sont les Insectes ; celui *des Vers* pour les animaux également formés d'anneaux, mais qui sont plus mous que les précédents, et dont les pattes, lorsqu'ils en ont, ne sont pas articulées (Ver de terre) ; celui des *Mollusques* pour ceux qui sont essentiellement mous, sans anneaux, sans pattes, et souvent porteurs d'une coquille calcaire (Escargot, Huître) ; puis ceux des *Échinodermes* (Étoile de mer, Oursin), des *Cœlentérés* (Corail, Éponge) et des *Protozoaires* comprenant les animaux les plus inférieurs.

❀ *Les espèces se groupent en genres, puis en familles, en ordres et en classes. Les groupes principaux de la classification sont les 7* embranchements : *Vertébrés, Articulés, Vers, Mollusques, Échinodermes, Cœlentérés et Protozoaires.*

57. Divisions des Vertébrés. — Il est inutile d'étudier séparément l'anatomie de chaque animal pour connaître ses caractères essentiels : il suffit de connaître les caractères du *groupe* auquel il appartient. Chez les Vertébrés la colonne vertébrale est un caractère constant ; mais leurs fonctions présentent des différences considérables, qui sont résumées dans le Tableau ci-dessous, et qui ont permis la division de l'embranchement des Vertébrés en cinq classes, qui sont les suivantes :

1° Classe des *Mammifères* : Chat.
2°   —   *Oiseaux* :   Coq.
3° Classe des *Reptiles* :   Lézard.
4°   —   *Batraciens* :   Grenouille.
5°   —   *Poissons* :   Carpe.

❀ *Les* Vertébrés *ont pour caractère essentiel l'existence d'une colonne vertébrale. Les différences que présentent chez eux la structure du cœur, la température du sang, etc., ont permis de les diviser en cinq classes.*

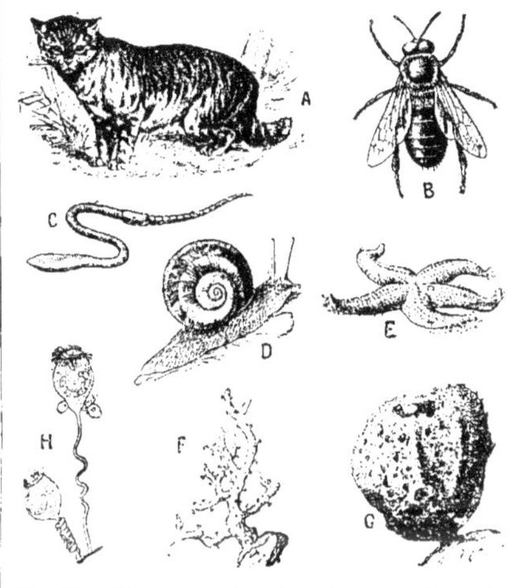

Fig. 57. — Types appartenant aux 7 *embranchements* : A. *Vertébré* (chat) ; B. *Articulé* (abeille) ; C. *Ver* (lombric) ; D. *Mollusque* (escargot) ; E. *Échinoderme* (étoile de mer) ; F. G. *Cœlentérés* (corail, éponge) ; H. *Protozoaire* (vorticelle).

IV. — TABLEAU DE L'EMBRANCHEMENT DES VERTÉBRÉS.

REPRODUCTION.	RESPIRATION	TEMPÉRATURE DU SANG.	DIVISION DU CŒUR.	REVÊTEMENT DE LA PEAU.	CLASSES.
Ils mettent au monde des petits vivants (vivipares).	Aérienne (poumons).	Constante (sang chaud).	4 cavités.	Poils.	MAMMIFÈRES. (Chat.)
Ils pondent des œufs (ovipares).	Aérienne (poumons).	Constante (sang chaud).	4 cavités.	Plumes.	OISEAUX. (Coq.)
	Aérienne (poumons).	Variable (sang froid).	4 ou 3 cavités.	Plaques cornées.	REPTILES. (Lézard.)
	Adultes : aérienne. Jeunes : aquatique.	Variable (sang froid).	Adultes : 3 cavités. Jeunes : 2 cavités.	Peau nue.	BATRACIENS. (Grenouille.)
	Aquatique (branchies).	Variable (sang froid).	2 cavités.	Écailles.	POISSONS. (Carpe.)

Fig. 58. — Race *blanche* Arabe.   Fig. 59. — Race *blanche* Hindou.   Fig. 60. — Race *jaune* Chinois.

CLASSE DES MAMMIFÈRES.

58. Caractères et divisions. — Les Mammifères se reproduisent par des œufs, comme tous les autres animaux, mais ces œufs sont très petits et se développent dans l'intérieur de leur corps ; ils mettent au monde des petits vivants : ils sont *vivipares*. Tous les Mammifères ont des *mamelles* ; ce sont des glandes qui produisent le lait pour la nourriture des jeunes et se tarissent dès que ceux-ci ont atteint l'âge de se nourrir eux-mêmes ; leur nombre est proportionné à celui des petits. Le second caractère est la présence du *poil*, sauf chez quelques rares exceptions. Ajoutons qu'ils respirent l'air atmosphérique à l'aide de poumons et qu'ils possèdent tous un cœur à 4 cavités ; enfin leur température est constante : ils ont le sang chaud. Malgré ces caractères, la variété de ces animaux est très grande : le chimpanzé, le chat, le phoque, le hérisson, la chauve-souris, le lapin, le bœuf, l'éléphant, la baleine, etc., sont des Mammifères. Ils ne se ressemblent ni par la forme, ni par la grosseur ; ils présentent aussi des différences notables dans le nombre et la forme de leurs dents et de leurs membres ; c'est sur tout cela que l'on a considéré en partageant cette classe en 15 ordres, qui sont :

1° Ordre des *Primates* :		Chimpanzé.
2°	*Carnivores* :	Chat.
3°	*Pinnipèdes* :	Phoque.
4°	*Insectivores* :	Hérisson.
5°	*Chéiroptères* :	Chauve-souris.
6°	*Rongeurs* :	Lapin.
7°	*Édentés* :	Tatou.
8°	*Pachydermes* :	Sanglier.
9°	*Ruminants* :	Bœuf.
10°	*Imparidigités* :	Cheval.
11°	*Proboscidiens* :	Éléphant.
12°	*Cétacés* :	Baleine.
13°	*Sirénides* :	Lamantin.
14°	*Marsupiaux* :	Kangourou.
15°	*Monotrèmes* :	Ornithorhynque.

❀ *Les Mammifères donnent naissance à des petits vivants et les nourrissent du lait de leurs mamelles ; ils respirent l'air atmosphérique, ont un cœur à 4 cavités, le sang chaud et la peau généralement couverte de poils. On les a divisés en 15 ordres.*

59. Primates. Races humaines. — L'ordre des *Primates* est caractérisé par la possession d'au moins deux extrémités préhensiles, c'est-à-dire ayant le pouce opposable, la dentition complète à chacune des mâchoires et les ongles plats. Il comprend trois familles : *Homme, Singes* et *Lémuriens*.

L'Homme, que nous avons étudié dans les

Fig. 61. — Race *jaune* (Japonaise). Fig. 62. — Race *noire* (Soudanais). Fig. 63. — Race *rouge* (Sioux).

chapitres précédents, est remarquable par le développement de son encéphale, par le langage articulé et par l'attitude verticale. Il est représenté sur la Terre par un certain nombre de types que l'on a groupés en 4 races, qui sont : les races blanche, jaune, noire et rouge. La race *blanche* (*fig.* 58 et 59) présente le teint clair, les yeux fendus horizontalement, la barbe fournie et les cheveux lisses ; elle habite l'Europe, le nord de l'Afrique (Arabes et Berbères) et le sud-ouest de l'Asie (Persans, Hindous). La race *jaune* (*fig.* 60 et 61) a le teint jaunâtre, les yeux bridés et étroits, la barbe rare et les cheveux raides ; elle occupe l'Asie presque entière et la Malaisie. La race *noire* (*fig.* 62) a le teint brun ou noir, la barbe rare, les cheveux crépus, le nez écrasé, les lèvres grosses ; les nègres occupent l'Afrique presque entière et une partie de l'Océanie. La race *rouge* (*fig.* 63), quoique à peu près exterminée dans le Nord par la race blanche, habite les deux Amériques.

❀ *Les Primates sont caractérisés par au moins 2 extrémités préhensiles, la dentition complète et les ongles plats. L'Homme est remarquable par le volume de son cerveau, le langage articulé et l'attitude verticale. On en groupe les différents types en 4 races : blanche, jaune, noire et rouge.*

Fig. 64.
Main
d'un
Primate.

60. Singes, Lémuriens. — Ces animaux ont le pouce opposable aux 4 membres (*fig.* 64). Les *Singes* ont les yeux sur la face comme l'Homme, ils passent une partie de leur existence sur les arbres. On distingue d'abord les Anthropoïdes, puis les Singes de l'Ancien et du Nouveau continent.

Les *Anthropoïdes* sont voisins de l'Homme, ils n'ont pas de queue et ont les bras très longs. Le Chim-

Fig. 65. — Jeunes *Chimpanzés*
en captivité;
taille des adultes, 1 m. 40.

panzé (*fig.* 65) est doux et intelligent, le Gorille
est énorme, vigoureux et peu approchable : ils
habitent l'un et l'autre les forêts de l'Afrique
équatoriale. L'Orang-outang et le Gibbon occupent celles des îles de la Sonde. Les Singes
de l'*Ancien continent* ont une queue, des cal-
losités aux fesses et des abajoues ; ce sont
l'Entelle (*fig.* 1) et le Macaque d'Asie, la Gue-
non et le Magot d'Afrique et les Cynocéphales
existant dans ces deux parties du monde. Les
Singes du *Nouveau continent* ont la queue
prenante et une fourrure recherchée ; ce sont
l'Allouatte ou singe hurleur, l'Atèle ou singe
araignée, le Sajou et le Ouistiti.

Les *Lémuriens* sont très inférieurs aux singes : leur cerveau n'a pas de circonvolutions.
Citons les Makis de Madagascar et le Galéo-
pithèque des Indes.

❀ *Les Singes et les Lémuriens ont le pouce
opposable aux 4 membres. Les premiers sont
divisés en* Anthropoïdes (Chimpanzé), *en Singes de l'Ancien continent* (Macaques), *et du
Nouveau continent* (Sajou). *Les Lémuriens,
très inférieurs aux singes, habitent Madagascar* (Makis) *et les Indes.*

61. Carnivores : Félidés.

Les *Carnivores*
se nourrissent de chair et généralement de
proies vivantes ; leur dentition est complète
(*fig.* 66, *A* et *B*) avec incisives très petites,

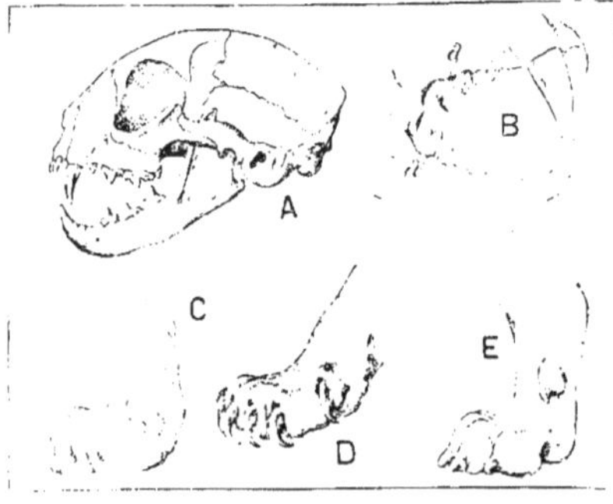

Fig. 66. — *Carnivore* (Chat).

A, crâne; B, dents vue par-dessus a, a; C, griffes rétractiles
au repos; D, ces mêmes griffes sorties pour l'attaque; E, griffes
non rétractiles (chien).

Fig. 67. — *Lion* et *lionne* avec leurs *lionceaux* :
longueur, 1 m. 70.

canines longues et pointues et molaires tranchantes ; la plus grosse molaire est dite *car-
nassière*. La mâchoire inférieure se meut
uniquement de haut en bas et de bas en haut ;
elle agit comme une paire de *ciseaux*.

Leurs membres sont armés de 4 à 5 griffes
rétractiles (*fig.* 66, *C* à *E*), c'est-à-dire relevées
et invisibles au repos (chat), ou bien non rétractiles et toujours visibles (chien). Les Carnivores marchent sur l'extrémité de leurs doigts,
ils sont digitigrades, sauf les ours et les blai-
reaux qui marchent sur la plante des pieds et
sont plantigrades. On les a divisés en Félidés,
Hyénidés, Canidés, Vermiformes et Ursidés.

Les *Félidés* portent 5 doigts en avant et 4 en
arrière ; ils ont la tête ronde, les yeux grands,
le corps vigoureux, et sont remarquables
par leur extrême propreté. Ce sont : le Lion
(*fig.* 67) au port majestueux, habitant l'Asie et

Fig. 68. — *Tigre royal*; long., 1 m. 60.

Fig. 69. — *Chiens de berger.*

l'Afrique; le Tigre (*fig*. 68) localisé en Asie et remarquable par la beauté de sa robe, la Panthère, d'Afrique, et notre joli Chat domestique (*fig*. 57, A). Le Jaguar, le Couguar ou Puma et le Guépard sont américains; le jaguar ressemble au tigre, mais il est tacheté au lieu d'être rayé. Le Lynx habite plusieurs parties du monde.

❀ *Les Carnivores se nourrissent de* chair, *ils sont caractérisés par la dentition complète et la longueur des canines; ils sont digitigrades, sauf les ours, avec 4 ou 5 griffes. Les Félidés ont 5 doigts en avant et 4 en arrière: tels sont: Lion, Tigre, Panthère, Chat domestique, Jaguar, Lynx.*

62. Canidés, Vermiformes, Ursidés. — Les

Hyénidés comprennent l'Hyène rayée et l'Hyène tachetée, voisines des Canidés. Les *Canidés* sont coureurs, avec 5 doigts en avant et 4 en arrière: ils se contentent parfois de viandes putréfiées et sont inférieurs aux Fé-

Fig. 70. — *Renard* long.. 70 cm. et ses renardeaux.

lidés. Seul, le Chien domestique (*fig*. 69) estremarquable par son intelligence; il descend vraisemblablement du Loup, devenu rare en France. Le Renard *fig*. 70 habite l'Europe tempérée; le Chacal occupe l'Afrique du Nord.

Les *Vermiformes* sont ainsi nommés de leur corps allongé; leur tête est fine, leur queue longue. Ce sont la Civette, la Genette du midi de la France, le Blaireau (*fig*. 71), la Marte, la Fouine, le Putois, le Furet, la Belette, l'Hermine et la Loutre. La Mangouste habite l'Afrique et l'Asie, où elle détruit des reptiles venimeux; le Glouton occupe les régions polaires; la Zibeline est chassée en Sibérie. Tous ces animaux ont de belles fourrures.

Les *Ursidés* ou ours sont peu carnassiers, et il en est qui ne se nourrissent guère que de végétaux. Ce sont l'Ours brun des montagnes de l'Europe *fig*. 72, A), l'Ours gris de l'Amérique du Nord, l'Ours blanc des régions polaires et le petit Ours des cocotiers (*fig*. 72, B, habitant de l'Asie méridionale. Citons aussi le Raton qui se rapproche des ours.

❀ *Les Hyénidés Hyène) sont voisins des Canidés. Ceux-ci comprennent le Chien domestique, puis Loup, Renard, Chacal. Les Vermiformes ont le corps allongé et la tête fine; ce sont Civette, Blaireau, Fouine, Putois, Furet, Belette, Hermine, Loutre. Les Ursidés sont plantigrades (Ours brun, Ours blanc).*

Fig. 71. — *Blaireau commun;* long.. 70 cent.

Fig. 72.

A. *Ours brun;* long.. 1 m. 60; B. *Ours des cocotiers;* beaucoup plus petit.

63. Pinnipèdes. — Les *Pinnipèdes* sont des carnivores organisés pour la vie aquatique : ils ont le corps allongé, et leurs quatre membres sont des nageoires ; leur tête est ronde, leurs yeux grands, leur dentition complète. Leur fonction circulatoire leur permet de suspendre pendant quelque temps leur respiration. Maladroits sur terre, ils sont d'une prodigieuse agilité dans l'eau ; ils se nourrissent de poissons, sauf le morse. Les principaux *Pinnipèdes* sont les Phoques ; le plus curieux est l'Éléphant marin, dont le mâle porte une courte trompe. Les Otaries *fig.* 73, habitent les côtes septentrionales de l'Océan Pacifique ; les Morses fréquentent les glaces boréales.

❀ *Les* Pinnipèdes *sont des carnivores aquatiques, merveilleusement organisés pour la natation. Ce sont : Phoques, Otaries, Morses.*

64. Insectivores. — Les *Insectivores* ont une dentition complète de carnivores, mais avec molaires hérissées de pointes leur permettant de briser les parties dures des insectes dont ils se nourrissent *fig.* 74 : ils sont plantigrades avec 5 doigts munis de griffes à chaque pied.

Le Hérisson *fig.* 75 est le plus connu et le plus utile des insectivores : son museau est pointu, sa peau couverte de piquants, et il se roule en boule au moindre danger ; il habite toute l'Europe. La Musaraigne est plus petite qu'une souris. La Taupe est un insectivore fouisseur : elle creuse des galeries dans le sol pour trouver les larves dont elle se nourrit ; elle est donc utile, car elle détruit ainsi les plus grands en

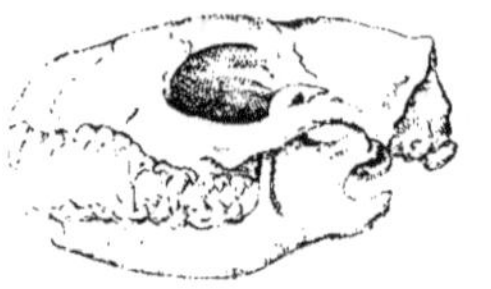

Fig. 74.
Crâne et patte
d'Insectivore
Hérisson.

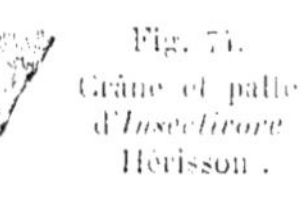

Fig. 75. — *Hérisson :*
long., 20 cm.

nemis de l'agriculture. Le Desman, de Russie, est aquatique.

❀ *Les Insectivores ont une dentition complète, avec molaires hérissées de pointes ; ils sont plantigrades, avec 5 doigts à chaque pied. Ce sont : Hérisson, qui est le plus utile à l'homme, puis Musaraigne, Taupe.*

65. Chéiroptères. — Les *Chéiroptères* ou chauves-souris sont des insectivores volants. Une membrane qui commence à la nuque leur enveloppe les membres et parfois la queue *fig.* 76). Les doigts des mains, sauf le pouce, sont très longs, et c'est par l'écartement de ces doigts que s'ouvre et s'étend la membrane, qui forme ainsi deux ailes. Le corps est velu, les oreilles grandes, le sens du toucher très délicat. Les chauves-souris sont nocturnes. Les espèces de nos pays sont l'Oreillard *fig.* 76, et la Pipistrelle. Le Vampire habite l'Amérique. Tous ces Chéiroptères sont nettement insectivores : la Roussette de Malaisie est frugivore.

❀ *Les Chéiroptères ou chauves-souris sont des insectivores volants ; une membrane qui relie leurs membres forme ainsi deux ailes. Oreillard, Pipistrelle, Vampire.*

66. Rongeurs. — Les *Rongeurs* sont caractérisés par une dentition incomplète, privée de canines *fig.* 77. Les 2 incisives de chaque mâchoire sont très longues et à croissance

Fig. 76. — *Oreillard ; envergure, 25 cm.*

Fig. 77.

Crâne et patte de *Rongeur* (Lapin).

continue ; elles sont séparées des molaires par un vide appelé *barre*. La mâchoire inférieure réalise d'avant en arrière un mouvement de *râpe*. On remarque dans cet ordre de nombreuses formes ; il faut citer le joli Écureuil, grimpeur agile de nos forêts, la Marmotte des montagnes de l'Europe, le Loir des bois, le Muscardin des noisetiers, le Castor, qui se construit des sortes de huttes au bord des eaux et dont les travaux de barrage sont si curieux, le Surmulot ou Rat d'égout, la Souris de nos caves, et le Campagnol des champs (*fig.* 78). Enfin, le Lièvre vit solitaire et ne fait pas de terrier ; le Lapin vit en société et se creuse des terriers à plusieurs ouvertures ; la peau de ces deux rongeurs est très utilisée pour la fabrication du feutre et des imitations de fourrures de luxe. Le Cochon d'Inde ou Cobaye et le Chinchilla sont d'Amérique ; ce dernier est recherché pour sa fourrure. Le curieux Porc-épic habite l'Afrique du Nord et l'Asie Mineure.

✿ *Les* Rongeurs *ont une dentition incomplète privée de canines, mais pourvue de longues incisives séparées des molaires par une barre. Ce sont : Écureuil, Marmotte, Loir, Rat, Souris, Lièvre, Lapin, Porc-épic.*

Fig. 78. — A, *Rat surmulot* ; long., 30 cm. ; B, *Souris*; long., 7 cm. ; C, *Campagnol*; long., 9 cm.

Fig. 79. — *Fourmilier* ou *Tamanoir*; long., 1 m. 10.

67. Édentés. — Malgré leur nom, les *Édentés* ont généralement beaucoup de dents, mais ces dents n'ont ni racines, ni émail ; quelques-uns d'ailleurs en sont privés. Leurs griffes sont longues et disposées pour fouiller le sol.

Le Fourmilier ou Tamanoir (*fig.* 79), de l'Amérique du Sud, est privé de dents ; il se nourrit de fourmis à l'aide de sa langue vermiforme ; le Pangolin, de l'Afrique et des Indes, est recouvert de larges écailles ; les Tatous, de l'Amérique du Sud, ont jusqu'à 200 dents et une carapace flexible qui leur permet de s'enrouler ; le Paresseux, des mêmes pays, est lent et se suspend aux branches des arbres à l'aide de ses énormes griffes.

✿ *Les* Édentés *ont parfois de nombreuses dents sans émail ni racines, ou bien en sont privés. Le Fourmilier et le Pangolin n'en ont pas. Le Tatou en a jusqu'à 200.*

68. Ongulés. Pachydermes. — Les animaux dont nous venons de parler portent des petits ongles ou des griffes, ce sont des onguiculés ; d'autres portent de grands ongles appelés *sabots* qui enveloppent complètement l'extrémité de chaque doigt, ce sont les *Ongulés*. Ils sont distribués dans 4 ordres : Pachydermes, Ruminants, Imparidigités, Proboscidiens. Le

Fig. 80. — Pieds d'*Ongulés* :
A, de cheval ; B, de bœuf ; C, de rhinocéros ; D, d'hippopotame ; E, d'éléphant.

nombre des sabots est variable : le cheval n'en a qu'un, le bœuf 2, le rhinocéros 3, l'hippopotame 4 et l'éléphant 5 (*fig.* 80).

Les *Pachydermes* sont caractérisés par l'épaisseur de leur peau, dont le derme comprend une forte couche de *lard*; la dentition est incomplète; chaque pied porte quatre doigts. Cet ordre comprend l'Hippopotame (*fig.* 82), habitant les rives des fleuves africains, remarquable par le développement des incisives et des canines de la mâchoire inférieure. Les Porcins ont le museau terminé en *groin* ou *boutoir*, c'est-à-dire aplati et assez résistant pour fouiller le sol et y trouver leur nourriture: ce sont : le Sanglier d'Europe (*fig.* 81 et 83), le Cochon domestique,

Fig. 81.
Crâne et pied de *Porcin* (Sanglier).

Fig. 83.
Sanglier et ses marcassins; long., 1 m. 40.

le Phacochère d'Afrique, le Pécari d'Amérique. (Voir Pl. en couleurs des MAMMIFÈRES DOMESTIQUES, p. 122.)

❧ *Les Ongulés sont caractérisés par un ou plusieurs sabots cornés à chaque pied. Les Pachydermes ont la peau épaisse et comprenant une couche de lard; leur dentition est complète. Ce sont : Hippopotame, Sanglier, Cochon domestique.*

69. Ruminants.
Cervidés.

— Le caractère principal des *Ruminants*, qui sont tous herbivores, est dans la structure de l'estomac (*fig.* 84) qui est divisé en 4 poches : 1° la *panse*, grand réservoir qui reçoit les aliments à peine mâchés; 2° le *bonnet*, petit compartiment

Fig. 82. — *Hippopotame*; long., 4 mètres.

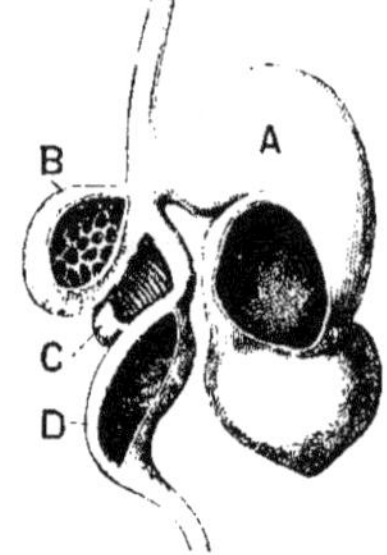

Fig. 84. — Estomac de *Ruminant*:
A, panse; B, bonnet;
C, feuillet;
D, caillette.

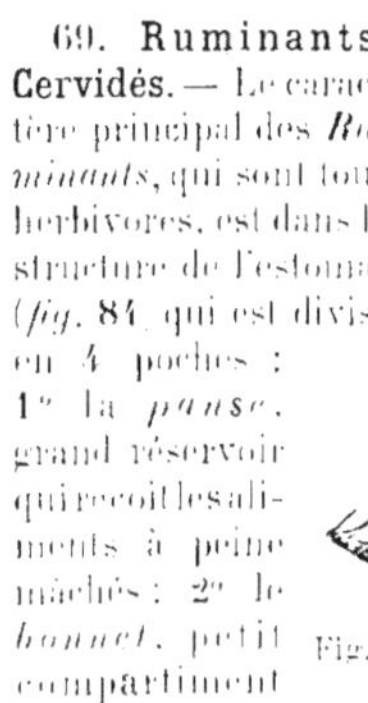

Fig. 85. — A, crâne, et B, pied de *Ruminant* (Bœuf).

dans lequel remonte peu à peu le chargement de la panse avant de revenir dans la bouche où s'achève la mastication ; 3° le *feuillet*, dans lequel descendent les aliments mâchés, devenus presque liquides, et 4° la *caillette*, où est sécrété le suc gastrique et qui correspond à notre estomac. Ajoutons que l'intestin des ruminants est très long : celui du bœuf atteint 40 mètres. Ces animaux ont 2 doigts principaux à chaque pied ; enfin, ils n'ont pas d'incisives à la mâchoire supérieure (*fig.* 85), sauf chez les Camélidés. Le fonctionnement de leur dentition réalise un mouvement latéral de *meule*.

Les *Cervidés* ont des cornes pleines, ramifiées et caduques, appelées *bois*. Chez les uns ces bois sont arrondis : c'est le cas du Cerf (*fig.* 86) et du Chevreuil de nos forêts. Chez les autres, ils sont aplatis et palmés comme ceux du Renne, domestiqué dans les régions boréales, et de l'Élan, du nord de l'Europe.

✿ *Les* Ruminants *sont* herbivores *; ils ont l'estomac divisé en 4 poches, l'intestin très long et deux doigts principaux à chaque pied. Les* Cervidés *portent des cornes appelées* bois. *Ce sont :* Cerf, Chevreuil, Daim, Renne, Élan.

70. Cavicornes, Camélidés. — On groupe sous le nom de *Cavicornes* 4 familles de ruminants qui portent des cornes creuses, emboîtant chacune une protubérance osseuse du front. Dans le premier groupe ou *Antilopidés*, on remarque le Chamois (*fig.* 87) des mon-

Fig. 88. — A, *Yack*; hauteur, 1 m. 50; B. *Bœuf musqué*; hauteur, 1 m. 60.

tagnes de l'Europe, la Gazelle des steppes de l'Afrique du Nord et nombre d'Antilopes. Dans le second ou *Capridés*, figurent la Chèvre domestique dont le lait est excellent, le Bouquetin des Alpes orientales et le Mouflon de l'Atlas et de la Corse. Dans le troisième, ou *Ovidés*, sont compris les Moutons de différentes races (*fig.* 56), et dans le quatrième, ou *Bovidés*, tous les bœufs ; ces derniers appartiennent à des espèces variées : Bœuf domestique, si utile à l'homme, Buffle d'Europe, Bison de l'Amérique du Nord, Yack des hautes montagnes du Tibet et Bœuf musqué (*fig.* 88, A et B), Zébu ou bœuf à bosse des Indes et de Madagascar.

Les *Camélidés* ou Ruminants sans cornes comprennent le Chameau à deux bosses de l'Asie Centrale, le Chameau à une bosse ou Dromadaire de l'Afrique du Nord (*fig.* 89), puis les Lamas, élevés dans le sud de l'Amérique méridionale.

Fig. 86. — *Cerf commun*; long., 2 mètres.

Fig. 87. — *Chamois*; long., 1 mètre.

Fig. 89. — *Dromadaire*; hauteur, 2 m. 20.

Un autre ruminant, différent des précédents, est la Girafe au long cou et aux petites cornes pleines et persistantes, habitant le centre et le sud de l'Afrique.

※ *Les Cavicornes sont caractérisés par des cornes creuses persistantes, emboîtant une protubérance osseuse du front; tels sont Chamois, Antilopes, Chèvres, Moutons, Bœuf domestique, Buffle, Bison. Les Camélidés sont les Chameaux et les Lamas. Un autre ruminant est la Girafe.*

71. Imparidigités.

— Les *Imparidigités* sont caractérisés par le nombre impair des doigts: une barre **66** sépare leurs incisives de leurs molaires. La famille la plus importante de cet ordre est celle des Équidés ou chevaux, caractérisée par un seul doigt à chaque pied. Elle comprend le Cheval (*fig.* 90), qui vit surtout à l'état de domestication et qui est l'auxiliaire le plus actif de l'homme: on l'emploie, en effet, comme monture et comme animal de trait. L'Âne est le cheval du pauvre; le Mulet est l'hybride de l'âne et de la jument: il réunit les qualités de ces deux animaux. Le Zèbre, de l'Afrique méridionale, est remarquable par la beauté de sa robe. Voir Pl. en couleurs des **MAMMIFÈRES DOMESTIQUES**, p. 122.

Un autre Imparidigité est le Rhinocéros, qui a trois doigts à chaque pied et une peau extrêmement épaisse. L'espèce d'Asie a une seule corne sur le nez *fig.* 91; l'espèce d'Afrique en porte deux. On peut citer encore ici le Tapir du Brésil, caractérisé par une petite trompe très courte.

※ *Les Imparidigités ont un nombre impair de doigts; une barre sépare leurs incisives de leurs molaires. Ce sont les Équidés: Cheval, Âne, Zèbre, et dans un groupe différent: Rhinocéros, Tapir.*

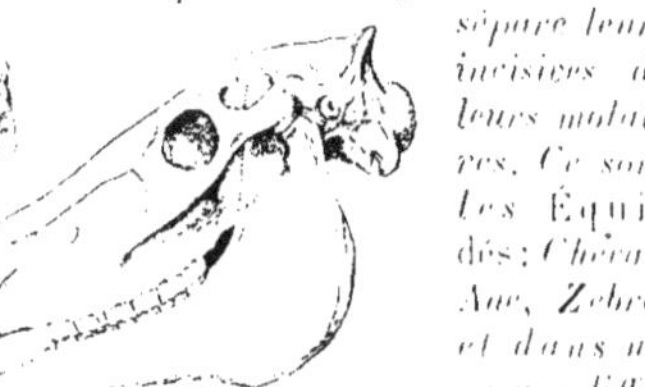

Fig. 90. — Crâne et pied d'Équidé (Cheval).

Fig. 91. — *Rhinocéros unicorne;* long., 3 m. 50.

72. Proboscidiens.

— Les *Proboscidiens* sont remarquables par le développement extraordinaire du nez, qui forme une trompe ou *proboscis*, et par les dimensions des incisives supérieures qui forment deux longues défenses en ivoire; il n'y a pas de canines, pas d'incisives inférieures et chaque membre se termine par 5 doigts. Cet ordre comprend deux espèces d'Éléphants: l'une a le front très bombé, elle appartient à l'Asie et est soigneusement domestiquée, car elle rend à l'homme d'immenses services; l'autre a de grandes oreilles et est africaine (*fig.* 92); on l'extermine, malheureusement, pour alimenter le commerce de l'ivoire.

※ *Les Proboscidiens ont le nez prolongé en trompe ou proboscis; leurs incisives inférieures*

Fig. 92. — *Éléphant d'Afrique;* haut., 4 m. 50.

Fig. 93. — *Marsouin*: long. totale, 2 mètres.

sont développées en défenses. Ce sont l'Éléphant d'Asie et l'Éléphant d'Afrique.

73. Cétacés, Sirénidés. — Les *Cétacés* sont

des Mammifères essentiellement marins : ils
ont la forme de poissons et leurs membres
antérieurs sont des nageoires ; ils n'ont pas de
membres postérieurs. Leur corps se termine
par une nageoire caudale à lobes horizontaux ;
leur peau est nue ; leurs narines ou *évents*
s'ouvrent au milieu du front ; c'est par leurs
évents qu'ils expirent violemment l'acide carbonique et la vapeur d'eau de leurs poumons.
Il y a des cétacés pourvus de dents, qui sont
toutes semblables ; tels sont : le Dauphin de la
Méditerranée, le Marsouin des côtes de France
(*fig.* 93), l'énorme Cachalot de l'Océan Pacifique et le Narval dont l'une des dents forme une
puissante dé-

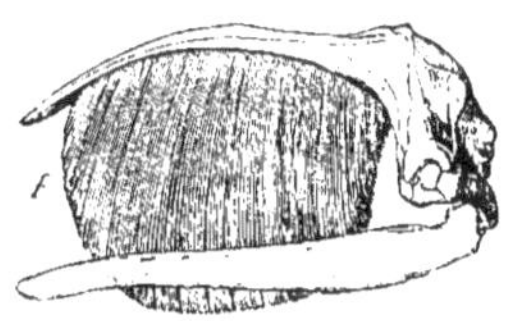

Fig. 94. — Crâne de Baleine,
avec les *fanons f.*

fense. Les cétacés privés de dents portent à
la mâchoire supérieure des *fanons* (*fig.* 94)
qui leur servent à tamiser les très petits animaux dont ils se nourrissent. Ce sont la Baleine franche (*fig.* 95), chassée dans toutes les
mers, et devenue bien rare, puis le Rorqual
qui est le plus gros de tous les animaux, car
sa taille, qui atteint 35 mètres, dépasse celle
de la baleine.

Les *Sirénidés* se rapprochent des cétacés
par la queue horizontale, les nageoires pectorales et aussi par l'absence de membres postérieurs et d'oreilles externes ; ils se rapprochent
des phoques par l'existence de poils, de marines
à l'extrémité du museau, et par leur façon de
se traîner sur le sol. Le Lamantin habite les
côtes de l'Amérique du Sud et le Dugong fréquente l'Océan Indien.

❀ *Les Cétacés sont marins avec forme de
poissons ; ils n'ont que deux membres antérieurs qui sont disposés en nageoires. Les uns
sont pourvus de dents (Dauphin, Marsouin,
Cachalot, Narval), d'autres ont des fanons
(Baleine, Rorqual). Les Sirénidés ont certains
caractères des phoques et des cétacés.*

74. Marsupiaux, Monotrèmes. — Les *Mar-*

supiaux sont caractérisés par une poche abdominale renfermant les mamelles, et dans
laquelle les petits, incomplètement formés au
moment de leur naissance, achèvent de croître. Cet ordre comprend carnivores, insectivores, rongeurs, herbivores ; leurs pieds ont
5 doigts. Citons la Sarigue, répandue dans

Fig. 95. — *Baleine franche*: long. totale, 25 m.

Fig. 96. — *Kangourou*: hauteur assis, 1 m. 50.

Fig. 97. — *Ornithorhynque*; long., 40 cm.

les deux Amériques, et le Kangourou des prairies de l'Australie (*fig.* 96).

Les *Monotrèmes* sont les plus inférieurs des Mammifères; ils sont ovipares et portent un bec corné; leurs excréments liquides et solides s'échappent, comme chez les Oiseaux, par un seul orifice ou *cloaque* **75**. Ils constituent une sorte de transition entre les mammifères et les oiseaux. L'Ornithorhynque (*fig.* 97) est aquatique, il possède 4 dents cornées. L'Échidné ressemble au hérisson, il est nocturne et habite un terrier; il n'a pas de dents. Les Monotrèmes sont particuliers à l'Australie.

❋ *Les* Marsupiaux *ont une poche abdominale dans laquelle les jeunes achèvent leur croissance (Sarigue, Kangourou). Les Monotrèmes sont ovipares, ils ont un bec corné et un cloaque (Ornithorhynque, Échidné).*

V. — TABLEAU-RÉSUMÉ DE LA CLASSIFICATION DES MAMMIFÈRES.

	ONGLES.	DENTITION.	CARACTÈRES DIVERS.	ORDRES.	EXEMPLES.
Pas de poche ventrale.	ONGUICULÉS. Ongles.	Complète. — Molaires plates.	Pouce opposable	1. PRIMATES.	Chimpanzé.
		— tranchantes.	Terrestres.	2. CARNIVORES.	Chat.
			Aquatiques.	3. PINNIPÈDES.	Phoque.
		— à pointes.	Terrestres.	4. INSECTIVORES.	Hérisson.
			Aériens.	5. CHEIROPTÈRES.	Oreillard.
		Incomplète. — Pas de canines; incisives fortes.		6. RONGEURS.	Lapin.
		Une seule sorte de dents ou pas.		7. ÉDENTÉS.	Tatou.
	ONGULÉS. Sabots.	Complète.	2 ou 4 doigts.	8. PACHYDERMES.	Sanglier.
		Incomplète chez ceux à cornes.	Canon; estomac comp.	9. RUMINANTS.	Bœuf.
		Complète.	1 ou 3 doigts.	10. IMPARIDIGITÉS.	Cheval.
		Incomplète.	5 doigts; une trompe.	11. PROBOSCIDIENS.	Éléphant.
	Pas d'ongles.	Une seule sorte de dents ou pas.	2 membres. (Poisson	12. CÉTACÉS.	Baleine.
		Incomplète herbivores.	Forme de... (Phoque	13. SIRÉNIDES.	Lamantin.
Poche ventrale.	Ongles.	Variable avec le régime.	Pas de cloaque.	14. MARSUPIAUX.	Kangourou.
		Pas de dents; un bec.	Un cloaque.	15. MONOTRÈMES.	Ornithorhynque.

CLASSE DES OISEAUX

75. Caractères; digestion. — Alors que les Mammifères sont vivipares, les Oiseaux sont *ovipares*; ils pondent des *œufs* et les couvent jusqu'à l'éclosion des jeunes. La protection de la peau est assurée par les *plumes*; les membres antérieurs sont généralement organisés pour le *vol*, et la bouche porte un *bec* corné, privé de dents. En dehors de ces caractères, les Oiseaux ont un cœur à quatre cavités, une température constante plus élevée que celle des Mammifères, une respiration pulmonaire, et aussi quelques particularités anatomiques.

L'appareil digestif des Oiseaux comprend : la bouche, l'œsophage, l'estomac et l'intestin qui s'ouvre dans un *cloaque* (*fig.* 98). Le bec est un étui corné dont les deux parties s'appellent *mandibules*; sa forme est variable. L'œsophage présente un renflement qui est le *jabot*, dans lequel les aliments s'amollissent. L'estomac comprend deux parties : le *ventricule succenturié* où se produit le suc gastrique, et le *gésier* dans lequel ce suc agit. Le gésier est très épais chez les granivores; il fonctionne par contraction de ses parois sur les aliments, il les broie, travail qui se trouve facilité par la présence de petits cailloux.

❋ *Les* Oiseaux *sont ovipares, couverts de plumes, avec membres antérieurs organisés pour le vol; leur bouche porte un bec. Dans l'appareil digestif, le jabot est un réservoir d'attente*, le ventricule succenturié *fournit le suc gastrique et le gésier réalise la digestion stomacale.*

76. Circulation, respiration. — L'appareil *circulatoire* des Oiseaux est analogue à celui des Mammifères. Les globules sanguins sont elliptiques et biconvexes.

L'appareil *respiratoire* comprend la trachée-artère, les bronches, les poumons et les *sacs aériens*. La trachée-artère, souvent très longue, débute à sa partie supérieure par un *larynx* rudimentaire et sans voix, et se termine à la base par un second larynx, ou *syrinx*, muni

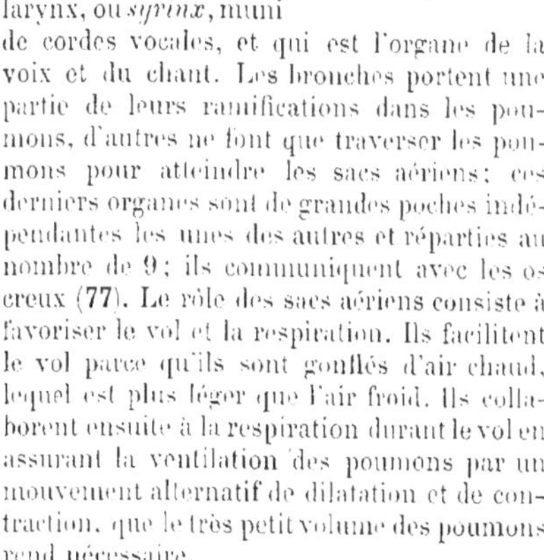

Fig. 98. — *Tube digestif* d'un Oiseau : *a*, œsophage; *b*, jabot; *c*, ventricule succenturié; *d*, gésier; *e*, intestin grêle; *f*, foie; *g*, cæcums; *h*, cloaque; *i*, gros intestin.

de cordes vocales, et qui est l'organe de la voix et du chant. Les bronches portent une partie de leurs ramifications dans les poumons, d'autres ne font que traverser les poumons pour atteindre les sacs aériens: ces derniers organes sont de grandes poches indépendantes les unes des autres et réparties au nombre de 9; ils communiquent avec les os creux (77). Le rôle des sacs aériens consiste à favoriser le vol et la respiration. Ils facilitent le vol parce qu'ils sont gonflés d'air chaud, lequel est plus léger que l'air froid. Ils collaborent ensuite à la respiration durant le vol en assurant la ventilation des poumons par un mouvement alternatif de dilatation et de contraction, que le très petit volume des poumons rend nécessaire.

L'appareil respiratoire comporte un second larynx ou syrinx, *organe de la voix, ainsi que 9 sacs aériens alimentés d'air par les bronches; ces sacs contribuent à la légèreté de l'animal et à la ventilation des poumons durant le vol.*

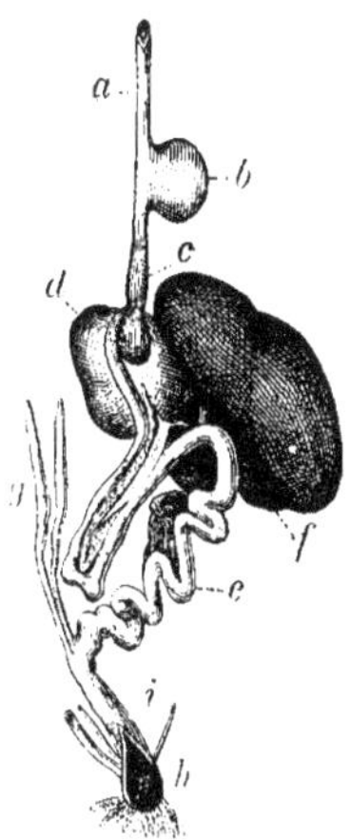

Fig. 99.
Squelette d'un Oiseau
Pigeon).

77. Squelette, cerveau, sens. — Les Oiseaux possèdent des os longs qui sont creux et remplis d'air, ou os *pneumatiques*.

Un caractère très important du squelette est la disposition des membres antérieurs en *ailes* (*fig.* 99 : le sternum est large et fort, avec en son milieu une crête saillante : c'est le *bréchet* ou *carène*, sur lequel s'attachent des muscles puissants qui font mouvoir les ailes. Le bras est très fort, l'épaule comprend trois os et les clavicules s'unissant pour former la fourchette. Cette disposition explique la puissance et la durée du vol.

Le cerveau des Oiseaux est beaucoup plus simple que celui des Mammifères; il ne présente qu'un petit nombre de circonvolutions.

Le sens du *goût* paraît assez peu développé. L'*odorat* ne semble affiné que chez les carnassiers ou rapaces. L'*oreille* est privée de pavillon; le tympan est dissimulé sous les plumes. La *vue* est le sens le plus parfait; l'œil présente deux caractères principaux : un *anneau osseux* entoure la sclérotique, et trois paupières protègent la partie antérieure du globe : l'une d'elles passe devant l'œil à la façon d'un rideau mobile.

Le squelette est caractérisé par des os remplis d'air, ou os pneumatiques, *par la force du bras et de l'épaule et par la largeur du sternum. Les muscles des ailes s'attachent sur le* bréchet. *La* vue *est très puissante; l'œil est protégé par trois paupières, et un anneau osseux* entoure la sclérotique.

78. Plumes, vol. — Les grandes plumes d'un Oiseau ou *pennes* se composent d'une *racine* fixée dans la peau, et d'une *hampe* creuse qui se continue par une *tige* pleine; de la tige partent des *barbes*, et de chaque barbe des *barbules* accrochées entre elles, ce

qui produit un ensemble à la fois léger et résistant. Les pennes d'un oiseau varient de forme, de résistance et de dimension (*fig.* 100) : les *rémiges* sont rigides et assurent aux ailes, lorsqu'elles se déploient, une large surface d'action sur les couches d'air ; les *rectrices* forment la queue qui est un gouvernail efficace ; les *tectrices*, non rigides, sont imbriquées sur le corps entier. Outre les pennes, existe le *duvet* qui se découvre aisément en soulevant les tectrices. Les Oiseaux qui volent le plus rapidement sont appelés *grands voiliers*.

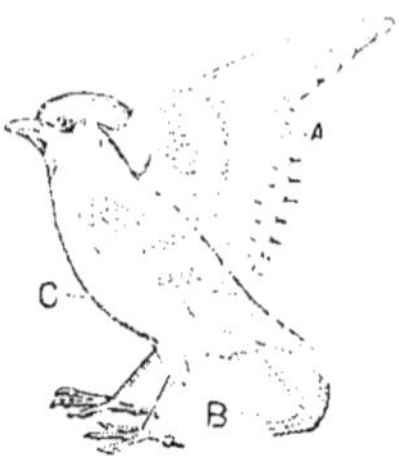

Fig. 100. Répartition des *plumes*.
A, rémiges ; B, rectrices ; C, tectrices.

❀ *Les quatre types de plumes sont : les* rémiges, *ou plumes des ailes ; les* rectrices, *ou plumes de la queue ; les* tectrices, *imbriquées sur le corps, et le* duvet, *placé sous les tectrices.*

79. **Migrations.** — A côté des nombreuses espèces sédentaires se placent les Oiseaux voyageurs ou *migrateurs*. Les migrations se produisent aux changements de saison : à l'approche de l'hiver, ces animaux s'en vont vers des climats plus doux, non seulement pour fuir une température qui va s'abaisser, mais surtout pour trouver leur nourriture. Les principaux oiseaux migrateurs sont les canards sauvages, les cigognes, les corneilles, les étourneaux, les martinets, les hirondelles, etc. Tous ces animaux reviennent à leur point de départ dès le printemps ; leur faculté d'orientation est très grande.

❀ *Les oiseaux* migrateurs *s'enfuient à l'approche de l'hiver vers des contrées plus clémentes, où ils trouveront leur nourriture.*

80. **Œuf. incubation.** — Les œufs de tous les Oiseaux ont la même structure ; ils se composent du *jaune* ou *vitellus* et du *blanc* ou *albumine* (*fig.* 101). Ces parties essentielles sont enveloppées dans une double *membrane coquillière*, protégée extérieurement par une *coquille* solide de nature calcaire. Entre les deux membranes coquillières se trouve ménagé un petit espace dit *chambre à air*.

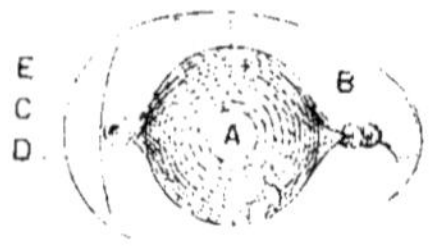

Fig. 101. — *Œuf* de Poule.
A, jaune ou vitellus ; B, blanc ou albumine ; C, membrane coquillière interne ; D, chambre à air ; E, coquille.

Le jaune est une réserve de substances grasses nutritives, sur lesquelles on aperçoit une petite tache blanche qui est l'embryon ; celui-ci se développe peu à peu, grossissant à mesure que diminuent les provisions de jaune et de blanc dont il se nourrit ; c'est la période d'*incubation*, au bout de laquelle se produit l'*éclosion*. Sa durée varie avec les espèces ; elle est de 21 jours pour la poule. Le développement de l'embryon exige une température constante, assurée par la femelle qui couve.

❀ *Les œufs comprennent le* jaune, *le* blanc *ou albumine, qui sont les substances nutritives, puis la* chambre à air, *les* membranes coquillières *et la* coquille. *Le temps qui sépare la ponte de l'éclosion est la période d'*incubation.

81. **Nids.** — La plupart des Oiseaux déposent leurs œufs dans un nid (*fig.* 102) ; chaque espèce en fait un différent, aussi existe-t-il une variété infinie de matériaux employés, de formes et d'emplacements. Certains oiseaux placent leur nid sur le sol, d'autres dans les haies, d'autres dans les arbres élevés. La perdrix, la caille, le faisan, l'alouette, le placent dans les champs. Les aigles recherchent les rochers inaccessibles. Les hirondelles affectionnent les corniches des vieilles maisons ; le nid de la fauvette couturière est formé de deux feuilles cousues, etc.

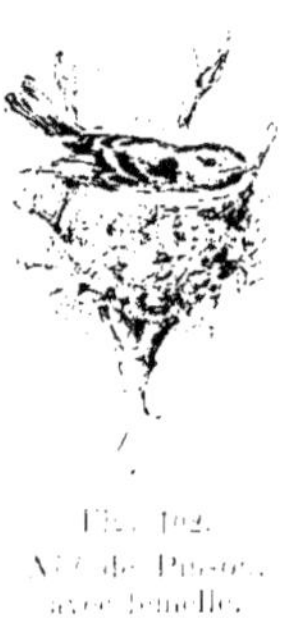
Fig. 102. Nid de Pinson avec femelle.

Certains jeunes n'ont besoin que fort peu de temps des soins de leurs parents, ils courent bientôt; ce sont les petits *précoces* (poussins, canetons). D'autres exigent une sollicitude prolongée : ils naissent faibles, aveugles, sans duvet, et ne se développent que lentement; ce sont les petits *nourriciers* (serin, pigeon).

✼ *Les nids offrent toutes les variétés de formes, de matériaux employés, d'emplacements ; les jeunes naissent agiles (précoces) ou bien se développent lentement (nourriciers).*

82. Classification. — La classe des Oiseaux, plus homogène au point de vue anatomique que certains ordres de Mammifères, comprend des espèces extrêmement variées de forme et d'aspect. La forme du bec et des pattes intervient dans la classification. Elle a permis de diviser cette classe de Vertébrés en 8 ordres, qui sont :

1° Ordre des	*Rapaces* :	Aigle.
2°	—	*Grimpeurs* :	Pic.
3°	—	*Colombins* :	Pigeon.
4°	—	*Gallinacés* :	Coq.
5°	—	*Échassiers* :	Cigogne.
6°	—	*Palmipèdes* :	Canard.
7°	—	*Passereaux* :	Moineau.
8°	—	*Coureurs* :	Autruche.

Les sept premiers ordres comprennent tous les Oiseaux ayant une carène ou bréchet et possédant la faculté de voler; on les réunit sous le nom de *Carinates*. Les Oiseaux du huitième ordre, celui des *Coureurs*, n'ont pas de bréchet; le sternum est plat, et leurs membres antérieurs, insuffisamment développés, ne leur permettent pas de voler.

✼ *La classe des Oiseaux a été divisée en 8 ordres. Seuls, ceux de l'ordre des* Coureurs *sont privés de bréchet, et ne peuvent voler.*

Fig. 103. — Tête et pied de *Rapace* Aigle.

Fig. 104. — *Aigle* femelle et ses *aiglons*; long.. 1 mètre. Pour les Oiseaux, la longueur comprend la queue.

83. Rapaces, Grimpeurs. — Les *Rapaces* sont essentiellement carnassiers; ils ont un bec crochu et les 4 doigts de chacun de leurs pieds ou *serres* portent de fortes griffes recourbées (*fig.* 103). On distingue les Rapaces diurnes qui chassent durant le jour, et les Rapaces nocturnes qui ne sortent que la nuit. Les premiers sont de grande taille et ont le vol bruyant: ce sont l'Aigle (*fig.* 104), le Faucon, le Gypaète, le Vautour, qui appartiennent à l'Ancien continent et fréquentent les hautes montagnes de l'Europe; puis l'Épervier, habitant de nos régions: le Condor plane à de grandes altitudes dans les Andes américaines. Les Rapaces nocturnes sont utiles à l'homme, ils ont de beaux et grands yeux de chat, leur vol est silencieux: ce sont les Hiboux (*fig.* 105) et les Chouettes.

Les *Grimpeurs* ont les extrémités très préhensiles, caractérisées par deux doigts en avant et deux en arrière. Les uns ont le bec droit, comme le

Fig. 105. *Hibou Grand-Duc;* long.. 60 cm.

Fig. 106. — *Pic vert :* long.. 30 cm.

Fig. 107. — Tête et pied de *Grimpeur* Perroquet.

Pic (*fig.* 106) et le Coucou ; le Pic se sert de son bec pour frapper l'écorce des arbres et en chasser les insectes dont il se nourrit. Les autres ont le bec fort et recourbé, avec une langue très épaisse ; ce sont : les Perroquets (*fig.* 107), remarquables par leur mémoire : les Perruches et les Aras, originaires d'Amérique, et les Cacatoès, perroquets à huppe, qui habitent l'Australie.

✿ *Les* Rapaces *sont carnassiers, avec bec crochu et 4 doigts à chaque pied* (Aigle, Épervier, Vautour, Condor, Hiboux et Chouettes). *Les* Grimpeurs *ont 2 doigts en avant et 2 en arrière* (Pic, Coucou, Perroquets, Perruches).

84. Colombins, Gallinacés. — Les *Colombins* possèdent 3 doigts en avant et 1 en arrière (*fig.* 108) : ils sont remarquables par la durée de leur vol ; leurs petits naissent faibles et presque nus ; leur mère les nourrit d'une sécrétion laiteuse de son jabot. Ces animaux sont : le Pigeon ramier ; le Pigeon messager qui, transporté

Fig. 109. — Tête et pied de *Gallinacé* Coq.

à des centaines de kilomètres dans des paniers fermés, retrouve sa direction et s'envole en droite ligne vers son colombier ; puis le Pigeon domestique et la Tourterelle.

Les *Gallinacés* ont un bec très résistant : 3 doigts en avant, 1 en arrière et des ongles puissants pour gratter le sol ; ils volent mal et sont marcheurs ; leurs petits sont précoces. Ce sont : le Coq (*fig.* 109) et la Poule, élevés pour la qualité de leur chair et aussi pour les œufs que la poule produit ; le Faisan, élevé dans nos forêts ; la Pintade, venue d'Asie et d'Afrique ; le Paon, originaire des Indes ; les Perdrix (*fig.* 110), la Caille, puis le Dindon, originaire de l'Amérique du Nord. Tous les Gallinacés fournissent une chair excellente. (Voir Pl. en couleurs des OISEAUX DOMESTIQUES, p. 44.)

✿ *Les* Colombins *nourrissent leurs petits d'une sécrétion de leur jabot* (Pigeons). *Les* Gallinacés *ont des ongles puissants et volent mal* (Coq, Perdrix, Caille, Dindon).

85. Échassiers, Palmipèdes. — Les *Échassiers* sont caractérisés par la longueur de leurs pattes nues, de leur cou et de leur bec ; ils sont souvent aquatiques. Cet ordre comprend des oiseaux dont les uns ont le bec *comprimé*, tels que Outarde, Vanneau, Poule d'eau, Bécasse, Courlis, Ibis ; les autres ont le bec *tranchant* ; ce sont la Cigogne (*fig.* 111), amie des maisons de Hollande et d'Allemagne, puis les Grues, le Héron, le Marabout et le Flamant, qui sont tous aquatiques.

Les *Palmipèdes* ont les pattes courtes et les pieds palmés en vue de la natation (*fig.* 112). Les uns ont un bec *lamelleux* leur permettant de tamiser la vase et d'en dégager leur

Fig. 110. — *Perdrix :* A. grise ; B. rouge ; long.. 30 cm.

OISEAUX DOMESTIQUES.

nourriture, ils sont migrateurs ; tels sont le Canard (*fig.* 112), la Sarcelle, l'Oie, et le Cygne qui est le plus beau du groupe. D'autres sont caractérisés par de *grandes ailes*; leur vol est puissant, ce sont les grands voiliers, tous oiseaux de mer : Mouette, Goéland, et Pétrel de nos mers, Albatros des mers du Sud, Frégate des mers tropicales (*fig.* 113), infatigable au vol, Cormoran utilisé en Chine pour son adresse à la pêche, et Pélican, dont le bec porte une grande poche membraneuse. D'autres types sont *plongeurs* et leurs ailes sont transformées en nageoires ; tels sont le Plongeon et le Grèbe, puis le Pingouin et le Manchot des régions polaires.

❊ *Les Échassiers ont les pattes, le cou et le bec très longs (Outarde, Poule d'eau, Bécasse, Cigogne, Héron). Les Palmipèdes ont les pattes courtes et les pieds palmés (Canard, Oie, Cygne, Mouette, Goéland, Pélican, Pingouin).*

Fig. 111. — *Cigogne* au nid, avec ses *cigogneaux;* hauteur, 1 m. 15.

Fig. 112. — Tête et pied de *Palmipède* (Canard).

Fig. 114. — Tête et pied de *Passereau* (Moineau).

86. Passereaux, Coureurs. — L'ordre des *Passereaux* comprend une foule d'espèces très variées, mais de petite taille, presque toutes migratrices. On a groupé ces oiseaux d'après la forme de leur bec. Ceux à *gros bec* sont le Moineau (*fig.* 114), le Chardonneret, le Pinson (*fig.* 115), le Bouvreuil, l'Alouette, puis le Serin, hôte ordinaire de nos cages.

Ceux à *bec fendu* comprennent les gracieuses Hirondelles (*fig.* 117) dont les nids s'abritent contre nos habitations, les Martinets et l'Engoulevent. Les passereaux à *bec denté* sont le Merle, la Grive, l'Étourneau, le Sansonnet, la Mésange (*fig.* 118), la Pie grièche, la Bergeronnette. Près de ces oiseaux, on peut citer le Corbeau, la Corneille, la Pie et le Geai, qui sont carnassiers. Enfin ceux à *bec mince* sont tous insectivores et utiles : ils comprennent un délicieux chanteur : le Rossignol, puis Rouge-gorge, Fauvette (*fig.* 116), Roi-

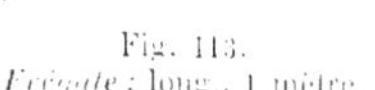

Fig. 113. *Frégate* ; long., 1 mètre.

Fig. 115. — *Pinson* ; long., 15 cm.

Fig. 116. — *Fauvette* ; long., 18 cm.

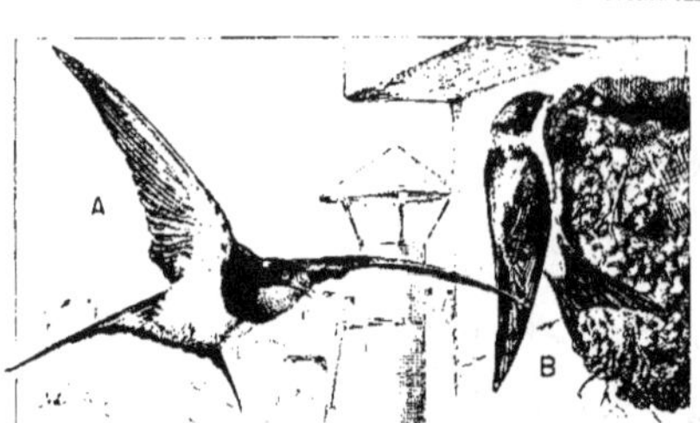

Fig. 117. — *Hirondelles :*
A, *de cheminée ;* B, *de fenêtre ; long. 18 cm.*

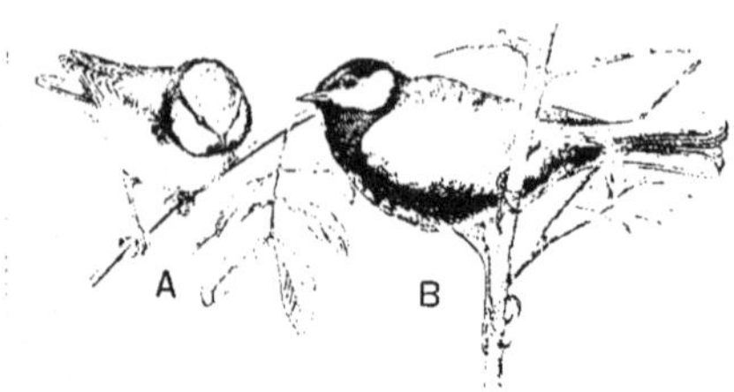

Fig. 118. — *Mésanges :*
A, *bleue ;* B, *grande charbonnière ; long. 12 à 15 cm*

telet et les plus petits oiseaux du monde : les Oiseaux-mouches, dont les espèces sont très nombreuses et la beauté remarquable. Citons encore un passereau un peu différent des précédents, le Martin-pêcheur, ami des eaux.

Les Passereaux sont presque tous des oiseaux *utiles* à l'agriculture ; ils détruisent chaque jour des légions d'insectes nuisibles. On ne répétera jamais trop que ceux qui capturent une couvée commettent une *cruauté stupide* et qu'ils sont *méprisables*. D'ailleurs la loi du 30 juin 1903 les punit sévèrement.

L'ordre des *Coureurs* est très peu nombreux : ce sont des oiseaux qui ne peuvent voler, mais leurs membres postérieurs sont puissants et faits pour la course. Tels sont l'Autruche d'Afrique (*fig.* 119) qui n'a que deux doigts, le Nandou d'Amérique, le Casoar et l'Émeu d'Australie qui ont trois doigts. L'Aptéryx de la Nouvelle-Zélande est privé d'ailes.

✿ *Les* Passereaux *sont de petite taille et migrateurs, variés et très nombreux. Moineau, Alouette, Serin, Pinson, Hirondelle, Bergeronnette, Rossignol, Corbeau, Pie, Fauvette, Mésange. Les* Coureurs *ne sont pas organisés pour le vol, mais leurs membres postérieurs sont puissants. Autruche.*

Fig. 119. — *Autruche ;* hauteur, 2 m. 50.

VI. — TABLEAU RÉSUMÉ DE LA CLASSIFICATION DES OISEAUX.

STERNUM	DOIGTS	TARSES	BEC	NOMS DES ORDRES	EXEMPLES
[illegible]	2 en arrière	Courts	Fort	GRIMPEURS.	Pic, Perroquet.
[illegible]	Enfoncés, forts	Fort, crochu	[illegible]	RAPACES.	Aigle, Hibou.
[illegible]	[illegible]	Faibles	Faible	COLOMBINS.	Pigeon.
[illegible]	[illegible]	Forts	Fort	GALLINACÉS.	Coq.
[illegible]	[illegible]	Longs	Long	ÉCHASSIERS.	Cigogne.
[illegible]	[illegible]	[illegible]	Très variés	PASSEREAUX	Moineau.
[illegible]	Palmés	[illegible]	Très variable	PALMIPÈDES.	Canard.
[illegible]	[illegible]	[illegible]	[illegible]	COUREURS.	Autruche.

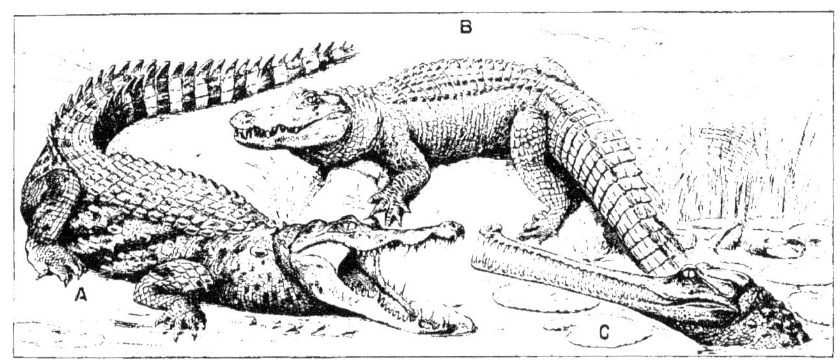

Fig. 120. — Crocodiliens : A. *Crocodile :* longueur totale, 7 mètres. B. *Caïman :* longueur, 5 mètres. C. *Gavial :* longueur, 6 mètres.

CLASSE DES REPTILES

87. Caractères et divisions. — Comme les Oiseaux, les Reptiles sont *ovipares ;* ils pondent des œufs, mais ils ne les couvent pas. Leur température est *variable,* c'est-à-dire subordonnée à celle de l'air. La protection de la peau est assurée par une couche cornée plus ou moins épaisse et divisée en plaques qui peuvent être fines lézard , très épaisses (crocodile ou très larges tortue). Les reptiles ne marchent pas, ils *rampent :* de là leur nom. En effet, la face ventrale de leur corps ne cesse pas de toucher le sol, même lorsqu'ils se déplacent sous l'effort de leurs membres, car ceux-ci sont très courts et rejetés sur les côtés du corps. Sauf chez les serpents, qui en sont privés, les membres sont au nombre de 4, avec 5 doigts.

Les poumons sont petits et très simples : ils sont en rapport avec la faible intensité de la respiration. Dans l'appareil *digestif,* l'estomac est à peine plus dilaté que l'œsophage ; l'intestin, très court, aboutit à un cloaque. Exception faite pour les tortues, qui n'en ont pas, les dents sont nombreuses, mais elles ne sont pas faites pour mastiquer ; elles retiennent seulement les aliments dans la bouche. Le cœur n'est divisé en 4 cavités que chez les Crocodiliens ; chez les autres reptiles, il n'y a que 3 cavités, dont un seul ventricule. Le *système nerveux* est également peu développé. L'œil des lézards et des tortues est caractérisé par un *anneau* osseux, comme chez les Oiseaux **77** . On a divisé cette classe en 4 ordres, qui sont :

1° Ordre des *Crocodiliens :* Caïman.
2°   —   *Sauriens :*   Lézard.
3°   —   *Chéloniens :* Caret.
4°   *Ophidiens :*   Vipère.

Les Reptiles sont ovipares et à température variable ; ils sont recouverts de plaques cornées, ont 4 membres, sauf les serpents, et se déplacent en rampant. Ils ont une respiration pulmonaire. L'appareil digestif, très simplifié, aboutit à un cloaque. Le cœur a 4 cavités chez les crocodiliens et 3 cavités chez les autres reptiles. On les a divisés en 4 ordres.

88. Crocodiliens, Sauriens. — Les *Crocodiliens* sont caractérisés par de fortes plaques cornées et ossifiées sur le dos et sur la queue, par 4 membres avec doigts palmés et par des dents nombreuses et coniques, implantées dans des alvéoles. Ils sont carnassiers et aquatiques, extrêmement agiles dans l'eau ; ils pondent leurs œufs au soleil. Parmi ces animaux, on remarque le Crocodile du Nil (Égypte), le Gavial du Gange (Indes) et le Caïman du sud-est des États-Unis (*fig.* 120, A, B, C).

Les *Sauriens* ou lézards sont de taille très inférieure; leur peau est recouverte de petites plaques cornées; ils ont généralement 4 membres avec 5 doigts munis de griffes; leurs dents sont simplement soudées aux mâchoires; leur queue est effilée et arrondie; ils se nourrissent d'insectes, de limaces. Les principales espèces sont le Lézard des murailles (*fig.* 121, A) et le Lézard vert du centre de la France; le Lézard ocellé (*fig.* 121, B) et le Gecko du Midi. Un autre est privé de pattes, il faut le disséquer pour trouver des rudiments de membres, c'est l'Orvet. Le Caméléon, dont la couleur est variable avec celle du milieu, habite l'Espagne et l'Afrique.

❀ *Les Crocodiliens ont de fortes plaques cornées sur le dos et 4 membres; ils sont carnassiers et aquatiques (Crocodile, Gavial, Caïman). La peau des Sauriens est recouverte de petites plaques cornées; ils ont 4 membres et sont insectivores (Lézard, Orvet, Caméléon).*

89. Chéloniens, Ophidiens. — Les Chéloniens ou tortues sont caractérisés par l'existence de deux squelettes soudés, l'un interne, l'autre externe ou *carapace*; la partie supérieure de ce dernier est recouverte de plaques cornées ou *écailles*. Ils ont un bec également corné. Les tortues terrestres sont la Tortue grecque du midi de la France et la Tortue mauritanique d'Algérie. La Cistude (*fig.* 122) est aquatique. Les tortues marines sont la

Fig. 121. — *Lézards :*
A, *des murailles;* longueur totale, 21 cm.
B, *ocellé;* long., 70 cm.

Fig. 122.
Cistude : long., 25 cm.

Tortue franche et le Caret, chassés pour l'écaille de leur carapace.

Les *Ophidiens* ou serpents n'ont pas de membres; leur corps est très long, leurs dents sont petites, nombreuses et recourbées en arrière; ils sont carnassiers. Le *venin* de certaines espèces est sécrété par des glandes salivaires et inoculé à la victime, au moment de la morsure, par des dents appelées *crochets venimeux* (*fig.* 123). Les serpents non venimeux sont les Couleuvres de nos pays (*fig.* 124), les Pythons d'Asie et d'Afrique, et les Boas d'Amérique. Les serpents venimeux sont les Vipères (*fig.* 123) remarquables par leur tête triangulaire et leur queue courte, le Naja ou serpent à lunettes des Indes, le Crotale ou serpent à sonnettes d'Amérique, les Hydrophis, qui sont marins, etc.

❀ *Les Chéloniens ou tortues ont deux squelettes: l'un interne et l'autre externe ou carapace. Les Ophidiens ou serpents n'ont pas de membres; les uns ne sont pas venimeux (Couleuvre, Boa); les autres ont des crochets venimeux (Vipère, Naja).*

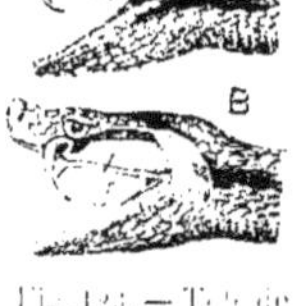

Fig. 123. — Tête de Vipère:

Fig. 125.
Couleuvres :

CLASSE DES BATRACIENS

90. Caractères principaux. — Les Batraciens nous offrent deux caractères très importants : la peau *nue* et humide et les *métamorphoses* du jeune âge. La respiration à l'âge adulte est *pulmonaire* et *cutanée* : elle se produit à la fois par les poumons et par la peau, qui est une véritable muqueuse. La température est variable. Le cœur présente 3 cavités, dont un ventricule. Le squelette est très simplifié, les côtes sont peu développées. Le cerveau et le cervelet sont très réduits ; la sensibilité paraît très atténuée. Presque tous les Batraciens ont 4 membres, avec pieds palmés.

Les œufs sont toujours déposés et abandonnés dans l'eau. Au centre de chaque œuf transparent on remarque un point noir, qui est l'embryon ((*fig.* 126, A) ; celui-ci se développe peu à peu ; comme le jeune oiseau, il se nourrit d'abord de la substance qui l'entoure ; il grossit, se déroule, s'allonge et sort de l'œuf. Il est alors à l'état de *larve ;* il grandit et se met bientôt à nager pour varier son alimentation végétale ; quoique possédant un corps entier, il apparaît alors formé d'une tête et d'une queue : c'est le *têtard*. Le têtard, ou *larve* des Batraciens, n'a pas de poumons et cependant il respire ; cette fonction se produit à l'aide de petites houppes, ou *branchies* (**92**), disposées de chaque côté de sa tête. Ces branchies s'emparent de l'oxygène dissous dans l'eau comme les poumons empruntent celui de l'air.

L'évolution du jeune Batracien continue : deux membres postérieurs apparaissent d'abord ; deux membres antérieurs se produisent à leur tour. C'est à ce moment que les poumons commencent à se former et que la queue diminue (*fig.* 126, J) et disparaît.

Les poumons se sont alors suffisamment développés ; la jeune grenouille s'approche de la surface, fait connaissance avec l'air atmosphérique et quitte l'eau pour la première fois. D'herbivore elle va devenir carnivore et se nourrir d'insectes, de vers, de limaces. Certains Batraciens sont privés de queue à l'âge adulte : d'autres en sont pourvus.

Les Batraciens sont caractérisés par la peau nue, des branchies pendant le jeune âge, la température variable, le cœur à 3 cavités, les membres généralement au nombre de 4. Après l'éclosion, l'embryon devient têtard et respire à l'aide de branchies. Il acquiert d'abord ses membres deux par deux, puis ses poumons ; sa queue disparaît et il sort de l'eau, d'herbivore il devient carnivore.

91. Anoures et Urodèles. — Les Batraciens *Anoures* ou privés de queue ont les membres antérieurs courts et les postérieurs longs, ce qui leur permet de sauter. Ils sont utiles à l'agriculture, à cause des insectes et limaces qu'ils détruisent. Ce sont d'abord les Grenouilles (*fig.* 126, K), qui ont des petites dents à la mâchoire supérieure, et les Crapauds, qui en sont privés ; puis la Rainette, qui se tient dans

Fig. 125. — *Triton ;* long.. 8 cm.

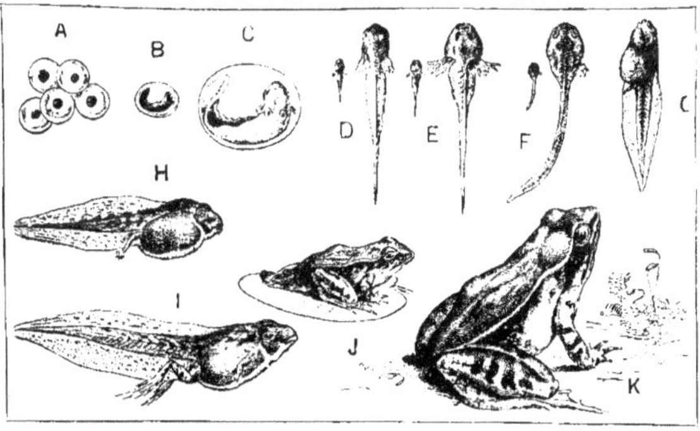

Fig. 126. — *Métamorphoses de la Grenouille verte.*

A, œufs ; B et C, croissance de l'embryon ; D à I, croissance du *têtard* ; J, jeune grenouille portant encore un peu de la queue du têtard. K, état parfait. Longueur de l'adulte. 15 cent., y compris les pattes postérieures.

les feuillages, grâce aux petites ventouses qui se trouvent à l'extrémité de ses doigts.

Les *Urodèles* ou batraciens pourvus de queue ressemblent généralement à des lézards dont la peau serait nue. Ce sont les Tritons (*fig.* 125), dont la coloration est si vive au printemps, et les salamandres, telles que notre Salamandre terrestre, l'Axolotl du Mexique et la gigantesque Salamandre du Japon. Certains urodèles conservent leurs branchies après le développement de leurs poumons : ce sont des amphibies ; tels sont le Protée, espèce aveugle et incolore des cavernes de la Carniole (Autriche), et la Sirène des États-Unis, qui n'a que deux membres antérieurs.

✸ *Les Batraciens anoures sont privés de queue et organisés pour le saut (Grenouille, Crapaud, Rainette). Les urodèles ont une queue et 4 membres (Triton, Salamandre). Certains ont des poumons et des branchies (Protée).*

CLASSE DES POISSONS

92. Digestion. Respiration. Circulation. — Les Poissons sont essentiellement aquatiques. Leur respiration est *branchiale* durant toute la vie. Le cœur n'a que 2 cavités ; la température est variable. Ensuite, chez un certain nombre d'espèces, le squelette n'est pas osseux, il est *cartilagineux*. Le corps est fusiforme, les membres sont des nageoires, la queue est à la fois un gouvernail et une godille, et la peau est recouverte d'*écailles*. Enfin les Poissons sont ovipares, et ils possèdent généralement une *vessie natatoire* (*fig.* 128). L'appareil *digestif* est assez simple. Les dents sont très variées dans leur forme et leur nombre.

L'organe essentiel de la respiration est représenté par les *branchies*, formées de nombreuses lamelles disposées comme les dents d'un peigne. Chaque Poisson porte plusieurs de ces peignes de chaque côté de la tête ou du cou, dans deux vides appelés chambres branchiales (*fig.* 127). L'eau inspirée par le Poisson passe de la bouche dans les

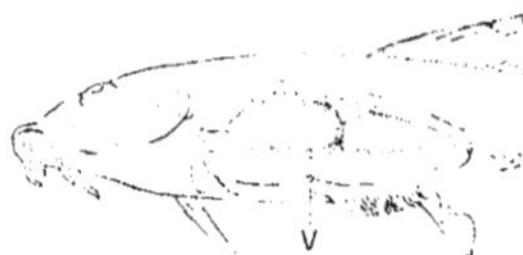

Fig. 127. *Branchies, b.* de la Carpe.

Fig. 128. — Position de la *vessie natatoire, V.*

chambres branchiales, baigne les branchies et, après s'être chargée d'acide carbonique, s'échappe par les fentes *operculaires,* que l'on appelle vulgairement et à tort les *ouïes.*

Le cœur des Poissons ne comprend qu'une oreillette et un ventricule communiquant entre eux et contenant toujours du sang veineux. Dans les branchies, le sang veineux s'empare de l'oxygène dissous dans l'eau et abandonne son acide carbonique.

✸ *Les Poissons sont caractérisés par la respiration branchiale, le cœur à 2 cavités, des nageoires et la peau recouverte d'écailles ; ils sont ovipares. Les branchies, situées dans les chambres branchiales, sont formées de lamelles disposées comme les dents d'un peigne.*

93. Squelette. Système nerveux. Divisions. — Lorsqu'on ouvre longitudinalement, en deux parties, un poisson cuit, on retire d'abord la grande arête : la partie centrale de cette arête est la *colonne vertébrale* (*fig.* 129). Les membres sont représentés par les nageoires *paires* : telles sont les nageoires *pectorales* et *ventrales* qui correspondent aux membres antérieurs et postérieurs des autres Vertébrés (*fig.* 129). Il y a en outre les nageoires *impaires* : une *dorsale* qui peut être divisée, une *anale* et une *caudale* ou queue.

Le système *nerveux* est très simple : le cerveau est fort petit. Les yeux ont une cornée à peu près plate. En outre, les Poissons portent sur chaque côté de leur corps une sorte de sillon longitudinal : c'est la *ligne latérale* (*fig.* 132), formée de très petits orifices correspondant à des boutons nerveux ; elle

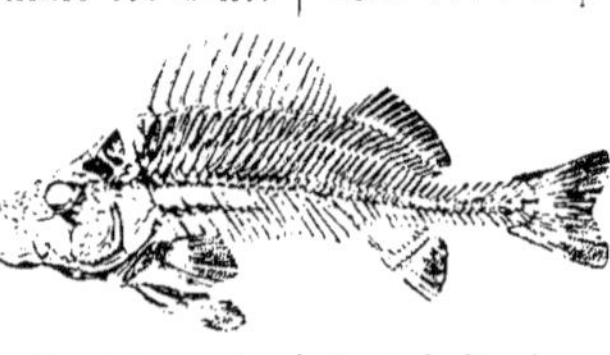

Fig. 129. — *Squelette de la Perche.*

permettrait aux Poissons de percevoir toutes les variations du milieu dans lequel ils sont plongés. La *vessie natatoire* (*fig.* 128) est généralement unique et dorsale : elle remplit un rôle *hydrostatique* qui permet au Poisson de s'équilibrer avec son milieu pour s'y soutenir sans effort : les espèces qui ont l'habitude de vivre au fond des eaux en sont seules privées.

Les *écailles*, toujours imbriquées dans le même sens (*fig.* 130 et 132), couchées les unes sur les autres d'avant en arrière, assurent les bonnes conditions du glissement de l'animal dans l'eau. Tous les caractères que nous venons de décrire varient beaucoup et il en est même qui ne s'appliquent pas à la totalité des Poissons. On a divisé cette classe en Poissons *osseux* et Poissons *cartilagineux*.

❀ *La colonne vertébrale est représentée par la grande arête centrale ; les membres le sont par les nageoires pectorales et centrales ; on compte en outre des nageoires impaires. La ligne latérale paraît être un organe de tact. La vessie natatoire permet au poisson de s'équilibrer dans l'eau. Les écailles sont imbriquées. La classe des Poissons a été divisée en deux groupes.*

94. Poissons osseux.

— Ces animaux sont caractérisés par l'ossification du squelette.

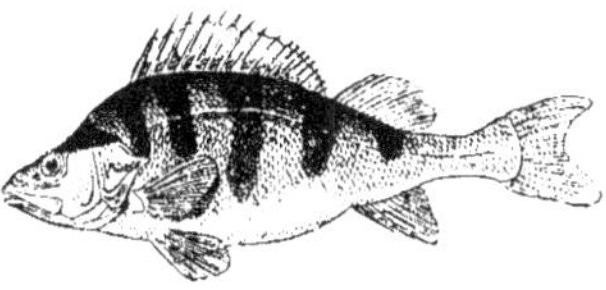

Fig. 130. — *Perche* ; long., 30 cm.

Fig. 131. — *Maquereau* ; long., 40 cm.

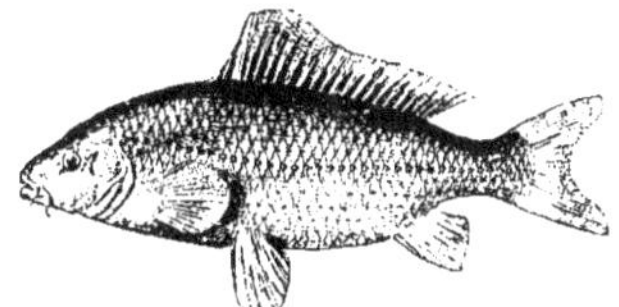

Fig. 132. — *Carpe* ; long., 60 cm.

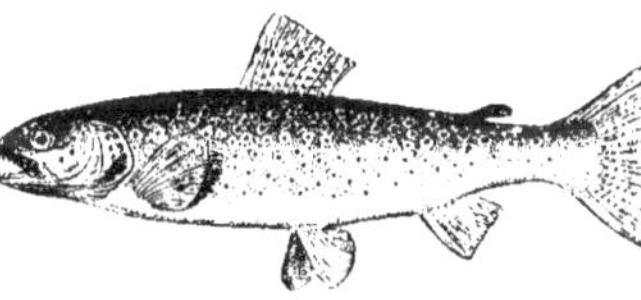

Fig. 133. — *Truite saumonée* ; long., 60 cm.

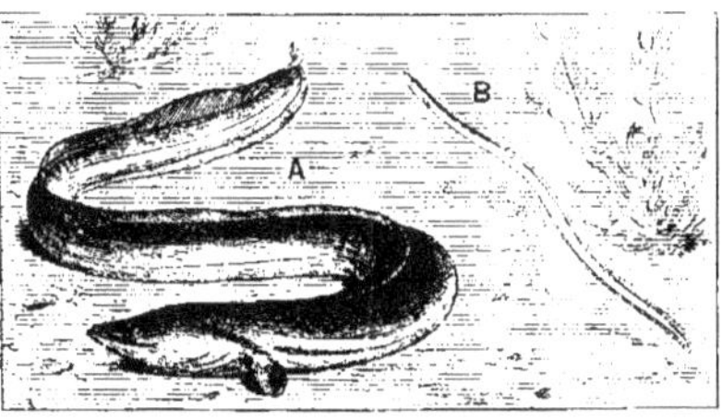

Fig. 134. — *Anguilles* :
A, adulte ; long., 90 cm. ; B. jeune.

les côtes bien développées, 4 paires de branchies, deux fentes branchiales et la queue à lobes égaux. Tous les poissons d'eau douce appartiennent à ce groupe, dans lequel viennent encore se ranger le plus grand nombre des poissons de mer. Il renferme en réalité plus des 9 10ᵉˢ des espèces connues. Mais chez les uns la nageoire dorsale est épineuse : ce sont les Acanthoptérygiens ; chez les autres elle est molle : ce sont les Malacoptérygiens.

Parmi les *Acanthoptérygiens* d'eau douce, nous citerons la Perche (*fig.* 130) et l'Épinoche qui fait un nid et y veille ses petits. Parmi ceux qui habitent la mer : le Maquereau (*fig.* 131), le Thon, le Rouget, le Grondin, le Dactyloptère ou poisson volant, la Vive, l'Espadon, la Baudroie.

Les *Malacoptérygiens* d'eau douce sont : le Goujon, le Barbeau, la Carpe (*fig.* 132), le Cyprin doré ou poisson rouge, la Brème, l'Ablette, le Gardon, le Saumon, la Truite (*fig.* 133), le Brochet, l'Anguille (*fig.* 134). Ceux de mer sont : la Sardine de nos côtes, la Morue pêchée à Terre-Neuve, le Merlan, le Hareng (*fig.* 135), l'Éperlan, le Congre ou Anguille de mer, puis les poissons plats vivant sur fonds de sable : Turbot, Carrelet ou Plie, Limande, Sole (*fig.* 136), qui ont les deux yeux sur le même côté du corps.

❀ *Les Poissons osseux ont 4 paires de branchies et 2 fentes branchiales. On y distingue les Acanthoptérygiens ou à nageoire dorsale épineuse (Perche, Maquereau, Thon, Rouget) et les Malacoptérygiens ou à nageoire dorsale molle (Goujon, Carpe, Saumon, Anguille, Sardine, Brochet, Hareng, Limande).*

Fig. 135. — *Hareng;* long., 30 cm.

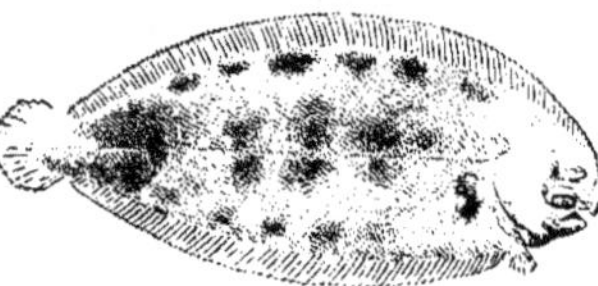

Fig. 136. — *Sole;* long., 40 cm.

95. Poissons cartilagineux.

— Le groupe des Poissons cartilagineux est formé de deux ordres: celui des Ganoïdes et celui des Sélaciens, tous marins. La queue de ces animaux est hétérocerque, c'est-à-dire à lobes inégaux. Les *Ganoïdes* ont 4 paires de branchies et 2 fentes branchiales. La seule espèce européenne est l'Esturgeon (*fig.* 137), dont la peau granuleuse est ornée de 5 rangées d'écussons émaillés disposées longitudinalement; la bouche s'ouvre sous le museau. Quelques rares Ganoïdes sont osseux.

Les *Sélaciens* n'ont pas de vessie natatoire; ils ont 5 paires de branchies et autant d'orifices branchiaux visibles extérieurement, et des écailles très fines. L'enveloppe des œufs est cornée. On distingue dans cet ordre les squales et les raies. Les *Squales* comprennent le Requin (*fig.* 138) qui est un des poissons les plus voraces et qui possède plusieurs rangées de dents, et la Roussette ou chien de mer (*fig.* 139), beaucoup plus petite que le requin, mais de forme analogue. Les *Raies* (*fig.* 140) sont représentées par la Raie bouclée qui entre dans notre alimentation, la Torpille (*fig.* 141) qui produit des décharges électriques capables d'engourdir la main qui veut la saisir, la Scie ou Poisson-scie dont la tête est

prolongée en une lame droite portant de nombreuses dents.

Citons la Lamproie, également cartilagineuse, mais appartenant à un ordre différent, et dont la bouche est une puissante ventouse sans mâchoires.

❀ *On divise les Poissons cartilagineux en Ganoïdes, qui ont 4 paires de branchies et 2 fentes branchiales (Esturgeon), et en Sélaciens, qui ont 5 paires de branchies et autant d'orifices branchiaux visibles (Requin, Raie, Torpille, Scie). La Lamproie est un poisson cartilagineux; sa bouche est une ventouse.*

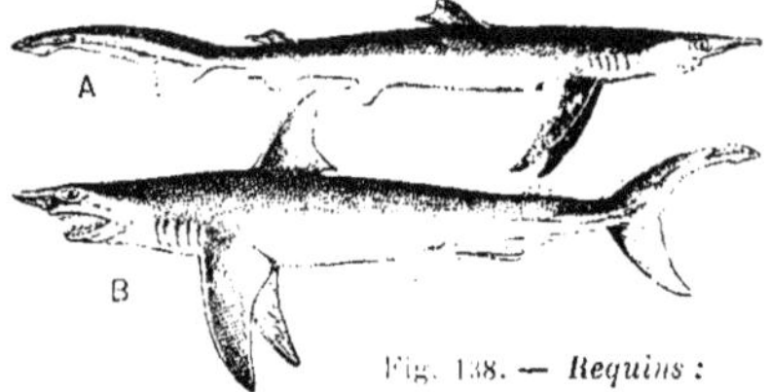

Fig. 138. — *Requins:* A, glauque; B, oxyrhine; long., 4 mètres.

Fig. 139. — *Roussette;* long., 80 cm. à 1 mètre.

Fig. 137. — *Esturgeon;* long., 6 mètres.

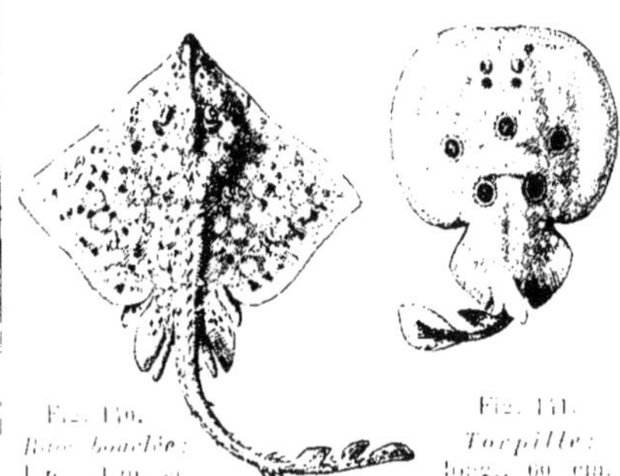

Fig. 140. *Raie bouclée;* long., 1 mètre.

Fig. 141. *Torpille;* long., 60 cm.

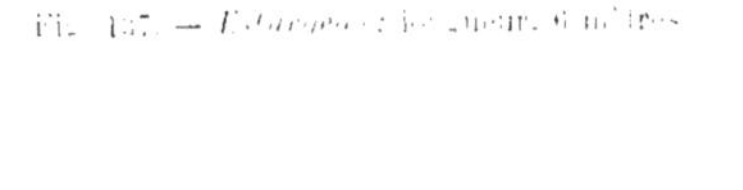

Fig. 142. — Le *Rucher* du Jardin du Luxembourg, à Paris.

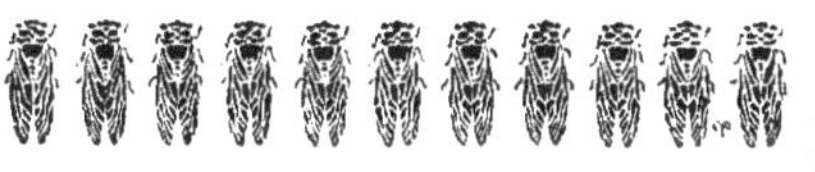

V. INVERTÉBRÉS

EMBRANCH^T DES ARTICULÉS

96. Caractères, divisions. — Les Invertébrés, comme nous l'avons dit, sont privés de colonne vertébrale ; ils sont divisés en 6 embranchements, qui sont : *Articulés* (abeille), *Vers* (lombric), *Mollusques* (escargot), *Échinodermes* (étoile de mer), *Cœlentérés* (corail), et *Protozoaires* (vorticelle). Le premier embranchement est donc celui des *Articulés* ou *Arthropodes*, dont les caractères essentiels sont : 1° la division totale ou partielle du corps en *anneaux*, et 2° la structure *articulée* des membres. Le corps de ces animaux est revêtu d'une substance relativement épaisse, souvent élastique, parfois rigide, que l'on nomme *chitine*, et qui représente le squelette externe, le squelette interne n'existant pas. Le nombre

des membres est très variable. Cet embranchement a été divisé en 4 classes, qui sont :

1° Classe des *Insectes* : Abeille.
2° — *Arachnides* : Araignée.
3° — *Myriapodes* : Scolopendre.
4° — *Crustacés* : Écrevisse.

❋ *Les Articulés ou Arthropodes sont caractérisés par la division totale ou partielle du corps en anneaux et par la structure articulée des membres. Leur corps est revêtu d'une substance dure ou chitine qui représente un squelette externe. Ils sont divisés en quatre classes.*

CLASSE DES INSECTES

97. Caractères principaux. — Le corps des Insectes est toujours divisé en 3 parties : tête, thorax et abdomen (*fig.* 143). La *tête* porte des yeux à nombreuses facettes, deux antennes qui sont des organes de tact, et la bouche qui varie avec la nourriture de l'animal ; chez l'insecte broyeur, elle est munie de puissantes mandibules ; chez le suceur, elle porte une trompe, et chez le lécheur une sorte de langue. Le *thorax* ou corselet est formé de 3 anneaux soudés ; il porte les 6 pattes et les 4 ailes. L'*abdomen* se compose de plusieurs anneaux non soudés. L'appareil digestif est un tube assez peu contourné et renflé en certains points pour former bouche, œsophage, jabot, estomac avec glandes gastriques, et intestin. L'appareil respiratoire est représenté par des *trachées*, tubes ramifiés qui s'ouvrent extérieurement par des orifices appelés *stigmates*: l'oxygénation du sang se produit à travers les parois des trachées. L'appareil circulatoire est très simplifié ; le cœur est remplacé par le *vaisseau dorsal*, qui comporte 8 à 11 cavités ou *ventricules*. Le système nerveux se compose de deux gros ganglions représentant le cerveau, et d'une série de ganglions ou *chaîne ventrale*, qui envoie des nerfs dans toutes les directions. Les sens de la vue, de l'odorat et du toucher paraissent assez développés.

❀ *Le corps des* Insectes *est divisé en tête, thorax et abdomen ; ils sont broyeurs, suceurs ou lécheurs. La respiration se produit à l'aide de* trachées, *qui s'ouvrent extérieurement par des stigmates. Le cœur est remplacé par un* vaisseau dorsal. *Les sens de la vue, de l'odorat et du toucher sont bien développés.*

98. Métamorphoses, divisions.

— Les métamorphoses des Insectes sont *complètes* ou *incomplètes*. Les premières sont caractérisées par 4 états différents : œuf, larve, nymphe et animal parfait : c'est le cas des Papillons, du Bombyx du mûrier, notamment, dont la larve est le *ver à soie*.

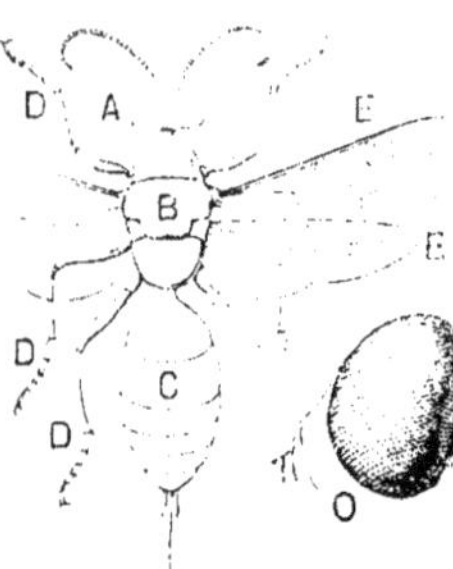

Fig. 143. — *Divisions du corps chez l'Insecte :*
A, tête avec antennes, yeux et trompe ; B, thorax avec pattes ; C, abdomen ; O, œuf grossi.

Les *œufs* du Bombyx sont gros comme des têtes d'épingle. L'être qui sort de l'œuf est la *larve* ou *chenille*, appelée *ver à soie* : *fig.* 144. A à M ; il est imperceptible, mais il grandit rapidement. La larve est en outre soumise à des mues fréquentes, marquées chacune par un accroissement de taille. A l'âge de 30 jours, le ver à soie pèse 9500 fois ce qu'il pesait au sortir de l'œuf. Après la dernière mue, il ne mange plus et commence à se tisser une enveloppe de soie, dont il extrait le fil de glandes spéciales destinées à cette fonction ; il en résulte un *cocon*, dans lequel la larve acquiert

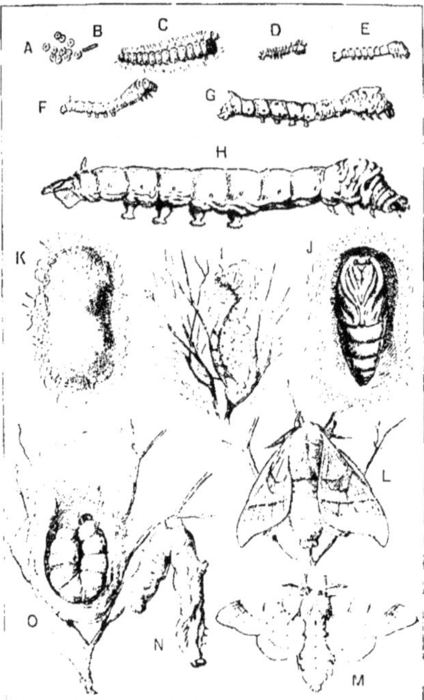

Fig. 144. — *Métamorphoses* du Bombyx du mûrier :
A, œufs ; B à H, développement de la *chenille* ou *ver à soie* (taille maximum, 10 cm) ; I, chenille filant son cocon ; J, coupe du cocon montrant la *nymphe* ; K, aspect extérieur du cocon ; L, papillon mâle (long., 22 mm.) ; M, papillon femelle ; N, chenille morte avant de filer ; O, chenille morte dans le cocon inachevé.

l'état intermédiaire de *nymphe* ou *chrysalide*. Du cocon sort ensuite l'insecte parfait, le papillon du Bombyx. Les Insectes à métamorphoses incomplètes ne passent pas par l'état de nymphe.

La classification des Insectes est surtout basée sur le nombre et les caractères des *ailes*. Ils ont été divisés en 8 ordres, qui sont :

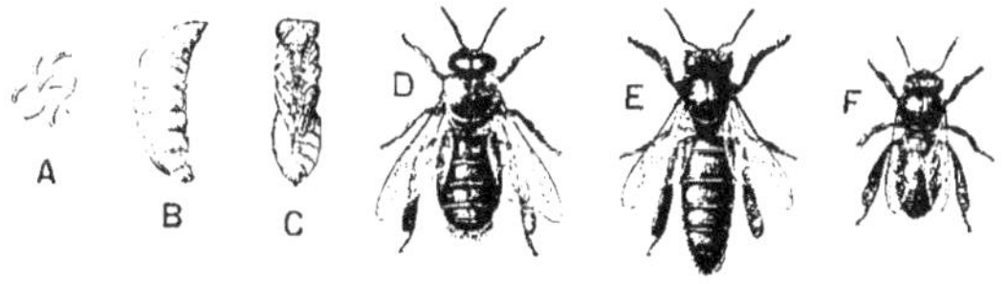

1° Ordre des *Hyménoptères :* Abeille.
2° — *Hémiptères :* Cigale.
3° — *Coléoptères :* Hanneton.
4° — *Orthoptères :* Sauterelle.
5° — *Névroptères :* Libellule.
6° — *Lépidoptères :* Bombyx.
7° — *Diptères :* Mouche.
8° — *Aptères :* Pou.

✿ *La métamorphose complète comprend 4 états : œuf, larve, nymphe et animal parfait. Le ver à soie est la larve du Bombyx ; il se nourrit, mue à plusieurs reprises, se développe, puis se tisse un cocon dans lequel il devient nymphe ou chrysalide et d'où il sort à l'état de papillon. Les Insectes ont été divisés en 8 ordres.*

99. Hyménoptères. Hémiptères. — Les *Hyménoptères* sont broyeurs et lécheurs ; leurs métamorphoses sont complètes ; ils ont 4 ailes membraneuses et transparentes ; le thorax est séparé de l'abdomen par un fin pédicule, et les femelles de certaines espèces portent à l'extrémité de leur abdomen un aiguillon venimeux ; ce sont les Abeilles, les Guêpes et les Fourmis.

Les colonies d'*Abeilles (fig. 145)* comprennent la reine, ou mère, ou femelle fertile, les mâles ou faux-bourdons, et les ouvrières ou femelles stériles, tous ailés. Lors de la fondation d'une ruche, les ouvrières construisent de nombreuses cellules avec la sécrétion de leurs glandes *cirières ;* un groupe de cellules prend le nom de *rayon (fig. 146)*. Durant tout l'été la reine pond des œufs dans les cellules et les larves naissent au bout de trois jours. Certaines ouvrières sont chargées de les nourrir, d'autres remplissent les cellules libres de miel en prévision de l'hiver. La population d'une

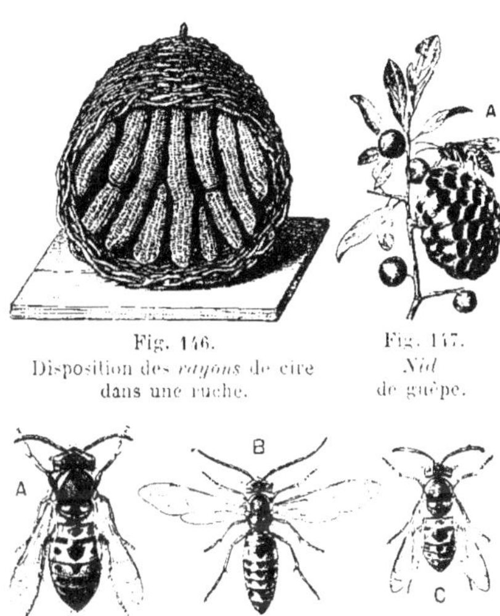

Fig. 145. — *Abeilles*, grandeur naturelle.
A, œufs ; B, larve ; C, nymphe ; D, mâle ou faux-bourdon ; E, reine ou mère ; F, ouvrière.

Fig. 146.
Disposition des *rayons* de cire dans une ruche.

Fig. 147.
Nid de guêpe.

Fig. 148. — *Guêpes ;* long. moyenne, 15 mm.
A, femelle ou mère ; B, mâle ; C, ouvrière.

ruche augmente rapidement ; lorsqu'une émigration est devenue nécessaire, la vieille reine et un certain nombre d'ouvrières s'en vont, sous forme d'essaim, fonder une autre ruche.

Les *Guêpes (fig. 148)* présentent également trois sortes d'individus ailés ; elles construisent des nids, composés de cellules et dont la forme varie avec les espèces *(fig. 147)*.

Les *Fourmis (fig. 149)* s'établissent sous terre ou à la base des vieux arbres ; elles comprennent des mâles et des femelles pourvus d'ailes, et des ouvrières qui en sont privées ; ces insectes montrent une activité surprenante.

Les *Hémiptères* sont suceurs ; leurs méta-

Fig. 149. — *Fourmis*, grossies deux fois :
A, femelle; B, mâle; C, ouvrière.

morphoses sont incomplètes : leurs ailes antérieures sont dures à la base. Ce sont les Punaises, puis la Notonecte et l'Hydromètre qui sont aquatiques, la Cigale du midi de la France, les Pucerons et le Phylloxéra *fig.* 371, destructeur des vignes.

Les Hyménoptères *sont broyeurs et lécheurs, avec métamorphoses complètes et 4 ailes membraneuses et transparentes (Abeilles, Guêpes, Fourmis : ils forment des sociétés composées de 3 sortes d'individus. Les* Hémiptères *sont suceurs avec métamorphoses incomplètes et 2 ailes antérieures dures à la base (Punaises, Cigale, Pucerons, Phylloxéra*.

100. Coléoptères.

Les *Coléoptères* sont broyeurs; leurs métamorphoses sont complètes : ils sont caractérisés par la nature cornée et résistante des deux ailes antérieures que l'on appelle *élytres* fig. 150, et qui servent d'étuis protecteurs aux ailes postérieures, membraneuses et transparentes. La plupart de ces insectes sont herbivores et nuisibles. Le Hanneton (*fig.* 151), notamment, pond ses œufs en juin dans la terre; la larve ou *ver blanc* qui en sort se nourrit de racines durant près de 3 années; elle fait ainsi de grands dégâts, et se transforme ensuite en nymphe, puis en insecte parfait. Les autres espèces sont le Lucane ou cerf-volant, les Bousiers qui se nourrissent des bouses de vaches, les Charançons, les Carabes, le Lampyre ou ver luisant, dont la femelle porte des organes lumineux, la Coccinelle ou bête à bon Dieu, le Scolyte qui fore le bois, l'Hydrophile et le Dytique qui sont aquatiques, etc.

Les Coléoptères *sont broyeurs avec métamorphoses complètes et deux ailes antérieures résistantes ou élytres (Hanneton, Charançon, Carabe).*

101. Orthoptères, Névroptères.

Les *Orthoptères* sont broyeurs; leurs métamorphoses sont incomplètes; leurs ailes antérieures jouent le rôle d'élytres sans être cornées. Ce sont la Sauterelle verte, le Criquet d'Algérie *fig.*152, qui tombe en nuées sur les cultures et les détruit, le Grillon, la Courtilière ou taupe-grillon, qui est fouisseuse, la Blatte des boulangeries, etc.

Les *Névroptères* sont broyeurs; leurs métamorphoses sont variables; ils ont 4 ailes transparentes semblables. Tels sont la Libellule ou Demoiselle *fig.* 153, le Fourmilion, dont la larve se cache dans le sable fin pour y guetter les fourmis. Les Termites sont d'Afrique.

Les Orthoptères *sont broyeurs avec métamorphoses*

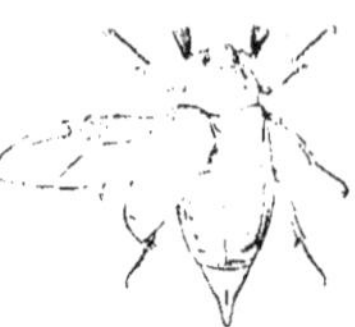

Fig. 150. — *Ailes et élytres* d'un Coléoptère (Hanneton).

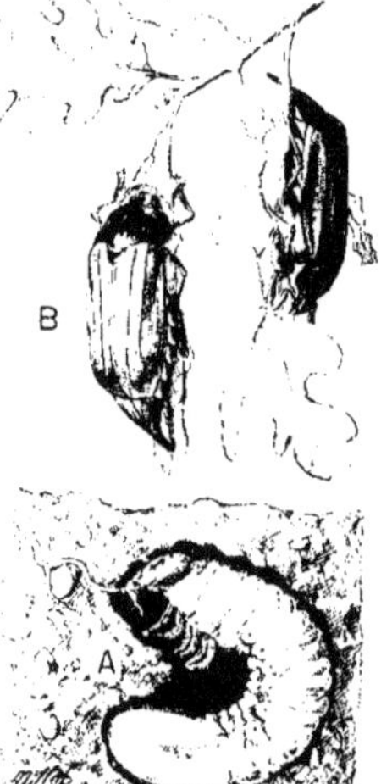

Fig. 151. — *Hanneton* :
A, larve ou ver blanc; B, insecte parfait; long. 25 mm.

Fig. 152. — *Criquet pèlerin*; long. 60 mm.

Fig. 153. — *Libellule;*
long., 6 cent.

incomplètes et ailes antérieures protectrices des deux autres (Sauterelle, Criquet, Grillon). Les Névroptères sont broyeurs, avec métamorphoses variables et 4 ailes transparentes semblables (Libellule, Fourmilion, Termite).

102. Lépidoptères, Diptères, Aptères. —
Les *Lépidoptères* ou Papillons sont suceurs: leurs métamorphoses sont complètes (98); leurs ailes sont recouvertes de fines écailles aux vives couleurs; leurs larves sont appelées *chenilles*. Les Papillons *diurnes* ont les ailes *levées* lorsqu'ils sont au repos; ce sont les Piérides (P. du chou, *fig.* 154, A), les Vanesses (Paon de jour, Vulcain), les Lycènes, les Argynnes, les Satyres, etc. Les Papillons *nocturnes* ont les ailes *couchées* horizontalement lorsqu'ils sont au repos (*fig.* 154, B); ce sont les Bombyx qui produisent tous de la soie (*fig.* 144). Citons encore les Phalènes (Arpenteuse), les Sphinx (Tête de mort), les Pyrales (P. de la Vigne, *fig.* 370 B), les Saturnies, les Chélonies ou Écailles, puis les Teignes ou Mites.

Les *Diptères* sont suceurs; leurs métamorphoses sont complètes; ils n'ont que deux ailes. Ce sont les Cousins et les Moustiques (*fig.* 155), le Taon et l'OEstre qui s'attaquent aux animaux, les Mouches, etc. On peut rapprocher la Puce des Diptères.

Les *Aptères* sont généralement suceurs, ils n'ont pas de métamorphoses et sont privés d'ailes, comme le Pou (*fig.* 156).

Fig. 155. — *Moustique;*
long., 7 mm.

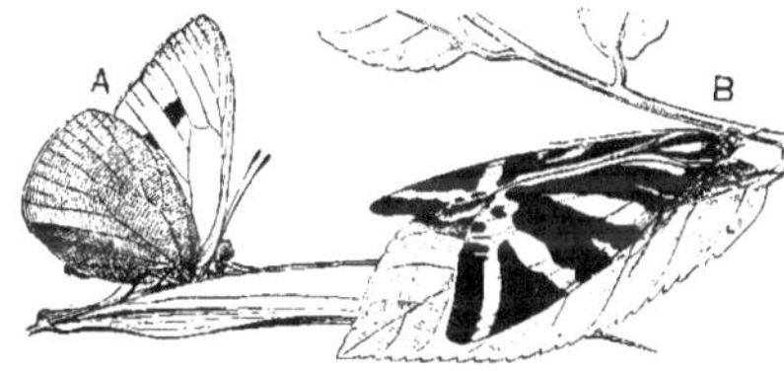

Fig. 154.
Position des *ailes* chez les Papillons au *repos*.
A, Papillon diurne (Piéride); B, Papillon nocturne (Écaille).

❀ *Les Lépidoptères ou Papillons sont suceurs, avec métamorphoses complètes et 4 ailes recouvertes de fines écailles. Ils sont diurnes (Piérides, Vanesses) ou nocturnes (Bombyx, Phalènes). Les Diptères sont suceurs avec métamorphoses complètes et 2 ailes (Moustiques). Les Aptères sont généralement suceurs, sans métamorphoses ni ailes (Pou).*

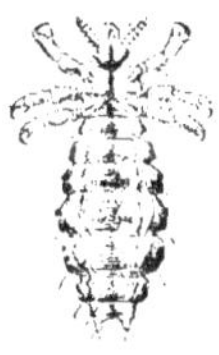

Fig. 156. — *Pou;*
long., 1 à 2 mm.

VII. — TABLEAU-RÉSUMÉ DE LA CLASSIFICATION DES INSECTES.

CARACTÈRES DES AILES.			PIÈCES de la BOUCHE.	MÉTAMORPHOSES.	ORDRES.	EXEMPLES.
4 ailes.	Membraneuses, transparentes		Lécheurs.	Complètes.	HYMÉNOPTÈRES.	*Abeille.*
	Ailes antérieures à moitié durcies		Suceurs	Incomplètes.	HÉMIPTÈRES.	*Cigale.*
	Ailes antérieures transformées en élytres.	Ailes postér^{res} pliées transversalement.	Broyeurs.	Complètes.	COLÉOPTÈRES.	*Hanneton.*
		Ailes postér^{res} pliées en long.	Broyeurs.	Incomplètes.	ORTHOPTÈRES.	*Libellule.*
	Membraneuses, à nervures saillantes.		Broyeurs.	Compl. ou incompl.	NÉVROPTÈRES.	*Sauterelle.*
	Couvertes de fines écailles.		Suceurs	Complètes.	LÉPIDOPTÈRES.	*Bombyx.*
2 ailes			Suceurs	Complètes.	DIPTÈRES	*Mouche.*
Pas d'ailes			Suc. ou br.	Pas de métamorph.	APTÈRES.	*Pou.*

Fig. 157. — *Épeire diadème;
légèrement grossie.*

Fig. 158. — *Scorpion; long., 50 mm.*

CLASSE DES ARACHNIDES

103. Caractères et types. — Les *Arachnides* n'ont pas d'ailes et pas de métamorphoses; ils ont 4 paires de pattes. Leur corps comprend deux parties : le céphalothorax et l'abdomen. À la place des antennes de certaines espèces, on trouve ici les *chélicères*, organes venimeux. La respiration se produit, comme chez les insectes, par des trachées et des stigmates. Cette classe comprend 3 ordres : Araignées, Scorpions et Acariens.

Les *Araignées* ont le céphalothorax et l'abdomen séparés par un fin pédicule, comme les hyménoptères; leurs chélicères ont une griffe et une glande à venin; elles construisent des toiles, formées d'une sorte de soie sécrétée à l'extrémité de l'abdomen et portée au dehors par les filières. Les principales espèces sont l'Araignée domestique des greniers, l'Épeire diadème des jardins (*fig.* 157), le Faucheur aux longues pattes, les Mygales dont la piqûre est très venimeuse et l'Argyronète qui est aquatique.

Les *Scorpions* (*fig.* 158) ont un céphalothorax, un abdomen, et un postabdomen de 6 anneaux qui se termine par un aiguillon venimeux; leurs mâchoires sont des pinces analogues à celles des crustacés. Ces animaux habitent sous les pierres dans le sud de l'Europe et les régions chaudes.

Les *Acariens* ont le corps arrondi et sont de très petite taille; ils sont presque tous parasites. Citons le Trombidion, les Tiques ou Ricins communs dans les bois, le Sarcopte de la gale (*fig.* 159), le Démodex qui se loge sous la peau du visage, etc.

✸ Le corps des Arachnides est divisé en céphalothorax et abdomen; ils ont 4 paires de pattes; leur respiration est trachéenne, avec stigmates. Les uns construisent des toiles (Araignées); les autres ont des pinces, puis un aiguillon venimeux à l'extrémité postérieure (Scorpions); d'autres sont parasites (Acariens).

CLASSE DES MYRIAPODES

104. Caractères et types. — Les *Myriapodes* ou mille-pieds sont caractérisés par le grand nombre de leurs pattes; la tête seule se distingue du reste du corps; leur anatomie est très voisine de celle des Insectes. On reconnaît dans cette classe les Scolopendres (*fig.* 160), de forme aplatie et portant une paire de pattes par anneau; ils sont carnassiers; les premières pattes sont dites pattes-mâchoires et sont venimeuses. Les Iules (*fig.* 161), de forme cylindrique, portent deux paires de pattes par anneau; elles sont herbivores. L'Iule des sables est commune dans les bois; il en est de même du Gloméris, noir et brillant, qui ressemble au cloporte.

✸ Chez les Myriapodes, la tête seule se distingue du reste du corps; leur anatomie est voisine de celle des insectes; ils portent une paire de pattes par anneau (Scolopendres), ou bien 2 paires (Iules).

Fig. 159. *Sarcopte
de la gale;
très grossi.*

Fig. 160. — *Scolopendre; long., 10 cent.*   Fig. 161. — *Iule; long., 35 mm.*

Fig. 162. — *Crabes* :
A, *tourteau*, largeur de la carapace, 25 cent. ;
B, *enragé*, largeur, 5 à 6 cent.

CLASSE DES CRUSTACÉS

105. Caractères et types. — Les *Crustacés* sont caractérisés par une peau chitineuse, rigide et imprégnée de sels calcaires ; les articulations seules sont souples. Le corps comprend céphalothorax et abdomen. Ils subissent généralement des métamorphoses, puis des mues qui leur permettent de croître entre la chute de la vieille carapace et la formation de la nouvelle. L'appareil digestif comprend généralement un gésier masticateur. Ces animaux, qui sont presque tous aquatiques, respirent au moyen de branchies. Les Crustacés les mieux organisés comportent 20 anneaux ou segments portant de nombreux appendices : yeux, antennes, pièces broyeuses, pinces puissantes et pattes. Ce sont l'Écrevisse de nos ruisseaux (*fig.* 163), le Homard, la Langouste et la Crevette pêchée sur nos rivages, puis les Crabes (*fig.* 162) au céphalothorax volumineux, le Pagure ou Bernard l'Ermite qui abrite son abdomen nu dans les coquilles de mollusques morts, et les Cloportes. Les autres Crustacés ont un nombre variable d'anneaux ; ils n'ont pas de gésier masticateur. Ce sont les Anatifes qui ressemblent à des mollusques, et les Balanes vivant par milliards sur les rochers que la mer découvre ; puis de très petites espèces amies des eaux stagnantes : Daphnies, Cypris, Apus, Cyclopes, etc.

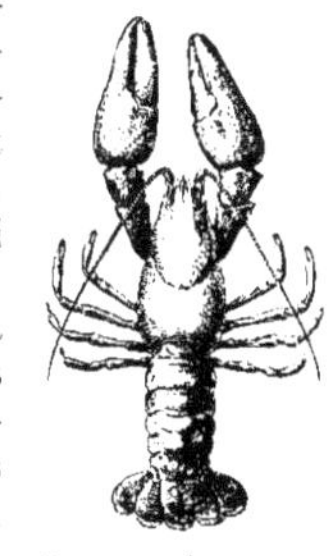

Fig. 163. *Écrevisse* ;
long., 15 cent.

EMBRANCHEMENT DES VERS

106. Caractères et types. — Les Vers sont formés d'anneaux comme les Articulés, mais ils ne sont pas tous munis de membres, et ces membres ne sont jamais composés d'articles. On les a divisés en deux classes : Annélides et Helminthes. Les *Annélides* vivent dans la terre ou dans les eaux. Les sangsues, des eaux douces, se déplacent au moyen de ventouses ; les espèces terrestres le font à l'aide de soies qui leur servent de membres et garnissent leur corps. La respiration est cutanée chez les vers de terre et les sangsues, elle est souvent branchiale chez les espèces marines. Les principaux Annélides sont le Lombric ou ver de terre (*fig.* 57, C) qui se nourrit de l'humus du sol, l'Arénicole des pêcheurs qui vit dans le sable des plages, la Sangsue dont la bouche est construite pour sucer le sang et qui habite les eaux dormantes.

Les *Helminthes* sont parasites des organes internes de l'homme et des animaux ; ils ont souvent des métamorphoses , comme le Ténia ou ver solitaire, qui habite l'intestin de l'homme (*fig.* 164). Pour que son avenir soit assuré, il faut que ses œufs soient dévorés par un porc ; les larves naissent

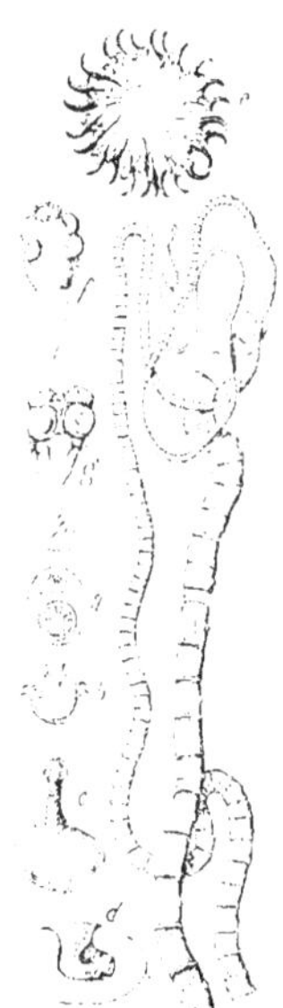

Fig. 164. — *Ténia* :
a, œuf ; b, embryon ;
c, d, cysticerques ;
e, crochets ; f, g, têtes
de deux espèces.

dans l'estomac de cet animal ; elles en perfo-rent la paroi et passent dans la circulation qui les transporte dans les muscles où elles acquièrent la forme *cysticerque*. Si la viande de porc, mangée insuffisamment cuite, lui permet d'atteindre l'intestin de l'homme, la larve y devient adulte : c'est le ver solitaire, très long et formé de nombreux anneaux. La Trichine passe du rat au porc et du porc à l'homme. Les Ascarides habitent également l'homme, mais leurs larves sont aquatiques. Les Douves vivent dans les canaux biliaires du foie de divers animaux.

❀ Les Vers n'ont parfois pas de membres. On y distingue les Annélides qui vivent dans la terre et dont la respiration est cutanée (Lombric), ou qui habitent l'eau avec respiration branchiale (Arénicole); puis les Helminthes, parasites des organes internes de l'homme ou des animaux (Ténia, Trichine).

EMBR^T DES MOLLUSQUES

107. Caractères ; Gastéropodes. — Les Mollusques sont caractérisés par un corps mou, non formé d'anneaux; ils sont ovipares. Ils présentent ordinairement une coquille calcaire, formée d'une ou deux valves et sécrétée par un repli du tégument que l'on appelle *manteau*. On les a divisés en 3 classes : Gastéropodes, Lamellibranches et Céphalopodes.

Les *Gastéropodes* ont un large muscle qui double extérieurement la face ventrale et constitue un *pied* rampant. La tête est distincte du corps; elle porte deux tentacules à l'extrémité desquels se trouvent

les yeux, et deux plus petits qui sont des organes de tact; la bouche s'ouvre au-dessous. Sur le dos de l'animal s'élève une coquille souvent enroulée dans laquelle il loge. Les types les plus répandus sont les Hélices, dont l'Escargot (*fig.* 55, D) est une espèce, la Limace qui n'a pas de coquille, les Limnées, Planorbes et Paludines qui sont d'eau douce. Les Littorines (*fig.* 167), Patelles (*fig.* 168), Haliotides, Buccins, Porcelaines (*fig.* 166), Volutes, Cônes, Casques, Murex, sont des genres marins.

❀ Les Mollusques ont le corps mou et non formé d'anneaux. Les Gastéropodes sont munis d'un pied ventral rampant ; leur tête est distincte du corps ; ils portent une coquille calcaire enroulée (Escargot, Limnée, Littorine, Porcelaine).

108. Lamellibranches, Céphalopodes. — Les *Lamellibranches* sont ainsi appelés de la structure lamellaire de leurs branchies (*fig.* 169); leur coquille est formée de deux valves : elle est *bivalve* et munie d'une charnière. Ces mollusques n'ont pas de tête distincte du corps. Ils ont généralement un pied charnu qui leur permet de se déplacer et sont tous habitants des eaux. L'Huître (*fig.* 169) est un Lamellibranche dont l'élevage, ou *ostréiculture*, est une industrie très active. La qualité des Moules (*fig.* 170) est augmentée par la *mytiliculture*. Le Peigne ou Coquille de Saint-Jacques, le Solen ou Couteau (*fig.* 165), les Pholades, etc., sont marins. Le Taret est

Fig. 165. — *Solen*; long., 12 à 16 cm.

Fig. 166. — *Porcelaines;* grandeurs variables.

Fig. 167. Littorine; grand. naturelle.

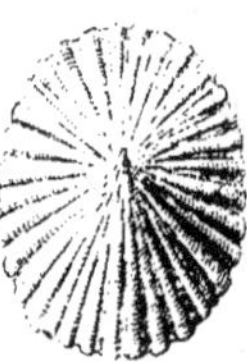

Fig. 168. Patelle; un peu réduite.

Fig. 169. Valve infre d'Huître avec branchies, b.

Fig. 170. Moule; long., 6 cm.

Fig. 171. — *Poulpe*;
long. du corps, 20 à 25 cm.

allongé comme un ver; il fore des galeries dans les pièces de bois immergées.

Les *Céphalopodes* sont caractérisés par 8 bras entourant la tête et munis de ventouses sur toute leur longueur. Le corps est contenu dans le manteau, qui a la forme d'un sac. Le Poulpe ou Pieuvre (*fig.* 171) a le corps entièrement mou. La Seiche et le Calmar ont une coquille interne se présentant comme un os aplati. Chez l'Argonaute, la femelle porte une coquille non fixée. Le Nautile a une véritable coquille enroulée et cloisonnée.

❀ *Les* Lamellibranches *ont les branchies lamellaires; ils ont un pied charnu et pas de tête; leur coquille a deux valves* (*Huître, Moule*). *Les* Céphalopodes *ont 8 bras munis de ventouses et placés sur la tête* (*Pieuvre*).

EMBR^T DES ÉCHINODERMES

109. Caractères et types. — Les *Échinodermes* sont caractérisés par l'épaisseur et la rugosité de la peau, qui est formée de petites plaques calcaires. La symétrie du corps en 5 rayons ou bras est fréquente. Ils se meuvent à l'aide de petits tubes terminés chacun par une ventouse. Ces animaux sont tous marins. Les principales formes sont : les Holothuries qui sont les plus molles, les Oursins hérissés de piquants, les Astéries ou Étoiles de mer (*fig.* 55, E) dont certaines espèces présentent de nombreux rayons, les Ophiures dont les bras sont très actifs, les Encrines caractérisées par une longue tige ou pédoncule fixée aux rochers pendant le jeune âge, etc.

❀ *Les* Échinodermes *ont la peau épaisse avec petites plaques calcaires; la symétrie du corps est rayonnée; ils sont tous marins* (*Holothuries, Oursins, Astéries, Encrines*).

Fig. 172. — *Actinies* ou *Anémones de mer*.

EMBR^T DES CŒLENTÉRÉS

110. Caractères et types. — Les *Cœlentérés* ou *Zoophytes* présentent une grande simplicité d'organisation ; ils sont généralement fixés et ramifiés comme les plantes (*fig.* 55, F). Ce sont les Polypes et les Spongiaires. Les *Polypes* ont le corps en forme de petit sac; une seule ouverture entourée de tentacules sert à la fois de bouche et d'anus. Les principaux types sont l'Hydre verte des eaux stagnantes, qui, divisée en de nombreux morceaux, se régénère en autant d'individus complets. Les Actinies ou Anémones de mer (*fig.* 172) semblent de belles fleurs épanouies dans les flaques d'eau à marée basse; les Méduses (*fig.* 173) sont libres avec une forme d'ombrelle. Les Coraux et les Madrépores (*fig.* 174) vivent en colonies. Ces derniers, par leur faculté de fixer le calcaire dissous dans l'eau pour s'en constituer un squelette externe, et par leur nombre forment en avant des côtes, dans les mers chaudes, d'immenses récifs qui arrivent à s'élever au-dessus des eaux pour donner naissance à des terres nouvelles.

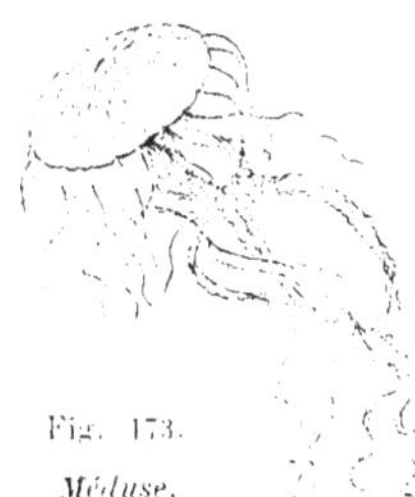

Fig. 173.

Méduse.

Fig. 174. — Un banc de *Coraux* à marée basse.

Les *Spongiaires* ou éponges (*fig.* 55, G)
vivent généralement en colonies. Chaque
éponge, prise isolément, comprend un sac,
muni à la partie supérieure d'une ouverture
ou *oscule*, et sur l'étendue de ses parois d'un
certain nombre de petits trous. A l'intérieur,
l'animal, à l'aide de cils toujours en mouvement, fait appel à l'eau extérieure par les
petits trous et la chasse par l'oscule après en
avoir soustrait les éléments nutritifs.

❀ *Les Cœlentérés sont généralement fixés
et ramifiés comme des plantes. On y distingue
les Polypes qui ont une existence individuelle
Hydre, Actinie, Méduse, ou bien coloniale
et fixant le calcaire Corail : puis les Spongiaires ou éponges, généralement coloniaux.*

EMBR^T DES PROTOZOAIRES

111. Types principaux. — Nous avons
atteint ici le degré le plus inférieur connu de
la vie animale ; presque tous les êtres y sont
microscopiques et formés d'une ou de plusieurs cellules semblables. Parmi les Protozoaires d'eau douce, nous citerons les Vorticelles (*fig.* 55, H), qui se présentent en petites
colonies de clochettes vivantes portées par un
pédicule contractile ; elles se nourrissent en
créant un courant d'eau à l'aide de cils vibra-
tiles, car elles sont fixées. Les Noctiluques
produisent la phosphorescence des eaux de la
mer. Les Foraminifères, à carapace calcaire,
et les Radiolaires, à squelette siliceux, pullulent à la surface des mers ; leurs débris forment sur le fond des océans une vase extrêmement fine. Plus bas encore dans la série
zoologique, nous trouvons les Amibes (*fig.* 175)
qui sont *unicellulaires*, c'est-à-dire formées
d'une seule cellule ; leur organisation se réduit à un peu de protoplasme avec un ou plusieurs noyaux. Les Monères n'ont qu'un petit
noyau, extrêmement difficile à distinguer.

❀ *Les Protozoaires sont ordinairement microscopiques ; ce sont les
animaux les plus infé-
rieurs, et les derniers
se confondent avec les
végétaux. Citons les
Vorticelles, les Fora-
minifères et Radiolai-
res, les Amibes et les
Monères.*

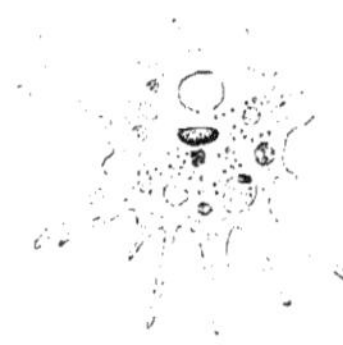

Fig. 175. — *Amibe.*

VIII. — TABLEAU-RÉSUMÉ DES CARACTÈRES DES EMBRANCHEMENTS.

SQUELETTE.	SYMÉTRIE.	CARACTÈRES PRINCIPAUX.	NOMS DES EMBRANCHEMENTS.	EXEMPLES.
Intérieur, avec épine dorsale.	Bilatérale.	Système nerveux derrière le tube digestif.	VERTÉBRÉS.	Chat.
		Corps annelé { Pattes articulées.	ARTICULÉS.	Abeille.
	(Bilatérale.)	Pattes non articulées ou pas de pattes.	VERS.	Lombric.
Pas de squelette intérieur.		Corps mou, non annelé, souvent une coquille.	MOLLUSQUES.	Escargot.
	Rayonnée.	Tube digestif distinct.	ÉCHINODERMES.	Étoile de mer.
		Pas de tube digestif distinct.	CŒLENTÉRÉS.	Corail.
		Animaux sans bouche, et extrêmement microscopiques.	PROTOZOAIRES.	Vorticelle.

Fig. 176. — Figuier banian de Ceylan, avec ses nombreuses *racines adventives* 20 à 30 m. .

BOTANIQUE

VI. ORGANES VÉGÉTATIFS

112. Caractères des végétaux. — La Botanique étudie les *plantes* ou *végétaux*.

Comme les animaux, les plantes sont des êtres *vivants;* comme eux, elles sont formées de parties microscopiques ou *cellules* (*fig.*178. A). dont l'élément essentiel est le *protoplasme*, matière analogue au blanc d'œuf; comme eux, elles naissent, se nourrissent, s'accroissent, se reproduisent et meurent; mais elles s'en

distinguent : 1° par la présence presque constante d'une matière verte, la *chlorophylle;* 2° par la nature de leur membrane cellulaire, laquelle est formée de *cellulose*, substance qui n'existe pas chez les animaux: 3° par leur fixation au sol: 4° par l'absence habituelle de sensibilité et de mouvement volontaire.

La Botanique se divise en plusieurs sciences: la *Botanique descriptive*, qui étudie les formes extérieures des végétaux: l'*Anatomie*, qui s'occupe de leur structure interne, examinée au microscope sur des coupes minces; enfin la *Physiologie*, qui est l'étude du fonctionnement de leurs organes.

❧ *Les* plantes *sont, comme les animaux,*

des êtres vivants et elles sont formées de cellules : mais, contrairement aux animaux, elles sont colorées d'ordinaire par une matière verte ; elles contiennent de la cellulose, elles sont fixées au sol, et n'ont ni sensibilité ni mouvement volontaire.

113. Organes d'une plante supérieure. — Examinons la *Giroflée jaune* (*fig.* 177), qui orne les vieilles murailles et les parterres de nos jardins : elle est fixée au sol par un long pivot ou *racine*, couvert de ramifications ; au-dessus de la racine se dresse la *tige*, ramifiée aussi et terminée par des lames vertes ou *feuilles*. Ces trois membres : racine, tige, feuille, entretiennent la vie de la plante et sont nécessaires à sa nutrition : ils forment l'appareil *végétatif*. Au mois de mars, quand la Giroflée a atteint une certaine taille, on voit s'épanouir à l'extrémité des tiges des *fleurs* jaunes, odorantes, formées de feuilles modi-

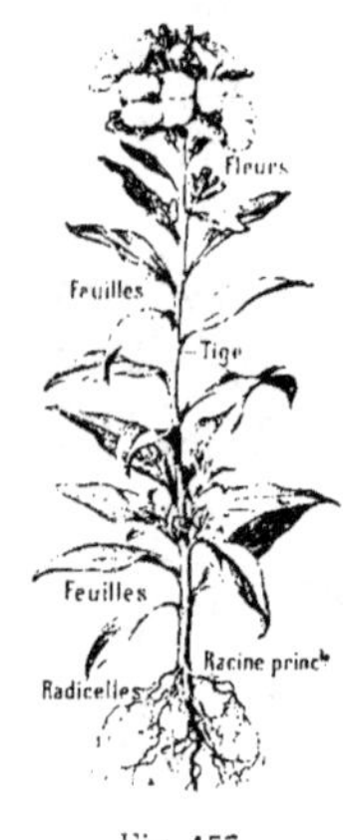

Fig. 177.
Giroflée entière.

fiées. La fleur n'est pas indispensable à la vie de la plante ; son rôle est d'en perpétuer l'espèce : c'est l'appareil *reproducteur*. La fleur donnera le *fruit*, qui contient les *graines*. De celles-ci, mises en terre dans des conditions favorables, proviendront plus tard de nouvelles plantes, semblables à celles qui les ont formées.

La Giroflée et les autres plantes à fleurs sont les plus élevées en organisation ; leurs cellules ont des formes qui varient avec les divers organes et leurs fonctions (*fig.* 178 : il y a des cellules longues, pointues aux deux extrémités, et que l'on nomme *fibres*, d'autres qui se placent bout à bout et forment des tubes ou *vaisseaux*, destinés à conduire les liquides qui circulent dans la plante. Cellules, fibres et vaisseaux se groupent pour former des *tissus*.

Les plantes sans fleurs, comme les Fougères, les Mousses, les Champignons, ont une organisation beaucoup moins complexe (**175**).

❧ *Les plantes les plus élevées en organisation se nourrissent à l'aide de trois membres :* racine, tige, feuille, *formant l'appareil* végétatif, *et se reproduisent par des* fleurs ; *leurs cellules sont différenciées en fibres et en vaisseaux.*

LA RACINE

114. Racine principale. — La *racine principale* est le premier organe qui sort d'une graine en germination ; elle s'enfonce verticalement de haut en bas dans la terre, ne porte pas de feuilles, et n'est jamais verte. Un petit corps jaunâtre, résistant, la *coiffe* (*fig.* 179), recouvre sa pointe et la protège contre les frottements à mesure qu'elle s'enfonce dans le sol, ou, s'il s'agit d'une plante d'eau (*fig.* 180), contre les attaques extérieures. Au-dessus de la coiffe est une région lisse, puis, sur une longueur de 2 à 3 centimètres, un manchon conique

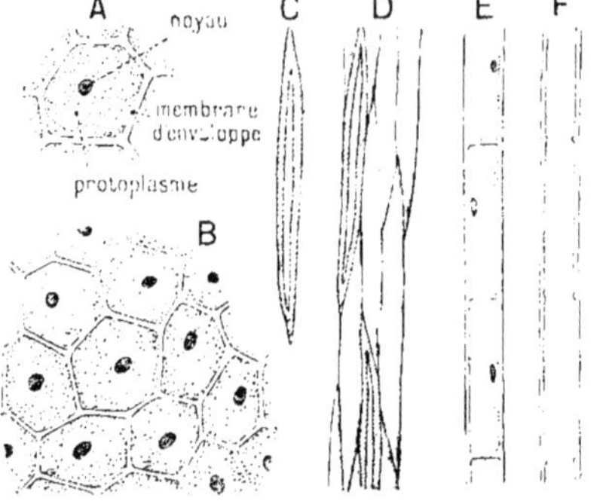

Fig. 178. — *Éléments d'une plante vus au microscope.*
A, B, cellules ; C, D, fibres ou bois ; E, F, vaisseaux.

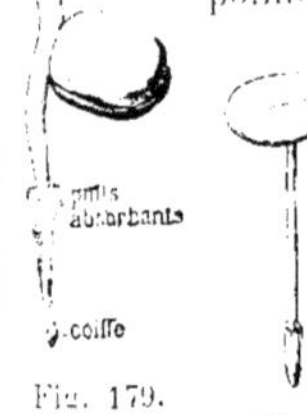

Fig. 179.
Racine principale d'une jeune Fève.

Fig. 180.
Racine et coiffe de la Lentille d'eau.

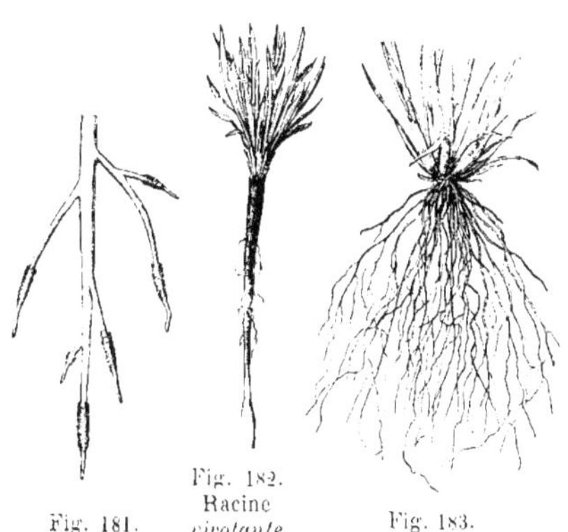

Fig. 181.
Racine portant
des *radicelles*.

Fig. 182.
Racine
pivotante
du
Salsifis.

Fig. 183.
Racine *fasciculée*
du Blé.

Fig. 184.
Racine
tuberculeuse
de la Betterave.

Fig. 185.
Racine
tuberculeuse
du Dahlia.

de fins filaments, les *poils absorbants* ou *radicaux* (*fig.* 179). A mesure que la racine grandit, ceux du haut tombent, ceux qui sont au-dessous s'allongent, et il s'en forme d'autres plus bas. Tout le reste de la racine est nu jusqu'au *collet*, région qui la sépare de la tige.

✿ *La* racine principale *est dépourvue de feuilles et de matière verte ; elle se termine par une* coiffe *protectrice, et porte, près de sa pointe, un manchon de* poils absorbants.

115. Ramification; forme des racines. —

La racine principale se ramifie ordinairement en racines secondaires, qui elles-mêmes en portent d'autres (*fig.* 181). On les nomme *radicelles ;* elles s'enfoncent obliquement dans la terre, disposition avantageuse pour la fixation et la nutrition de la plante : chaque radicelle a exactement les mêmes caractères que la racine principale.

On nomme *racines adventives* celles qui se développent en des points variables, par exemple sur les tiges du Lierre (*fig.* 190). Chez le Figuier banian (*fig.* 176), arbre de l'Inde, les branches émettent des racines adventives, qui pendent, se fixent au sol et forment des piliers. Certains de ces arbres à troncs multiples forment, à eux seuls, toute une forêt.

Lorsque la racine principale est beaucoup

plus grosse que les autres, elle est dite *pivotante ;* tels sont la Giroflée, le Salsifis (*fig.* 182), etc. : quand, au contraire, on ne la distingue pas des autres, l'ensemble des racines est dit *fasciculé*, par exemple le Blé (*fig.* 183). Des racines renflées par l'accumulation de matières de réserve sont dites *tuberculeuses*, qu'elles soient pivotantes, comme la Betterave (*fig.* 184), ou fasciculées, comme les racines du Dahlia (*fig.* 185).

✿ *La racine principale porte des ramifications ou* radicelles *: si elle est plus grosse que ces dernières, elle est* pivotante *; l'ensemble des racines est* fasciculé *dans le cas contraire. On nomme racines* tuberculeuses *celles qui sont remplies de matières de réserve.*

116. Structure de la racine. — La struc-

ture, c'est-à-dire la conformation interne de la racine, varie avec l'âge de la région considérée ; les parties les plus jeunes sont voisines de la coiffe. Une rondelle très mince, découpée dans la région des poils absorbants, se montre, au microscope, formée de deux cercles concentriques : l'écorce et le *cylindre central*.

Ce dernier renferme : les faisceaux du *bois* ou *ligneux*, formés de vaisseaux qui conduisent un liquide clair, la *sève brute* ou montante (117), et les faisceaux du *liber*, renfermant les *tubes* criblés, qui conduisent un liquide épais, la *sève élaborée*, venant des feuilles. Plus haut, la structure change : elle est à peu près semblable à celle d'un tronc d'arbre (123).

✿ *La racine est formée de l'écorce et du cylindre central. Ce dernier renferme les faisceaux du bois, dans lesquels circule la sève* brute, et *ceux du liber, dans lesquels circule la sève élaborée.*

117. Fonctions des racines. —

Les racines fixent la plante au sol. Elles respirent, comme toutes les autres parties du végétal, c'est-à-dire absorbent de l'oxygène et dégagent du gaz carbonique; aussi une plante meurt-elle quand ses racines sont placées dans une terre trop tassée. Les racines tuberculeuses sont des organes dans lesquels s'accumulent les réserves alimentaires que la plante utilisera plus tard. La fonction essentielle des racines est d'*absorber* l'eau du sol, chargée des matières minérales qui sont destinées à nourrir la plante. Ce liquide, qui constitue la sève brute, pénètre uniquement par les poils absorbants, parvient jusqu'aux vaisseaux du bois, et s'élève vers la tige.

❧ *La racine fixe la plante au sol, respire, peut devenir un organe de réserves, absorbe l'eau et les matières minérales du sol.*

118. Utilisation des racines. —

Beaucoup de racines sont alimentaires: carotte (*fig.* 261), panais, navet, radis, betterave rouge potagère, salsifis blanc, scorsonère ou salsifis noir. Le manioc, base du tapioca, est la fécule extraite de la racine d'une plante de l'Amérique du Sud. La betterave fourragère (*fig.* 359), le chou-navet servent à nourrir le bétail. De la betterave à sucre on retire du sucre ou de l'alcool; la racine de la chicorée à café est employée pour colorer le café. La gentiane est apéritive, la guimauve (*fig.* 254) adoucissante, l'ipécacuanha vomitive (Voir *Pl. en couleurs*, page 78).

❧ *Beaucoup de racines sont alimentaires: la plus importante est celle de la Betterave.*

LA TIGE

119. Tige principale. Bourgeons. —

La tige *principale* [illegible] qui continue la racine principale (*fig.* 186) [illegible] se dresse verticale-ment [illegible] prolongement de la racine, elle [illegible] des feuilles et de

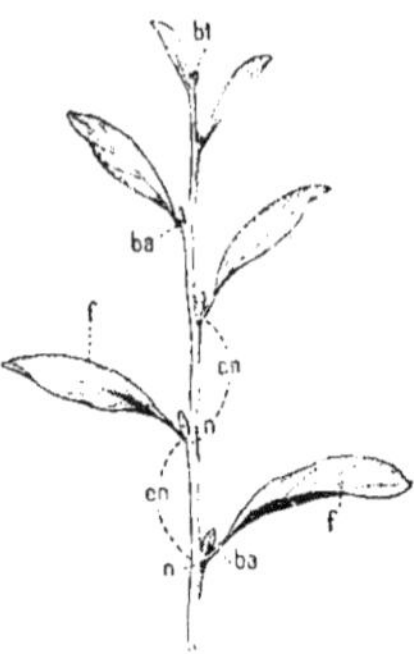

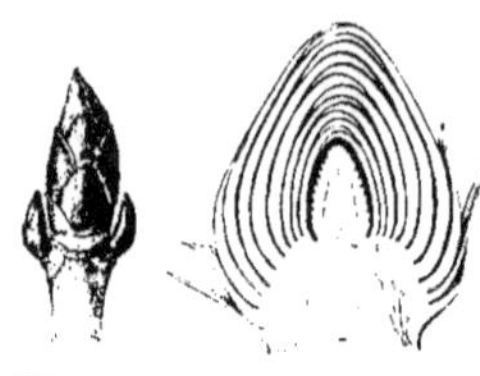

Fig. 187. — *Bourgeon* et coupe.

plus, elle est ordinairement verte au début de son développement. Au point où une feuille s'attache est un léger renflement, ou *nœud*; un *entre-nœud* est l'espace qui sépare deux nœuds consécutifs. Plus on va vers le haut de la tige, plus les feuilles sont jeunes et rapprochées; finalement elles se recouvrent, protègent et cachent le sommet, formant le *bourgeon terminal* (*fig.* 187 et 393).

À l'aisselle de chaque feuille, c'est-à-dire dans l'angle formé vers le haut par la feuille avec la tige, il y a toujours un bourgeon *axillaire* ou *latéral* qui, en se développant, donnera une branche. Les bourgeons *adventifs* sont ceux qui ne naissent pas à l'aisselle d'une feuille, mais sur une tige blessée.

❧ *La tige porte des feuilles; à son sommet est le bourgeon terminal. À l'aisselle de chaque feuille est un bourgeon axillaire, qui donnera une branche.*

Fig. 186. — *Tige:*
f, feuilles; *ba,* bourgeon axillaire;
bt, bourgeon terminal;
n, nœud; *en,* entre-nœud.

Fig. 188. — [illegible]

Fig. 189. — [illegible]

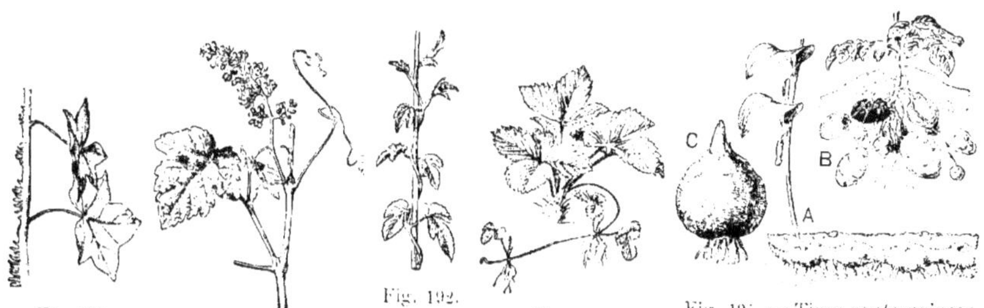

Fig. 190.
Tige *grimpante*
du Lierre.

Fig. 191.
Vrille de la Vigne.

Fig. 192.
Tige
volubile
du Houblon.

Fig. 193.
Tige *rampante*
du Fraisier.

Fig. 194. — Tiges *souterraines* :
A, rhizome (Sceau de Salomon);
B, tubercules (Pomme de terre);
C, bulbe ou oignon (Jacinthe).

120. Direction; ramification. — La tige n'est verticale que lorsqu'elle est également éclairée de tous côtés; s'il n'en est pas ainsi elle se courbe et son sommet se dirige vers l'endroit le plus éclairé.

La plupart des Palmiers ont une tige non ramifiée, qui se termine par une couronne de feuilles (*fig.* 188 et 242); mais chez les autres plantes, la tige principale ou *tronc* porte des tiges de second ordre qui, elles-mêmes, en portent d'autres (*fig.* 189). On les nomme *branches* ou *rameaux*; elles sont obliques par rapport à la tige principale, disposition avantageuse pour porter les feuilles à la lumière.

✤ *La tige principale n'est verticale que lorsqu'elle est partout également éclairée; sinon, elle s'incline vers la lumière; elle porte presque toujours des branches.*

121. Différentes sortes de tiges. — Une tige est *herbacée* quand elle est verte, flexible, et ne dure qu'une saison; une tige *ligneuse*, au contraire, comme celle des arbres et des arbustes, peut acquérir un grand développement et durer un nombre d'années considérable. À un autre point de vue, on distingue : 1° les tiges *dressées*, qui sont assez fortes pour se soutenir par elles-mêmes; 2° les tiges *grimpantes*, qui s'élèvent en s'aidant d'un support, le long duquel elles se fixent par des racines adventives, comme le Lierre (*fig.* 190), ou par de petits organes enroulables nommés *vrilles*, comme la Vigne (*fig.* 191), ou autour duquel elles s'enroulent, comme le Liseron, le Hou-

blon (*fig.* 192), dont la tige est dite alors *volubile*; 3° les tiges *rampantes*, qui sont molles et courent sur le sol (Fraisier, *fig.* 193).

La plupart des tiges sont *aériennes*, mais il est des plantes dont la tige est *souterraine*, du moins partiellement. La partie souterraine se nomme *rhizome* quand son aspect est tout à fait celui d'une racine (*fig.* 194, A : seule la présence de bourgeons et de feuilles, réduites à de petites écailles, en montre la véritable nature. Un *tubercule* est un rhizome gonflé de matières de réserve (*fig.* 194, B); un *bulbe* ou *oignon* est une sorte de bourgeon souterrain, à écailles épaisses se recouvrant (*fig.* 194, C).

✤ *Les tiges sont* herbacées *ou* ligneuses; *elles peuvent être aussi* dressées, grimpantes *ou* rampantes. *Certaines tiges ont une partie souterraine, nommée* rhizome, tubercule *ou* bulbe.

122. Structure d'une jeune tige. — La structure de la tige, comme celle de la racine (116), varie avec l'âge de la région considérée : la partie la plus jeune est le bourgeon terminal : c'est son développement continu, sauf pendant l'hiver, qui détermine la croissance *en longueur*. Une rondelle mince, sectionnée un peu au-dessous du bourgeon terminal, montre, comme dans la racine, l'*écorce* et le *cylindre central*, ce dernier renfermant les faisceaux du bois et ceux du liber qui, ici, sont rapprochés et non séparés.

✤ *La structure d'une tige varie avec l'âge. Une jeune tige est formée de deux régions concentriques : l'écorce et le cylindre central.*

123. Structure d'un tronc d'arbre. — Sur la coupe d'un tronc d'arbre (*fig.* 195), on distingue trois parties concentriques : *l'écorce*, le *bois* et la *moelle*. Entre l'écorce et le bois est une région plus claire, la *zone génératrice*, ou *cambium*, qui, par la division de ses cellules pendant toute la vie de la plante, détermine la croissance *en épaisseur*. Chaque année, cette zone forme une couche de bois vers l'intérieur, une couche de liber vers l'extérieur.

1° *L'écorce* (*fig.* 196), qui se sépare aisément du bois dans les branches encore jeunes, comprend le liège, l'écorce proprement dite et le liber. Le *liège*, partie externe, protectrice, se détache par lambeaux ou se crevasse ; dans le Chêne-liège il devient épais, très léger parce que ses cellules ne contiennent plus que de l'air, et imperméable. Le liber est formé de couches minces superposées, dont les plus âgées sont les plus externes.

2° Le *bois* constitue la plus grande partie du tronc ; il est formé de fibres résistantes et de vaisseaux, et comporte, en nos pays, autant de couches que l'arbre a d'années. Ces couches sont distinctes parce que chacune d'elles comprend une partie riche en gros vaisseaux formés au printemps, et une autre, composée de vaisseaux étroits formés à l'automne. Les couches les plus âgées sont

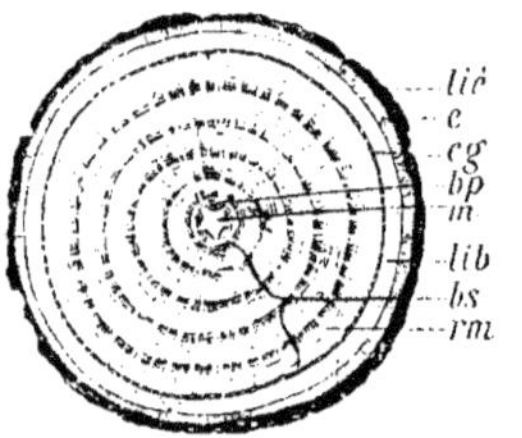

Fig. 195. — Coupe *transversale* d'un tronc d'arbre : *m*, moelle ; *bp*, bois primaire ; *bs*, bois ; *rm*, rayons médullaires ; *cg*, couche génératrice ; *lib*, liber ; *e*, écorce ; *lié*, liège.

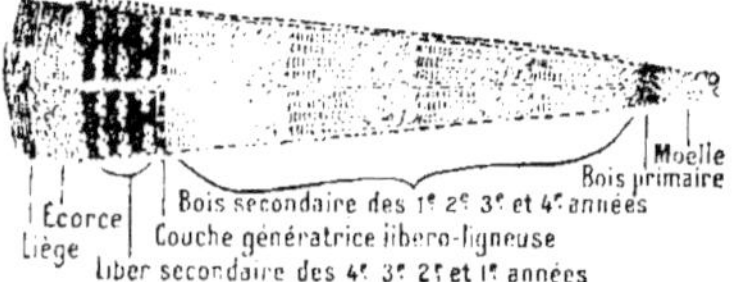

Fig. 196. — Détail de la coupe d'un tronc d'arbre.

voisines du centre ; elles sont dures et foncées : c'est le *cœur* ; le bois le plus jeune, ou *aubier*, voisin de la zone génératrice, est blanc, riche en eau.

3° La *moelle*, formée de cellules arrondies, toutes semblables, est reliée à l'écorce par les *rayons médullaires*.

✽ *Un tronc d'arbre comprend l'écorce, le bois, la moelle. L'écorce est séparée du bois par la zone génératrice qui préside à l'accroissement en épaisseur ; elle forme chaque année une couche de liber vers l'extérieur, une couche de bois vers l'intérieur, de sorte que le bois le plus âgé, ou cœur, est près du centre.*

124. Fonctions de la tige. — La tige supporte les feuilles et les fleurs ; elle respire ; elle peut devenir le siège de réserves nutritives soit dans ses parties aériennes, comme la tige renflée du Chou-rave (*fig.* 198), soit dans ses parties souterraines, rhizome ou tubercules. Elle sert d'intermédiaire entre les racines et les feuilles : par ses vaisseaux du bois elle conduit la sève brute des racines aux feuilles, par les tubes du liber elle ramène la sève élaborée, qui vient des feuilles, à tous les points où elle est utile.

✽ *La tige a un rôle de soutien ; elle respire ; elle peut devenir un organe de réserves ; elle sert d'intermédiaire entre les racines et les feuilles pour conduire la sève.*

125. Utilisation des tiges. — On mange la pomme de terre (*fig.* 388), qui est un tubercule, l'asperge, qui est une jeune pousse, et le chou-rave (*fig.* 198), qui est une tige renflée. Pour nourrir les bestiaux, on utilise le tubercule du Topinambour (*fig.* 197) et la paille des céréales. La canne à sucre, cultivée dans les pays chauds, fournit du sucre ; la pomme de terre donne de la fécule, qu'on transforme en glucose ou sucre d'amidon, puis en alcool. La moelle du Palmier sagoutier (*fig.* 188) est féculente et alimentaire (Voir *Pl. en couleurs*, page 78).

Le lin (*fig.* 377), le chanvre (*fig.* 378), la ramie de Chine et d'Algérie sont des fibres textiles retirées du liber de ces plantes. La réglisse est un rhizome sucré, adoucissant et pectoral.

Fig. 197.
Topinambour.

Fig. 198. — *Chou-rave.*

L'écorce de chêne broyée est le *tan*, employé pour tanner les peaux. Le *liège* est léger, imperméable : on en fait des bouchons, des engins de sauvetage, etc. Le *quinquina* est l'écorce d'un arbre d'Amérique ; on en retire la quinine, qui combat la fièvre. Le *caoutchouc,* la *gutta-percha* sont les sucs laiteux de plusieurs espèces de plantes ; la *térébenthine*, qui s'écoule par incision du tronc des Pins (*fig.* 281), et des Sapins, donne l'essence de térébenthine. Le *camphre*, la *gomme laque*, la *gomme arabique*, etc., proviennent de diverses espèces d'arbres. Enfin la tige des plantes ligneuses fournit une substance précieuse entre toutes, le *bois*. Ses usages sont innombrables : chauffage, fabrication du charbon de bois, charpente, construction navale, menuiserie, ébénisterie, fabrication du papier, etc. On distingue les bois *blancs*, comme le peuplier et le bouleau ; les bois *durs*, tels que le chêne ; les bois *résineux*, comme le pin et sapin. Les essences les plus importantes de nos forêts sont le chêne et le hêtre.

✿ *La pomme de terre est importante dans l'alimentation et l'industrie. Des tiges, on retire des fibres textiles, du liège, des écorces tannantes, du caoutchouc, des résines, et enfin le bois, matière précieuse entre toutes.*

LA FEUILLE

126. Différentes parties. Durée. — La feuille (*fig.* 200) est un organe plat et vert, toujours porté par une tige. Elle comprend : 1° le *limbe,* région large, terminale, essentielle ; 2° le *pétiole,* ou *queue,* qui se ramifie en *nervures* dans le limbe et l'éloigne de la tige ; le pétiole manque souvent. Beaucoup de feuilles ont, de plus, une *gaine,* partie élargie qui relie le pétiole au nœud et peut entourer

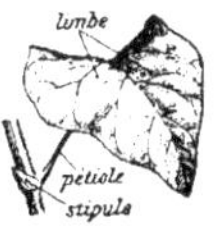

Fig. 199.
*Feuille
de Sarrasin.*

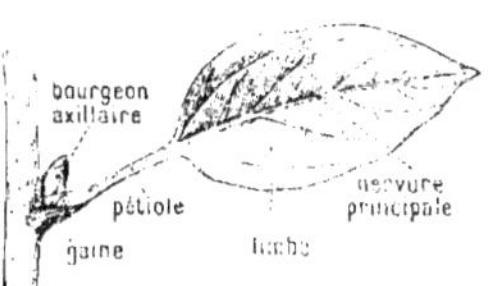

Fig. 200. — Parties de la *feuille.*

ce dernier, et des *stipules,* lames vertes insérées à la base du pétiole et de chaque côté (*fig.* 199). Chez la plupart de nos plantes, les feuilles, sorties du bourgeon au printemps, tombent à l'automne : elles sont *caduques* ; chez le Houx, le Pin, elles durent plusieurs années et ne tombent pas toutes à la fois : elles sont *persistantes.*

✿ *La feuille est un organe plat et vert, porté par la tige ; elle comprend le limbe et le pétiole, et parfois présente, de plus, une gaine et des stipules. Les feuilles sont caduques ou persistantes.*

127. Nervation. — La nervation des feuilles, ou disposition des nervures (*fig.* 201), est *pennée* quand la nervure principale, continuation du pétiole, est ramifiée en plume d'oiseau ; *palmée* quand les nervures s'écartent toutes à partir du sommet du pétiole ; *parallèle* quand les nervures sont fines et presque parallèles. Des grosses nervures, saillantes à la face inférieure du limbe, part un réseau compliqué de petites nervures, visible comme une dentelle sur certaines feuilles mortes.

✿ *La nervation, ou disposition des nervures, peut être pennée, palmée ou parallèle.*

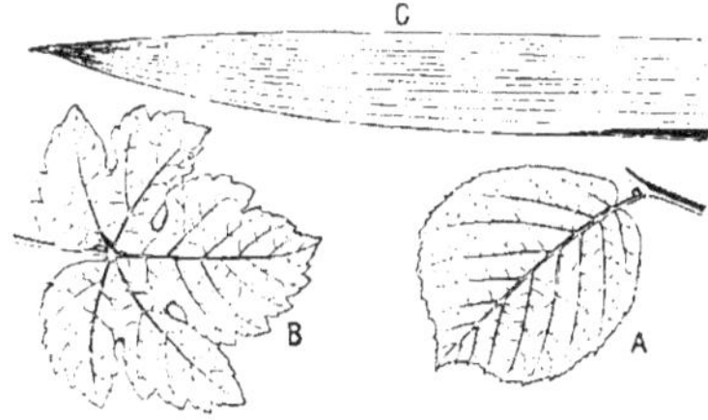

Fig. 201. — *Nervation* des feuilles :
A, du Noisetier ; B, de la Vigne ; C, du Blé.

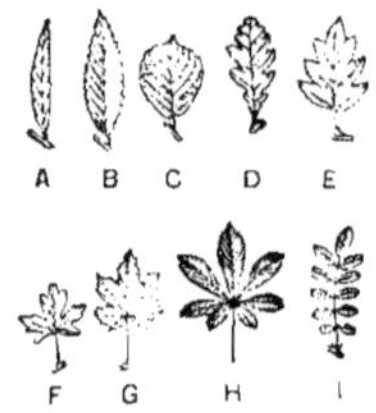

Fig. 202. — *Feuilles* :

A. *entière* (Saule) : B, C. *dentées* (Châtaignier, Noisetier) : D, *cccmbée* (Chêne) ; E. F, G. *lobées* (Alisier, Érable, Platane) : H. I. *composées* (Marronnier, Robinier).

128. Feuilles simples, feuilles composées. — Une feuille est *simple* quand son limbe, même très découpé, ne forme qu'un seul morceau ; suivant la profondeur des découpures, elle reçoit différents noms (*fig. 202*). Une feuille est *composée* quand les découpures sont si profondes qu'elles atteignent la nervure principale et divisent le limbe en plusieurs fragments ou *folioles* ; elle est composée-palmée (Marronnier d'Inde) ou composée-pennée (Robinier faux acacia, *fig.* 202, I). On pourrait prendre cette dernière figure comme représentant une branche avec 11 feuilles : c'est un seul limbe divisé en 11 fragments, car on ne trouve de bourgeon qu'à la base du pétiole principal.

✿ *Une feuille est* simple *quand son limbe, même très découpé, ne forme qu'un seul morceau ; elle est composée dans le cas contraire.*

129. Position des feuilles sur la tige. — Les feuilles sont *alternes* ou *solitaires* quand elles sont toutes à des hauteurs différentes (Lin, *fig.* 203, A) : *opposées*, quand elles sont deux par deux à la même hauteur (Menthe, *fig.* 203, B) : *verticillées* (Laurier-rose, *fig.* 203, C), quand il y en a plus de deux à la même hauteur. Quelle

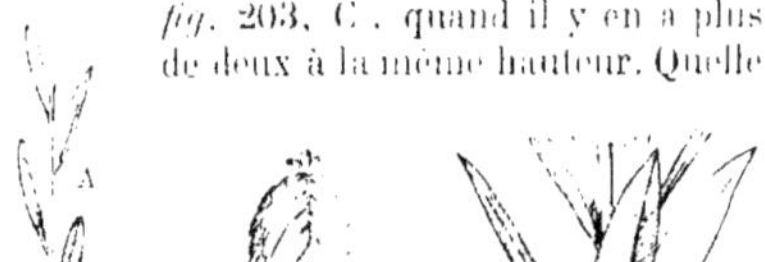

Fig. 203. — *Feuilles* :
A. *alternes* (Lin) : B. *opposées* (Menthe) : C. *verticillées* (Laurier-rose).

que soit leur disposition, les feuilles sont toujours placées de manière à ne pas se masquer la lumière.

✿ *D'après leur position sur la tige, les feuilles sont* alternes, opposées *ou* verticillées.

130. Structure de la feuille. — L'examen microscopique d'une mince tranche du limbe de la feuille (*fig.* 204), coupée perpendiculairement à la nervure principale, la montre formée de deux pellicules minces, ou *épidermes*, entourant un tissu coloré en vert par des grains de chlorophylle (**112**), et dans lequel sont plongées les nervures. L'épiderme inférieur est percé de nombreuses petites fentes, dont chacune est limitée par deux cellules en

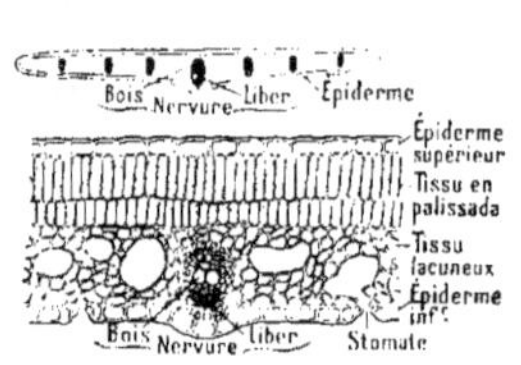

Fig. 204.
Coupes du *limbe* d'une feuille.

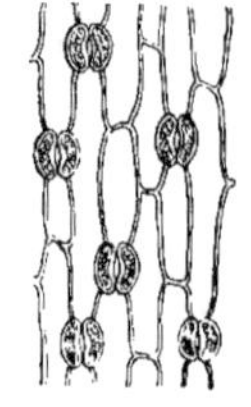

Fig. 205.
Stomates.

forme de rein ; ce sont les *stomates* (*fig.* 205) qui permettent à l'air de pénétrer dans l'intérieur des tissus de la feuille ; les stomates sont rares sur l'épiderme supérieur.

✿ *Le limbe est formé d'un tissu vert, limité par deux* épidermes: *l'épiderme inférieur est percé de nombreux orifices ou* stomates.

131. Fonctions : transpiration. — Les feuilles peuvent, comme la racine et la tige, devenir des organes de réserve, telles sont les feuilles des bulbes ; mais, à cause de leur grande surface totale, ce sont elles qui effectuent surtout les échanges gazeux. On peut répartir ces derniers en trois fonctions : la *transpiration*, *l'assimilation du carbone*, la *respiration*.

La transpiration est un rejet de vapeur d'eau que l'on montre en plaçant une plante feuillée sous une cloche de verre. Pour que l'eau contenue dans la terre du pot ne puisse s'évaporer directement, celui-ci est vernissé et la terre est recouverte d'une plaque de tôle. La paroi interne de la cloche se couvre de buée ; si l'on recommence après avoir enlevé les feuilles, le dépôt de buée est très faible.

Pour mesurer la transpiration, on place une plante feuillée, avec pot vernissé et plaque de tôle, sur le plateau d'une balance, et on fait équilibre (*fig.* 206). Une heure après, par

Fig. 206. — Disposition de l'expérience pour mesurer la *transpiration* d'une plante.

exemple, la balance penche, indiquant que la plante est devenue plus légère. Le poids qu'il faudra ajouter du côté de la plante pour rétablir l'équilibre est celui de l'eau transpirée en une heure. La valeur de la transpiration est considérable ; un Chêne, pendant la belle saison, c'est-à-dire en cinq mois, transpire plus de 200 fois son propre poids d'eau.

La transpiration se produit même à l'obscurité et chez *toutes* les plantes ; mais à la *lumière*, les plantes *vertes* peuvent transpirer cent fois plus qu'à l'obscurité : on attribue cette activité à une propriété spéciale de la chlorophylle.

✿ *La transpiration est le rejet de vapeur d'eau qui se produit surtout par les feuilles : elle est considérable, pendant le jour, pour les plantes vertes.*

132. Assimilation du carbone. — Cette

propriété n'existe que chez les plantes vertes, aussi la nomme-t-on encore fonction *chlorophyllienne*. Ces plantes, à la *lumière*, absorbent le gaz carbonique, le décomposent en ses deux éléments : carbone et oxygène, gardent

le carbone qu'elles s'assimilent, et rejettent l'oxygène. Dans un bocal plein d'eau, on met de menues branches fraîches, garnies de feuilles *vertes* ; on y ajoute un peu d'eau de Seltz ou on y insuffle de l'air provenant des poumons et chargé de gaz carbonique. On retourne le bocal sur l'eau (*fig.* 207) ; on le porte

Fig. 207. — Expérience démontrant la *fonction chlorophyllienne.*

au soleil ; son sommet se remplit d'un gaz qui, des feuilles, se dégage par bulles : c'est de l'oxygène, car une allumette presque éteinte s'y rallume avec éclat. On peut constater aussi qu'il ne reste plus de gaz carbonique dans l'eau. A la lumière diffuse, le dégagement d'oxygène est plus faible ; la nuit, il est nul. La fonction chlorophyllienne purifie l'atmosphère.

✿ *L'assimilation du carbone, ou fonction chlorophyllienne, consiste dans la décomposition du gaz carbonique par les plantes vertes et à la lumière : elles gardent le carbone et rejettent l'oxygène.*

133. Respiration. — Toutes les plantes res-

pirent, nuit et jour, comme les animaux, c'est-à-dire en absorbant de l'oxygène et en dégageant du gaz carbonique. Si, dans l'obscurité, l'on met une plante quelconque sous une cloche, à côté d'un vase rempli d'eau de chaux, celle-ci blanchit, ce qui indique un dégagement de gaz carbonique. Chez les plantes vertes, la respiration est masquée pendant le *jour* par la fonction chlorophyllienne, qui reprend le gaz carbonique provenant de la respiration de la plante et le décompose.

✿ *Les plantes respirent comme les animaux ; la respiration des plantes vertes est masquée, pendant le jour, par la fonction chlorophyllienne.*

134. Coup d'œil d'ensemble sur la nutri-

tion. — La plante puise ses aliments à la fois dans le *sol* par ses racines, et dans l'*air* par ses feuilles. L'eau, tenant en dissolution les phosphates, azotates, sulfates et autres sels contenus dans la terre, pénètre par les poils absorbants et monte dans les vaisseaux du bois, grâce à la transpiration qui détermine une sorte de tirage. Dans les feuilles, la sève brute subit d'importantes modifications; elle perd son excès d'eau par la transpiration et *s'épaissit*; elle absorbe le carbone par la fonction chlorophyllienne, et l'oxygène par la respiration. Ces substances se combinent aux éléments de la sève brute, et l'*enrichissent*; elle devient la sève élaborée ou nourricière qui pénètre dans les faisceaux du liber et va porter à tous les organes, et même aux plus fines radicelles, la nourriture dont ils ont besoin; ainsi la plante peut vivre et croître. Les aliments qui ne sont pas utilisés tout de suite sont mis en réserve.

❀ *La plante puise sa nourriture dans le sol, qui lui fournit l'eau et les sels, et dans l'air, qui lui fournit le carbone et l'oxygène.*

La sève brute venant des racines se transforme en sève nourricière dans les feuilles.

135. Utilisation des feuilles. — On cultive quelques plantes pour leurs feuilles alimentaires: tels sont le chou et ses variétés, l'épinard, l'oseille, le céleri. Le cerfeuil (*fig.* 392) et le persil sont des condiments; le cresson, le pissenlit, la laitue, la chicorée sont des salades bien connues. Dans les bulbes, comme l'oignon, l'ail, l'échalote (*fig.* 387), le poireau, ce sont surtout les feuilles qui sont comestibles. Le thé est la feuille d'un arbrisseau de Chine (Voir *Pl. en couleurs*, page 78).

L'indigo est une matière colorante bleue, fournie par les feuilles d'une plante des pays chauds. Le *tabac* (163) fait l'objet d'une culture et d'une industrie importantes.

❀ *Dans le chou et les salades, on utilise les feuilles. Le thé est l'infusion des feuilles d'un arbuste. Le tabac fait l'objet d'une culture importante.*

IX. — TABLEAU-RÉSUMÉ DES ORGANES VÉGÉTATIFS ET DE LEURS FONCTIONS.

ORGANES.	CARACTÈRES.	DIVERSES SORTES.	FONCTIONS.
RACINE	Ni feuilles ni bourgeons; porte des *poils absorbants*; se termine par une *coiffe*; se ramifie en *radicelles*.	Pivotante. Fasciculée. Tuberculeuse.	1. *Fixation* au sol. 2. *Respiration*. 3. Organe de *réserves*. 4. *Absorption* de l'eau et des sels du sol.
TIGE	Porte des *feuilles* et des *bourgeons axillaires*; se termine par un *bourgeon*; se ramifie en *branches*.	Herbacée ou ligneuse. Aérienne... Dressée. Grimpante. Rampante. Souterraine. Rhizome. Tubercule. Bulbe.	1. *Soutien*. 2. *Respiration*. 3. Organe de *réserves*. 4. Rôle *conducteur*.
FEUILLE	Organe *vert* et plat; comprend toujours un *limbe*, souvent un *pétiole*, parfois une *gaine* et ...	*Nervation*: pennée, palmée, parallèle. *Découpures*: feuille simple ou composée. *Position sur la tige*: alternes, opposées, verticillées.	1. Organe de *réserves*. 2. *Respiration*. 3. *Transpiration*. 4. *Assimilation* du carbone.

Fig. 208. — Un *buisson fleuri* d'Aubépine.

Phot. de M. F. Faideau.

VII. FLEUR, FRUIT, GRAINE

LA FLEUR

136. Origine de la fleur. — A une certaine époque de l'année, qui est d'ordinaire le printemps ou l'été, on voit se développer des bourgeons qui, au lieu de donner une branche garnie de feuilles, deviennent un rameau terminé par des pièces souvent colorées de nuances vives, et qui ne sont que des feuilles modifiées. L'ensemble ainsi formé est l'organe *reproducteur*, ou *fleur*, qui produira les *graines*; le rameau qui porte la fleur (*fig.* 209) est le *pédoncule*; il est situé à l'aisselle d'une petite feuille nommée *bractée*.

✾ *La fleur, organe reproducteur, provient d'un bourgeon spécial placé à l'aisselle d'une petite feuille, ou bractée.*

137. Différentes parties d'une fleur. — Une fleur complète (*fig.* 210) comprend quatre cercles concentriques ou *verticilles* de pièces florales insérées sur le *réceptacle*, c'est-à-dire sur le sommet élargi du pédoncule. Ces verticilles sont, de dehors en dedans : 1° le *calice*, formé de pièces généralement vertes nommées *sépales*; 2° la *corolle*, de pièces généralement colorées de

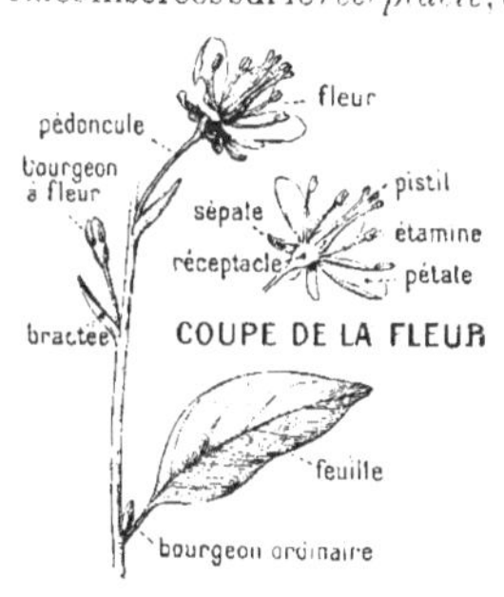

Fig. 209. — Origine de la *fleur*.

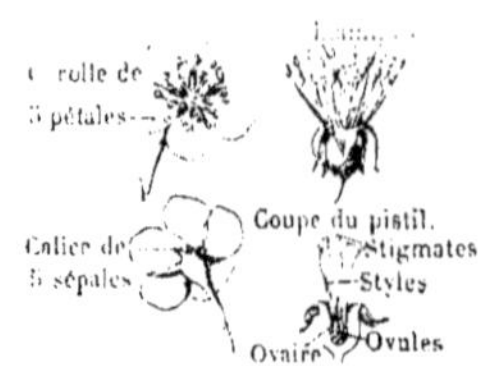

Fig. 210.
Analyse d'une fleur d'Églantier.

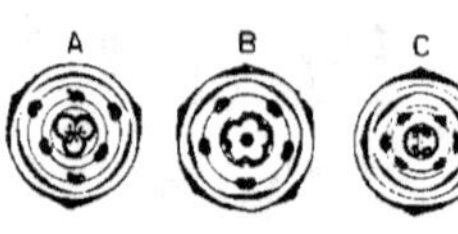

Fig. 211. — *Diagrammes :*
A, de Lis ; B, de Primevère ;
C, de Giroflée.

essentiels ; sans eux la fleur ne peut pas produire de graines. On montre, d'un seul coup d'œil, le nombre et la disposition des pièces composant une fleur, à l'aide d'une figure théorique, nommée *diagramme* (*fig.* 211).

❀ *Une fleur complète comprend quatre verticilles de pièces : le calice, formé de sépales ; la corolle, de pétales ; l'androcée ou organe mâle, d'étamines ; le pistil ou organe femelle, de carpelles. L'androcée et le pistil sont seuls essentiels.*

138. Fleurs incomplètes. — Une fleur

n'ayant qu'une seule enveloppe florale est dite *apétale* (Châtaignier) ; si elle n'en a pas, elle est *nue* (Saule). Certaines plantes ont des fleurs *unisexuées*, c'est-à-dire ne possédant pas à la fois les deux organes essentiels : les unes n'ont que des étamines, les autres qu'un pistil. Chez le Noisetier (*fig.* 212), le Chêne, les fleurs à étamines ou fleurs mâles et les fleurs à pistil ou fleurs femelles sont portées par un même pied : ce sont des plantes *monoïques* ; au contraire, chez le Chanvre, le Saule, etc.,

Fig. 212.
Noisetier :
a, fleurs mâles ;
b, fleurs à pistil.

certains pieds ne portent que des fleurs à étamines et d'autres que des fleurs à pistil : ce sont des plantes *dioïques*.

❀ *Suivant l'absence partielle ou complète des enveloppes, la fleur est apétale ou nue. Les fleurs unisexuées sont incomplètes ; les plantes qui les portent sont monoïques ou dioïques.*

139. Inflorescences. — Certaines fleurs sont

solitaires à l'extrémité d'une tige (Violette) ; le plus souvent elles sont groupées en *inflorescences*, dont il existe deux catégories : 1° les inflorescences définies, ou *cymes*, dans lesquelles l'axe principal cesse de croître, après s'être terminé par une fleur (*fig.* 213) ; 2° les inflorescences indéfinies, dont l'axe principal ne se termine pas par une fleur, mais par un bourgeon ordinaire, de sorte qu'il peut continuer à croître et former de nombreux axes secondaires, dont chacun se termine par une fleur ; on en distingue

Fig. 213. — Inflorescences :
A, cyme de Céraiste ;
B, cyme scorpioïde de Myosotis

Fig. 214. — Inflorescences simples :
A, grappe de Groseillier ; B, corymbe de Cerisier ;
C, épi de Plantain ; D, ombelle d'Oignon ; E, capitule
de Marguerite.

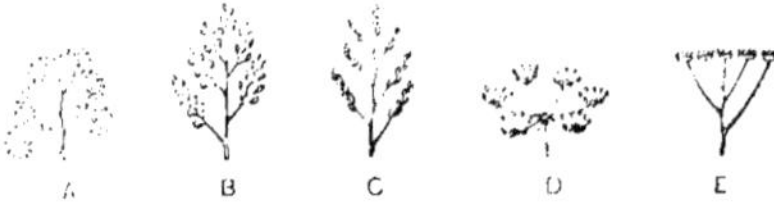

Fig. 215. — Inflorescences composées :
A, grappe de cymes (Marronnier) ; B, grappe de grappes
(Lilas) ; C, grappe d'épis (Avoine) ; D, ombelle d'ombelles (Carotte) ; corymbe de capitules (Tanaisie).

cinq types : la grappe, le corymbe, l'épi, l'ombelle et le capitule (*fig.* 214).

Dans la *grappe* tous les pédoncules floraux sont égaux à la maturité (Groseillier); le *corymbe* est une grappe à pédoncules inégaux (Cerisier) et l'*épi* une grappe à pédoncules courts (Plantain). Dans l'*ombelle* tous les pédoncules, égaux, partent en rayonnant du sommet de l'axe primaire (Oignon); dans le *capitule*, les fleurs, sans pédoncule, sont piquées sur un large réceptacle (Marguerite). Il existe des grappes composées (Vigne), des ombelles composées (Carotte), des épis composés (Blé), etc. (*fig.* 215).

✿ *L'inflorescence est le mode de groupement des fleurs; elle est* défini *quand l'axe principal se termine par une fleur,* indéfinie *dans le cas contraire. Il y a cinq sortes d'inflorescences indéfinies :* grappe, corymbe, épi, ombelle *et* capitule.

140. Le calice et la corolle. — Quand les sépales sont tous égaux, le calice est *régulier* (*fig.* 216, A); il est *irrégulier* dans le cas contraire (*fig.* 216, B); si les sépales sont soudés entre eux, le calice est *gamosépale* (*fig.* 216, C); libres entre eux, il est *dialysépale* (*fig.* 216, D).

La corolle peut, comme le calice, être régulière ou irrégulière, gamopétale ou dialypétale (*fig.* 217). La structure des sépales et des pétales est à peu près la même que celle des feuilles: un pétale se compose souvent d'une sorte de pétiole plat et vert, nommé *onglet*, et d'un *limbe* coloré, étalé (*fig.* 218).

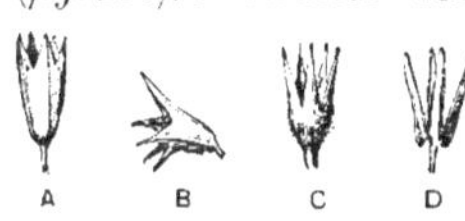

Fig. 216. — *Calices :*
A, *régulier* de Primevère; B. *irrégulier* de Lamier; C, *gamosépale* de Consoude; D, *dialysépale* de Giroflée.

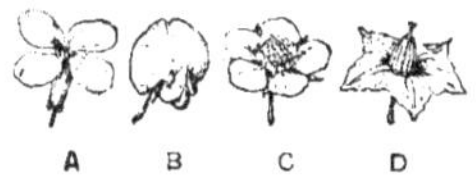

Fig. 217. — *Corolles:*
A, *régulière* de Giroflée; B. *irrégulière* de Pois; C, *dialypétale* de Renoncule; D, *gamopétale* de Pomme de terre.

Fig. 218. — *Pétales* à limbe et onglet.

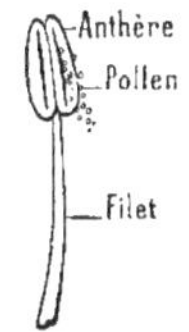

Fig. 219.
Étamine.

✿ *Le calice et la corolle sont réguliers ou irréguliers,* gamosépales, gamopétales *ou, au contraire,* dialysépales, dialypétales *suivant que leurs pièces sont égales ou inégales, soudées ou libres entre elles.*

141. L'androcée. — Chaque étamine comprend une partie étroite, le *filet*, et une partie renflée, l'*anthère* (*fig.* 219). Les étamines, en nombre variable avec les espèces, peuvent être libres

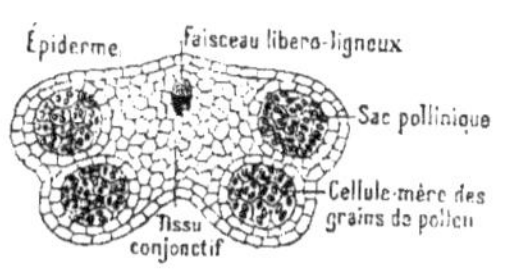

Fig. 220.
Coupe d'une *anthère* mûre.

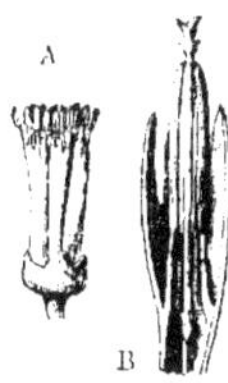
Fig. 221.
Étamines :
A. *soudées* par leurs filets (Oranger); B. par leurs anthères (Chardon); C, *libres* (Vigne).

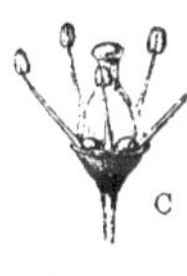

Fig. 222. — *Pollen :*
1. Masse pollinique d'Orchidée;
2 à 12, grains de pollen de différentes espèces.

entre elles, soudées par leurs filets ou par leurs anthères (*fig.* 221). Une anthère est creusée de quatre cavités ou *sacs polliniques* (*fig.* 220), dans lesquelles se forme une poussière jaune, le *pollen* (*fig.* 222). Quand l'anthère est mûre, elle s'ouvre par deux fentes pour laisser sortir le pollen.

✿ *Les étamines, libres ou soudées entre elles, comprennent un filet et une anthère. Celle-ci renferme quatre sacs, dans lesquels se forment les grains de pollen.*

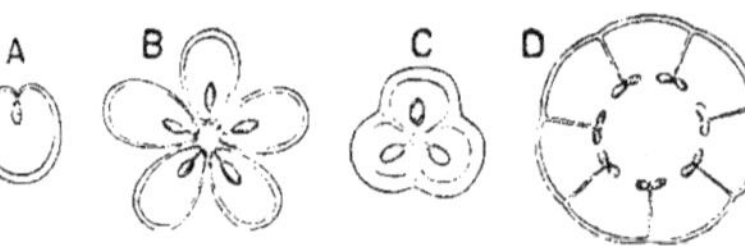

Fig. 223. — Section transversale de *pistils* :

A. du Pois; B. de l'Ancolie, à carpelles séparés; C. du Lis,
à carpelles soudés en un ovaire à 3 loges; D. du Pavot,
à carpelles soudés en un ovaire à une loge.

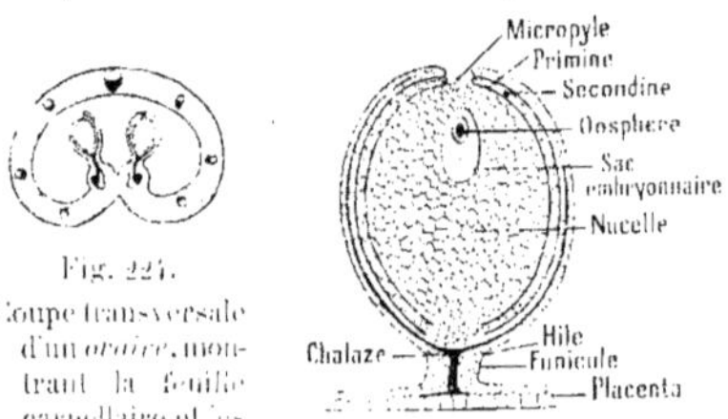

Fig. 224.
Coupe transversale
d'un *ovaire*, mon-
trant la feuille
carpellaire et les
ovules.

Fig. 225. — Coupe d'un *ovule*.

142. Le pistil.

Placé au centre de la
fleur, le pistil semble prolonger le pédoncule :
il est formé de feuilles repliées nommées *carpelles fig.* 224. Dans un carpelle on distingue
trois parties *fig.* 226 : 1° l'*ovaire*, région renflée de la base, renfermant de petits corps
arrondis, les *ovules*, qui, plus tard, devien-
dront les graines; 2° le *style*, partie allongée qui surmonte l'ovaire, et qui manque
parfois; 3° le *stigmate*, partie terminale renflée ou ramifiée, et recouverte d'une matière
sucrée et visqueuse. Le pistil peut être formé
d'un seul carpelle (Pois, *fig.* 223, A), de deux,
trois, ou d'un très grand nombre, indépendants
ou soudés entre eux. L'ovaire peut être *libre*
d'adhérence avec les autres pièces *(fig.* 253)
ou, au contraire, *adhérent*, au moins par sa
base *fig.*260, b.

Chaque ovule *fig.* 225 possède deux enveloppes entourant la *nucelle*, masse de cellules
remplies d'aliments ; ces enveloppes sont percées, au sommet, d'un petit orifice, ou *micropyle*, sous lequel est le *sac embryonnaire*, renfermant une cellule très importante, l'*oosphère*.

Le *pistil se compose de* carpelles *dont
chacun comprend trois parties : l'ovaire avec
ses ovules, le style et le stigmate. Les ovules
renferment une cellule essentielle, l'oosphère.*

143. Fonction de la fleur : fécondation.

Le calice et la corolle protègent les étamines et le pistil, lesquels sont chargés
de la fonction essentielle
de la fleur, qui est la *fécondation*, par laquelle l'ovaire
se transforme en *fruit* et
les ovules en *graines*.

Le premier acte de la
fécondation est la *pollinisation*, ou transport du
pollen de l'anthère au stigmate; dans beaucoup de
fleurs, l'anthère, en s'ou-
vrant, laisse tomber le pollen sur le stigmate;
la pollinisation est *directe*. Elle est *indirecte*,
au contraire, chez les plantes à fleurs unisexuées **138**. et a lieu par le vent, ou par les
insectes qu'attire le *nectar*, liquide sucré,
sécrété par beaucoup de fleurs.

Le stigmate, par son suc visqueux, retient le
grain de pollen, qui émet un prolongement, ou
tube pollinique. Ce tube traverse le stigmate, le
style, pénètre dans l'ovaire et atteint un ovule
(fig. 226); il y pénètre par le micropyle et sa
substance se mélange avec celle de l'oosphère
pour donner une cellule, l'*œuf*. Après la fécondation, toutes les parties de la fleur se fanent;
seul, l'ovaire grossit, et devient le fruit.

*La fonction de la fleur est la féconda-
tion. Le pollen parvient sur le stigmate; il y
germe, émet un tube pollinique dont l'extrémité vient se fusionner avec l'oosphère.*

144. Utilisation des fleurs.

Les clous
de girofle et les câpres sont des bourgeons floraux. Dans l'artichaut on mange le réceptacle,
ou fond, et la base des bractées; dans le chou-
fleur, le pédoncule des inflorescences. Beaucoup de fleurs sont employées en parfumerie
rose, jasmin ou en médecine (camomille,
tilleul. C'est pour la beauté de leurs fleurs
que nombre de plantes sont cultivées.

*Les applications principales des fleurs
sont l'ornementation des jardins et la production d'essences employées en parfumerie.*

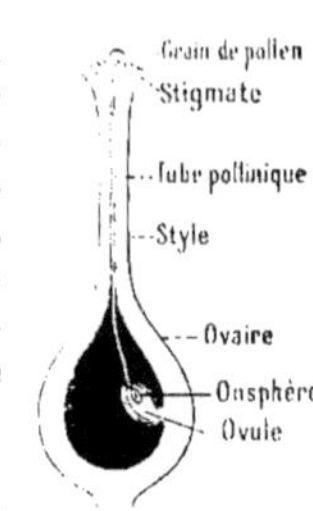

Fig. 226.
Pénétration du *tube
pollinique* dans
l'ovule.

LE FRUIT

145. Structure des fruits. — Le fruit comprend une ou plusieurs graines, entourées par le *péricarpe*, c'est-à-dire par l'ancienne paroi de l'ovaire. Si le péricarpe s'épaissit, se remplit d'eau et de diverses substances, le fruit est *charnu* ; si, au contraire, il se dessèche et reste mince, le fruit est *sec*.

Les fruits charnus sont : 1° la *baie*, dont le péricarpe est entièrement mou (raisin, datte, *fig.* 278, D), et 2° la *drupe*, au péricarpe transformé en *noyau* dans sa partie interne (cerise, *fig.* 227, A). Les fruits à *pépins* (*fig.* 227, B) sont voisins des drupes.

Les fruits secs se divisent aussi en deux groupes : 1° les *akènes*, comme le blé, la noisette, qui ne renferment qu'une seule graine et ne s'ouvrent pas (fruits *indéhiscents*, *fig.* 229) ; 2° les *capsules*, comme le Pavot (*fig.* 228, D), qui contiennent plusieurs graines et s'ouvrent à la maturité pour les laisser sortir (fruits *déhiscents*). Certaines formes de capsules, très répandues, ont reçu des noms particuliers : tels sont le *follicule* (Aconit, *fig.* 228, B), qui s'ouvre par une seule fente (*fig.* 230), la *gousse*, par deux fentes (Pois, *fig.* 228, A), la *silique*, par quatre fentes (Chou, *fig.* 228, C).

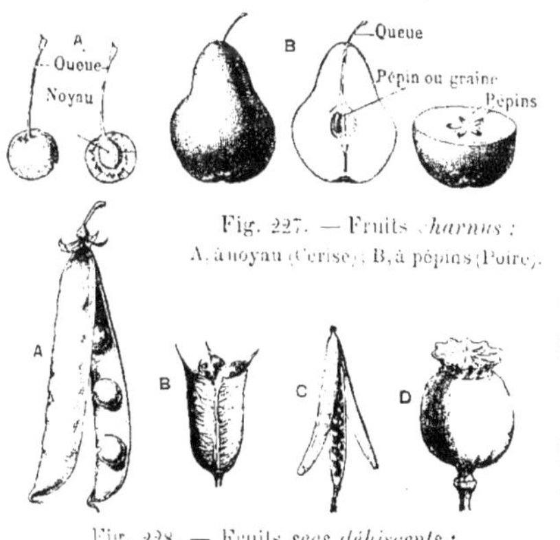

Fig. 227. — Fruits *charnus* :
A, à noyau (Cerise) ; B, à pépins (Poire).

Fig. 228. — Fruits secs *déhiscents* :
A, *gousse* du Pois ; B, *follicule* de l'Aconit ; C, *silique* du Chou ; D, *capsule* du Pavot.

Le fruit est l'ancien ovaire fécondé ; il comprend le péricarpe et les graines. Suivant la nature de sa paroi, il est charnu *ou* sec. *Les principaux fruits charnus sont la* baie *et la* drupe ; *les fruits secs sont* indéhiscents *(akènes) ou* déhiscents *(capsules).*

Fig. 229.
Fruits secs *indéhiscents* :
A. Renoncule ; B. Pissenlit (*c*, aigrette) ; C, Blé ; D. Orme.

Fig. 230.
Coupe de fruits :
A. follicule ;
B, gousse ; C, silique.

146. Utilisation des fruits. — Les fruits ont une faible valeur nutritive ; mûrs, ils sont agréables et sains. On distingue les fruits *légumiers :* melon, potiron, tomate, aubergine, haricot vert, et les fruits de *dessert :* cerise, prune, pêche, abricot, pomme, poire, coing, nèfle, framboise, raisin, groseille, orange. On peut y joindre la fraise, qui est un *faux-fruit*, sa partie comestible ne provenant pas de l'ovaire, mais du réceptacle de la fleur. La vanille sert à parfumer des desserts. Le poivre est la baie desséchée du Poivrier (Voir Pl. en couleurs, p. 78).

Par fermentation, plusieurs fruits donnent les boissons usuelles : vin, cidre, poiré ; on en retire par distillation des eaux-de-vie. Les fruits du Houblon (*fig.* 375) servent à aromatiser la bière ; l'olive (*fig.* 376) fournit une huile comestible. La médecine utilise la capsule du Pavot, qui laisse écouler, par

Fig. 231. — *Fruits charnus* de l'Aubépine.

incision, l'*opium*, d'où l'on retire la *morphine*.

✹ *Beaucoup de fruits sont alimentaires. La fermentation des jus sucrés de certains d'entre eux donne des boissons usuelles.*

LA GRAINE

147. Structure de la graine. — Pendant que la paroi de l'ovaire devient le péricarpe du fruit, l'ovule se transforme, grossit et devient la graine. Une graine comprend ordinairement trois parties : 1° le *tégument* ou enveloppe, qui peut être lisse ou recouvert de fins filaments ; 2° l'*albumen*, masse de cellules remplies de matières de réserve; 3° l'*embryon*. ou *plantule*, partie essentielle de la graine, provenant du développement de l'œuf **143** . L'embryon est une plante en miniature qui comprend la *radicule*, première ébauche de la racine principale, et la *tigelle*, surmontée d'un bourgeon, la *gemmule*, et portant, sous ce bourgeon, 1 ou 2 feuilles, les *cotylédons*, plus développées que celles de la gemmule.

Certaines graines, comme le haricot, le pois, n'ont pas d'albumen: les matières de réserve existent alors dans les cotylédons qui, au lieu d'être minces, comme dans le ricin et les autres graines à albumen, sont très épais et remplissent presque toute la graine. La nourriture mise en réserve se compose dans chaque graine de matières diverses; mais tantôt c'est l'*amidon* qui domine, comme dans le pois, le blé; tantôt c'est l'*huile*, comme dans la noix, le ricin.

✹ *La graine comprend ordinairement trois parties: le tégument, l'albumen et l'embryon. Ce dernier est une plante en miniature, formée de la radicule et de la tigelle avec un ou*

deux *cotylédons. Quand l'albumen manque, les réserves remplissent les cotylédons.*

148. Germination de la graine. — Une graine mûre est à l'état de *vie ralentie* : ses échanges gazeux avec l'atmosphère sont très faibles; elle peut rester longtemps ainsi, dans un endroit sec. Pour qu'elle passe à l'état de *vie active*, c'est-à-dire qu'elle *germe* et donne une nouvelle plante, il faut qu'elle soit en bon état et pas trop vieille, et de plus qu'on lui fournisse de l'humidité, de l'air et une chaleur suffisante : le blé ne germe qu'entre 5° et 42°.

Pour suivre les phases de la germination, mettons un haricot dans la mousse humide. Au bout de deux jours la graine se gonfle (*fig. 235*), se ramollit: bientôt son tégument éclate: la radicule apparaît, s'allonge verticalement par le bas. La tigelle apparaît ensuite et s'allonge verticalement vers le haut, en soulevant les gros cotylédons qu'elle fait sortir du sol; ceux-ci s'écartent bientôt l'un de l'autre et le tégument qui les couvrait tombe. Enfin, la gemmule se développe à son tour et donne les premières feuilles, qui font saillie entre les cotylédons; ceux-ci s'amincissent, se flétrissent et tombent : la germination est terminée.

La jeune plante, en se développant, a épuisé les substances de réserve contenues dans la graine : désormais elle vivra par elle-même.

✹ *Pour qu'une graine germe il faut qu'elle soit mûre et en bon état, et de plus qu'on lui fournisse de l'humidité, de l'air et de la chaleur; elle absorbe l'eau et se gonfle; la radicule se développe d'abord, ensuite la tigelle, puis la gemmule, qui donne les feuilles.*

149. Utilisation des graines. — L'importance des graines est considérable. Celles qui renferment en proportion convenable des réserves farineuses amidon, et albuminoïdes gluten sont très nourrissantes : telles sont les graines des Céréales : blé *fig. 277*, d'orge, seigle, avoine, riz *fig. 236*, riz, et celles

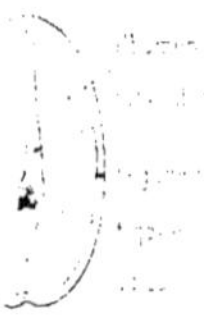

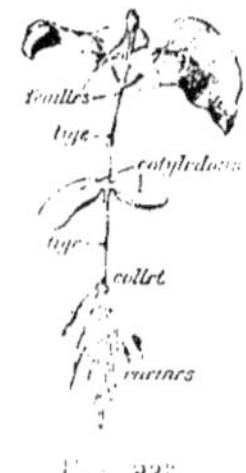

Fig. 235. — Haricot germé.

Fig. 233.    Fig. 234.

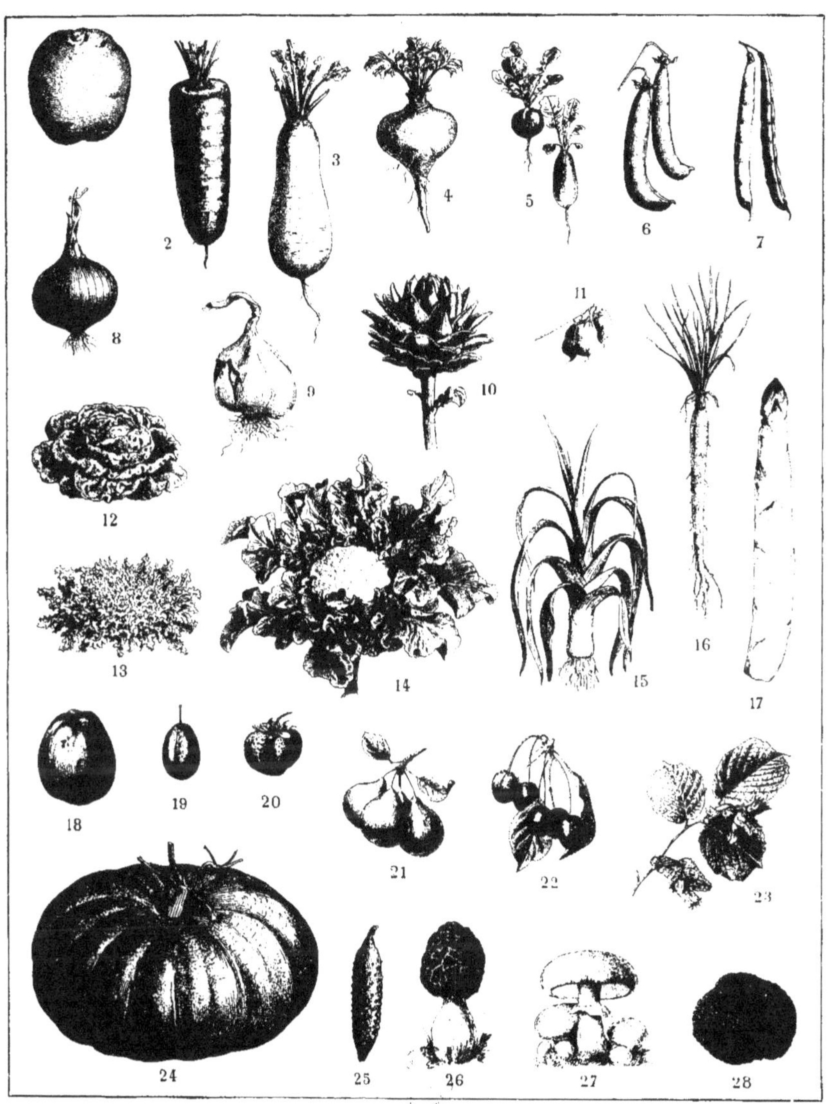

ALIMENTS VÉGÉTAUX.

Légumes : 1, Pomme de terre ronde blanche; 2, Carotte demi-longue; 3, Navet long; 4, Panais; 5, Radis rond et long; 6, Pois serpette; 7, Haricot blanc; 8, Oignon rond; 9, Ail; 10, Artichaut; 11, Lentille; 12, Laitue; 13, Chicorée frisée; 14, Chou-fleur; 15, Poireau; 16, Salsifis blanc; 17, Asperge. — **Fruits :** 18, Pomme calville rouge; 19, Prune d'Agen; 20, Fraise Dr Morère; 21, Poire Rousselet de Reims; 22, Cerise Bigarreau noir; 23, Noisette; 24, Potiron géant; 25, Cornichon. — **Champignons :** 26, Morille noire; 27, Champignon de couche; 28, Truffe à spores noires.

des Légumineu-
ses : haricot, pois,
fève, lentille. On
mange aussi le
sarrasin ou blé
noir, la châtai-
gne, la noix, la
noisette, l'aman-
de. La moutarde,
le café, la graine du
Cacaoyer (*fig*. 231)
ont aussi des usa-
ges alimentaires.

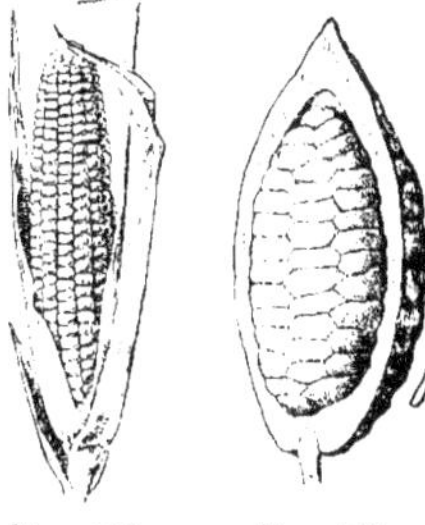
Fig. 236.
Épi
de *Maïs*.

Fig. 237.
Fruit
du *Cacaoyer*.

L'industrie re-
tire des graines
l'amidon, avec lequel on obtient du glucose,
puis des alcools. L'orge sert à préparer la bière.
Beaucoup de graines fournissent des huiles
comestibles : noix, amande ; ou des huiles industrielles : lin, colza. Les filaments ou *coton*
entourant la graine du Cotonnier sont textiles.

❀ *Les graines des Céréales et des Légumineuses sont alimentaires pour l'homme et les
animaux domestiques. Des graines des céréales
on retire l'amidon, puis le glucose et l'alcool.
Beaucoup de graines fournissent de l'huile.*

150. Durée de la vie des plantes. — Au
point de vue de la durée de leur existence, on
distingue : 1° les plantes *annuelles*, comme le
Blé, qui fleurissent l'année même de leur germination, portent des graines et meurent
ensuite ; 2° les plantes *bisannuelles*, comme la
Carotte, la Betterave, qui ne fleurissent pas la
première année, mais accumulent dans leurs
racines des réserves qu'elles utilisent au
cours de la deuxième année pour fleurir et
porter les graines, puis elles meurent ; 3° les
plantes *vivaces*, qui vivent plusieurs années ;
elles fleurissent ordinairement chaque année,
à partir d'un certain âge. Les plantes à une seule
floraison ont une tige peu consistante, ce sont
des *herbes* ; il en est de même de quelques
plantes vivaces, comme la Pomme de terre, dont
les parties aériennes meurent tous les ans.

❀ *On divise les plantes, au point de vue
de la durée de leur existence, en annuelles,
bisannuelles et vivaces.*

**151. Reproduction et multiplication vé-
gétative.** — Les plantes peuvent se multiplier
à l'aide de deux procédés : par *reproduction*,
c'est-à-dire par leurs graines, ou par *multiplication végétative*, c'est-à-dire à l'aide de fragments détachés d'elles-mêmes : ainsi les tubercules de la Pomme de terre, séparés de la
plante-mère, redonnent d'eux-mêmes de nouvelles plantes semblables ; le Fraisier se multiplie à l'aide de ses coulants ou tiges rampantes, qui forment autour de lui de nouveaux
pieds. Dans la culture des plantes, l'homme
imite ces deux procédés naturels et, suivant
les cas, il emploie le semis ou la multiplication végétative, qui comprend trois procédés :
bouturage, marcottage, greffage.

❀ *Les plantes se multiplient par graines
(reproduction) ou par des fragments détachés
d'elles-mêmes (multiplication végétative).*

152. Bouturage, marcottage. — Le bouturage et le marcottage reposent sur la formation
des racines adventives 115. Le *bouturage* est

Fig. 238.
Bouture.

très employé ; on bouture les
Lilas, les Saules, etc. On plonge
dans la terre la partie coupée ;
un bourrelet de liège cicatrise
la plaie et au-dessus se forment
des racines adventives *fig*. 238 ;
la bouture se développe et porte
bientôt des feuilles nouvelles ;
il faut pour qu'elle réussisse
que la terre soit meuble, toujours humide, mais sans excès,
avec une chaleur suffisante.

Le *marcottage* est l'imitation
du procédé naturel de multiplication par *coulants* ; il
est analogue au bou-
turage, mais on fait
former les racines ad-
ventives *avant* de sé-
parer le rameau de la
plante-mère. On prend
un rameau, ou *mar-
cotte*, qu'on recourbe

Fig. 239.
Marcotte simple.

et qu'on enterre en son milieu (*fig.* 239). On arrose, et, au bout de plusieurs semaines, il se forme des racines adventives sur la portion de la tige enterrée: quand elles sont assez grandes pour nourrir la branche, on détache celle-ci de la plante-mère. Si la branche est rigide ou trop haute, on marcotte *en l'air* dans un pot fendu sur le côté.

❧ *Le bouturage et le* marcottage *sont fondés sur la formation des racines adventives; dans le premier, celles-ci se forment après la séparation de la plante-mère; dans le second, avant la séparation.*

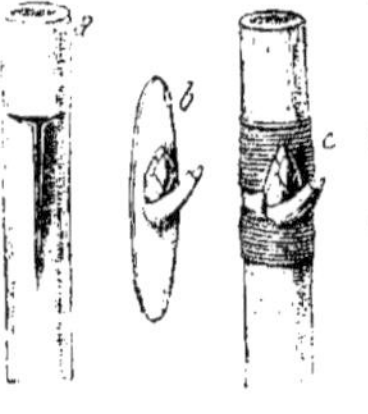

Fig. 240.
Greffe en *écusson* :
a, sujet préparé; *b*, écusson; *c*, greffe terminée.

153. Greffage. — Le *greffage* repose sur la soudure, par leurs zones génératrices **123**, d'une branche ou d'un bourgeon avec la tige d'une autre plante appartenant à une espèce voisine: on greffe, par exemple, Pêcher sur Amandier, Poirier franc ou cultivé sur Poirier sauvage. On greffe surtout en fente ou en écusson. Supposons qu'il s'agisse de greffer un Rosier sur un Églantier.

Dans la greffe *en fente* (*fig.* 241), on fait une entaille verticale jusqu'à la zone génératrice sur une branche de l'Églantier, que l'on nomme *sujet*, et on introduit dans cette fente l'extrémité, taillée en coin, du rameau de Rosier, ou *greffon*. On ligature, et on recouvre d'un mastic à base de poix. Si l'opération a été bien faite, la soudure se produit, les bourgeons reçoivent la sève de l'Églantier, la modifient et donnent des roses.

Pour greffer *en écusson* (*fig.* 240), on fait une incision en T dans l'écorce du sujet et on y introduit un lambeau d'écorce, taillé en écusson et portant un bourgeon (*fig.* 240, *b*).

❧ *Le greffage consiste à fixer, sur la tige d'une plante* (sujet), *un rameau ou un bourgeon* (greffon), *détaché d'une plante voisine. La soudure des zones génératrices se produit.*

Fig. 241.
Greffe *en fente* :
a, greffon préparé.

X. — TABLEAU-RÉSUMÉ DES ORGANES REPRODUCTEURS ET DE LEURS FONCTIONS.

ORGANES.	CARACTÈRES.	DIVERSES SORTES.	FONCTIONS.
FLEUR.	Comprend 4 verticilles : 1. *Calice* : sépales. 2. *Corolle* : pétales. 3. *Androcée* : étamines { anthère, filet. 4. *Pistil* : carpelle { stigmate, style, ovaire. 	 Calice : régulier ou irrégulier, gamosépale ou dialysépale. Corolle : régulière ou irrégulière, gamopétale ou dialypétale. Étamines : libres ou soudées. Carpelles : libres ou soudés.	Calice et corolle : organes *protecteurs*. Étamines : forment le *pollen*. Pistil : forme les *ovules*. La fusion du pollen avec l'oosphère de l'ovule est la *fécondation*, qui transforme les ovules en *graines* et l'ovaire en *fruit*.
FRUIT	Comprend le *péricarpe*, ou paroi du fruit, et les graines.	Péricarpe mou, épais : c'est chacun baie ou drupe. Péricarpe sec, mince : fruit sec, akène ou capsule.	 Le péricarpe *protège* les graines en formation.
GRAINE	Comprend { l'*embryon* { radicule, tigelle, gemmule, cotylédons.	1 cotylédon : Monocotylédones. 2 cotylédons : Dicotylédones. [illegible] Blé. Sans cotylédon : Haricot.	La graine mûre est en bon état, à laquelle on fournit avec chaleur et eau, germe : son embryon se développe et fait une nouvelle plante.

Fig. 242. — *Cocotiers* sur les rivages des îles Gilbert (Océanie).

VIII. PHANÉROGAMES

154. Division en embranchements. — On distingue chez les végétaux quatre degrés d'organisation, auxquels correspondent quatre grands groupes ou *embranchements*, dont un pour les plantes à fleurs et trois pour les plantes sans fleurs ou Cryptogames. Ce sont : 1° les plantes à fleurs ou *Phanérogames*, que nous venons d'étudier ; 2° les *Cryptogames à racines* (Fougères), dont le corps ne comprend que trois membres : racine, tige, feuille ; 3° les *Muscinées* (Mousses), n'ayant que deux membres : tige et feuille ; et 4° les *Thallophytes* (Champignons), dont le corps est composé d'une seule lame, ou *thalle*, plus ou moins ramifiée, qui pourvoit à la nutrition et à la reproduction.

Ces embranchements se divisent en *classes*, celles-ci en *ordres*, puis en *familles*, en *genres* et en *espèces*, comprenant elles-mêmes des races et des variétés.

Les plantes sont réparties en quatre embranchements : Phanérogames, Cryptogames à racines, Muscinées et Thallophytes.

155. Classification des Phanérogames. — On les divise en *Angiospermes* (Pavot), chez lesquelles les ovules sont enfermés dans un ovaire clos (*fig. 243*), et en *Gymnospermes* (Pin), chez lesquelles les ovules sont posés à nu sur une feuille carpellaire non repliée.

Les Angiospermes se divisent en deux classes : 1° les *Dicotylédones*, dont l'embryon porte deux cotylédons, dont les feuilles sont à nervation pennée ou palmée, et les pièces florales par 4 ou 5, et 2° les *Monocotylédones*, qui n'ont qu'un seul cotylédon, des feuilles à nervation parallèle et les pièces florales par 3. Enfin, la classe des Dicotylédones se divise en trois ordres : *Dialypétales* ou à pétales séparés, *Gamopétales* ou à pétales soudés entre eux, *Apétales*, ayant, au plus, une seule enveloppe florale.

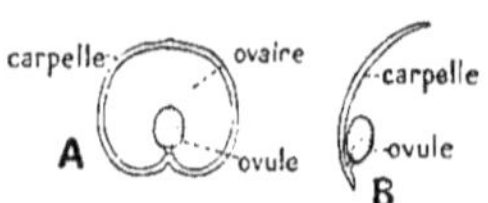

Fig. 243. — *Feuilles carpellaires :* A, d'une Angiosperme ; B, d'une Gymnosperme.

❀ *Les Phanérogames se divisent en Angiospermes et en Gymnospermes. Les Angiospermes comprennent deux classes, les Dicotylédones et les Monocotylédones. Les Dicotylédones sont Dialypétales, Gamopétales ou Apétales.*

DICOTYLÉDONES DIALYPÉTALES

156. Famille des Crucifères. — La famille des Crucifères est très nombreuse ; elle renferme des herbes à feuilles alternes. Les fleurs, groupées en grappes simples, comprennent un calice à 4 sépales, une corolle à 4 pétales en *croix*, d'où le nom de Crucifères, 6 étamines dont 2 plus courtes, et un ovaire libre à 2 carpelles soudés, donnant pour fruit une silique *fig.* 244 et 245 .

Beaucoup sont *alimentaires*, comme le Radis, le Raifort, le Cresson et surtout les plantes du genre Chou : chou frisé, chou de Bruxelles *fig.* 390 , chou-fleur.

Fig. 244. Diagramme de la fleur de Giroflée.

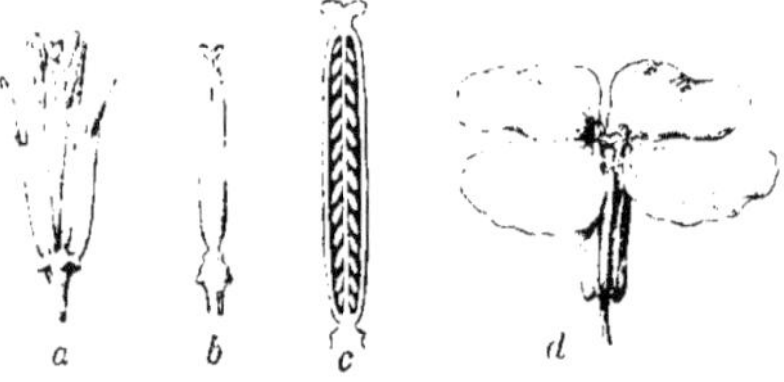

Fig. 245. — *Fleur de Giroflée :* a, sépales et pétales ; b, pistil isolé ; c, coupe du pistil montrant les deux carpelles ; d, fleur entière.

chou-rave (*fig.* 198), navet, rave. Le Chou-cavalier et le Rutabaga sont des plantes fourragères ; les graines du Colza, de la Caméline et de la Navette sont oléagineuses ; la graine de Moutarde est employée dans l'alimentation et sert aussi à faire des *sinapismes*. On cultive dans les jardins la Giroflée (*fig.* 177), la Julienne, la Lunaire ou Monnaie-du-pape (*fig.* 246), etc.

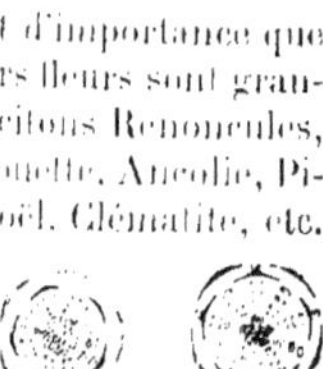

Fig. 246. — *Lunaire* (1 m., fl. violette : a, silique ouverte.

❀ *Les Crucifères ont une fleur régulière, à 4 sépales, 4 pétales libres en croix, 6 étamines dont 2 plus courtes ; le fruit est une silique. Elles sont surtout alimentaires (Chou, Radis) et ornementales (Giroflée).*

157. Famille des Renonculacées. — Les Renonculacées, dont le type est la *Renoncule* ou *Bouton d'or* (*fig.* 248 à 251), forment une famille hétérogène, c'est-à-dire que les plantes qui la composent n'ont qu'un petit nombre de caractères communs : fleurs à pétales séparés, à nombreuses étamines libres, insérées sur le réceptacle, et à anthères s'ouvrant vers la périphérie de la fleur. Le fruit est sec ; il consiste en de nombreux akènes (Renoncule, Anémone, Clématite), ou en un petit nombre de follicules (Ellébore, Aconit).

Les Renonculacées n'ont d'importance que pour orner les jardins ; leurs fleurs sont grandes et vivement colorées ; citons Renoncules, Dauphinelles ou Pieds d'alouette, Ancolie, Pivoines, Ellébore ou rose de Noël, Clématite, etc.

❀ *Les Renonculacées ont une fleur à nombreuses étamines libres, insérées sur le réceptacle et à anthères s'ouvrant vers la périphérie de la fleur. Beaucoup sont ornementales.*

Fig. 247. Diagrammes : A, de Renoncule ; B, d'Ancolie.

Fig. 248.
Renoncule âcre
(0^{m},70).

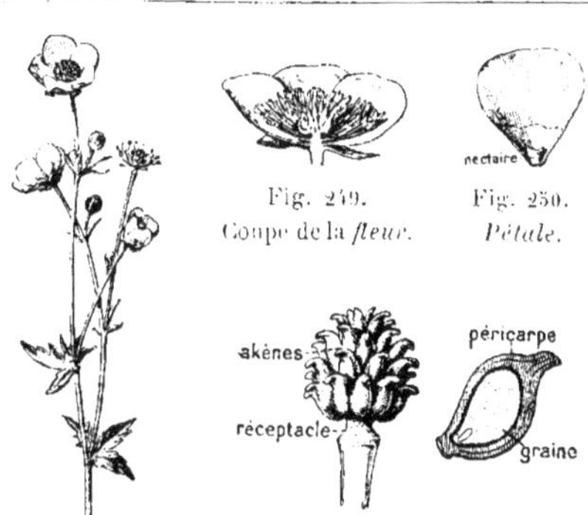

Fig. 249.
Coupe de la *fleur*.

Fig. 250.
Pétale.

Fig. 251.
Fruit et coupe grossie
d'un *akène*.

158. Famille des Papavéracées. — Cette famille, qui a pour type le *Pavot coquelicot* (*fig.* 252 et 253), comprend des herbes à suc laiteux, ou *latex*, âcre et vénéneux. La fleur est régulière, à deux sépales *caducs*, c'est-à-dire tombant à l'épanouissement; elle a 4 pétales égaux, de nombreuses étamines insérées sur le réceptacle et à anthères s'ouvrant vers le centre de la fleur. Le pistil est libre; le fruit est ordinairement une capsule (Pavot).

Le Coquelicot est une mauvaise herbe des moissons. Le Pavot somnifère, à graines blanches, cultivé en Orient, donne l'opium par incision de sa capsule; une variété de cette même plante a des graines noires fournissant l'huile d'*œillette*, comestible.

Fig. 252.
Pavot coquelicot (50 cm.).

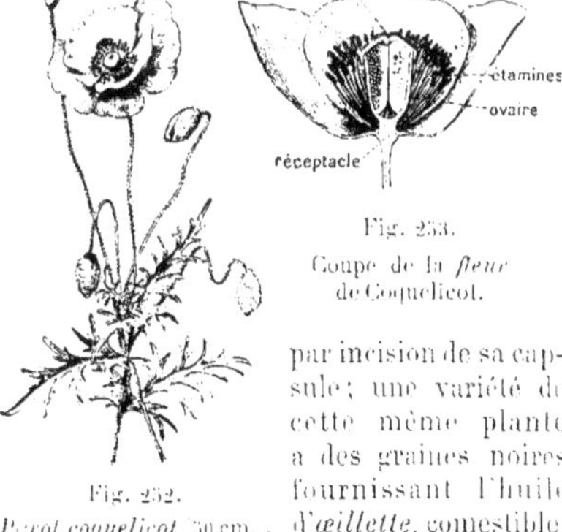

Fig. 253.
Coupe de la *fleur*
de Coquelicot.

✿ *Les Papavéracées sont des herbes à suc laiteux, à 2 sépales caducs, 4 pétales égaux, à nombreuses étamines. Le Pavot fournit l'opium; une variété donne l'huile d'œillette, comestible.*

Fig. 254. — *Guimauve* (1^{m},20); fleur blanc rosé : *a*, étamines; *b*, fruit.

159. Famille des Malvacées. — Le type est la *Mauve* de nos champs. Les fleurs sont régulières; les étamines, nombreuses, sont plus ou moins soudées entre elles par leurs filets; le fruit est une capsule. En France sont la Mauve, la Guimauve (*fig.* 254), émollientes et adoucissantes; la Passe-rose ou Rose trémière, ornementale. Comme plantes étrangères, le Cotonnier, le Baobab du Sénégal, le plus gros des arbres. A des familles voisines appartiennent le Tilleul, l'arbuste à Thé et le Cacaoyer (*fig.* 237).

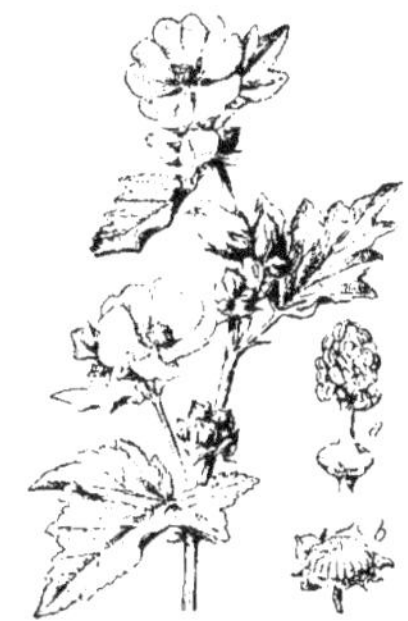

✿ *Les Malvacées (Mauve, Cotonnier) ont des fleurs régulières, à nombreuses étamines soudées par leurs filets.*

160. Famille des Papilionacées. — Cette famille, dont le type est le *Pois* (*fig.* 255 à 257), est homogène et très nombreuse; elle comprend surtout des herbes à feuilles alternes, composées, munies de stipules. La fleur, irrégulière, affecte un peu l'allure d'un papillon; la corolle comprend 5 pétales, dont un grand, dressé, supérieur, l'*étendard*, 2 latéraux symétriques ou *ailes*, 2 inférieurs

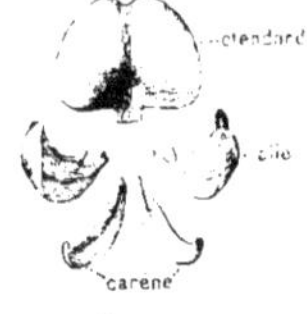

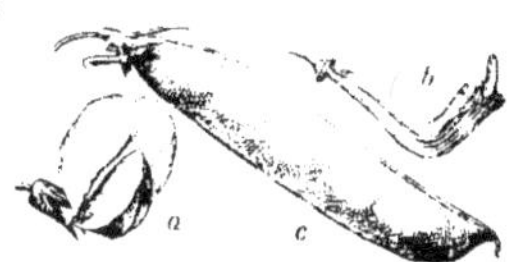

Fig. 255.
Fleur du Pois,
pétales séparés.

Fig. 256. — *Pois* :
a, fleur; *b*, étamines et pistil;
c, gousse.

soudés, formant la *carène*. L'androcée est à 10 étamines, dont 9, au moins, sont soudées par leurs filets ; l'ovaire est libre, à une loge. Le fruit est une *gousse* ou *légume*.

Le Haricot, le Pois, la Fève, la Lentille ont des graines alimentaires. Le Trèfle, la Luzerne, le Sainfoin *fig.* 367 à 369 forment les prairies artificielles et donnent un excellent

Fig. 257. — *Pois comestible* sa cm. à 1ᵐ.50, fl. blanche ; *a*, fleur.

foin ; la Glycine, la Gesse odorante ou Pois de senteur, le Robinier faux acacia ornent les parcs et les jardins ; le rhizome de la Réglisse est pectoral. L'Indigotier de l'Inde donne l'indigo, et l'Arachide a des graines oléagineuses.

Les Papilionacées ne sont qu'une partie de l'immense famille des *Légumineuses*, caractérisée par son fruit. Les Légumineuses non papilionacées sont presque toutes étrangères à l'Europe : Caroubier, Sensitive, Acacia.

✽ *Les* Papilionacées *ont 5 pétales inégaux, étendard, ailes, carène ; 10 étamines, dont 9 soudées par leurs filets ; le fruit est une gousse ou légume. Elles sont alimentaires par leurs graines Haricot, Lentille, fourragères Trèfle, Luzerne, ou industrielles Indigotier.*

161. Famille des Rosacées. — Les Rosacées forment une importante famille, comprenant des herbes, des arbrisseaux ou des arbres. Les fleurs, régulières, ont un calice à 5 sépales soudés, une corolle à 5 pétales libres, de nombreuses étamines libres, insérées sur le

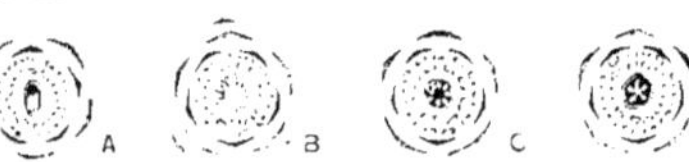

Fig. 258. — *Diagrammes de Rosacées* : A, de Prunier ; B, de Fraisier ; C, d'Églantier ; D, de Pommier.

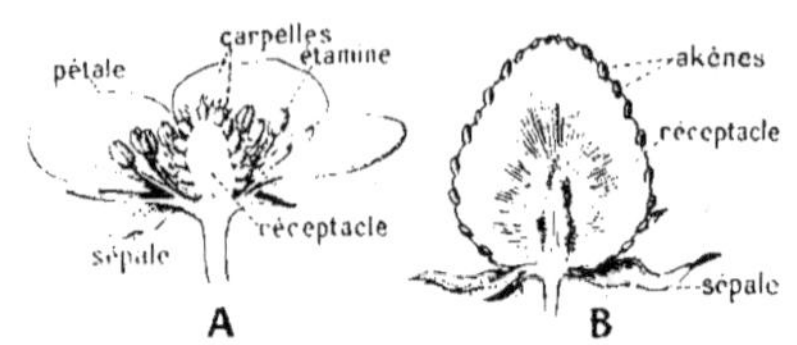

Fig. 259. — *Fraisier* : A, coupe de la fleur ; B, coupe d'une fraise.

calice. Elles diffèrent profondément les unes des autres par la structure du pistil *fig.* 258 et du fruit.

Le Prunier, le Cerisier, le Pêcher, l'Abricotier, l'Amandier ont un ovaire libre à un seul carpelle et un fruit à noyau. Le Fraisier *fig.* 193 et 259, la Ronce et le Framboisier ont de nombreux carpelles insérés sur un réceptacle saillant et conique, tandis que chez l'Églantier ou Rosier sauvage ils sont au fond d'un réceptacle creux ; enfin chez le Pommier, le Poirier, le Cognassier, le Néflier, le Sorbier et l'Aubépine (*fig.* 208 et 231), l'ovaire est adhérent, formé de 5 carpelles, et le fruit est à pépins (*fig.* 227. B).

Cette simple énumération montre que les Rosacées nous fournissent la plupart de nos fruits de dessert et certaines boissons, comme le cidre, le kirsch. D'innombrables variétés de Rosiers (*fig.* 383 et 397) ornent les jardins, et leurs fleurs fournissent l'essence de rose.

✽ *Les* Rosacées *ont la corolle régulière et de nombreuses étamines insérées sur le calice ; le pistil et le fruit sont variables. Elles nous fournissent nos fruits de dessert et des plantes ornementales, comme le Rosier.*

162. Famille des Ombellifères. — Les Ombellifères, dont le type est la *Carotte* (*fig.* 260)

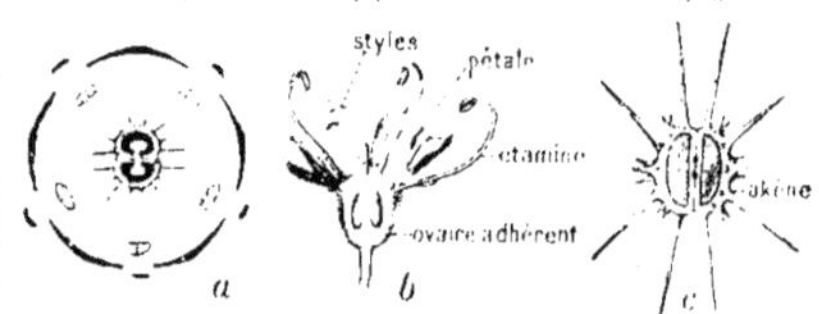

Fig. 260. — *Carotte sauvage* : a, diagramme de la fleur ; b, coupe de la fleur ; c, coupe du fruit.

et 261), sont des herbes à feuilles alternes très découpées. Les fleurs, petites et nombreuses, sont groupées en ombelles composées. La corolle est à 5 pétales libres; 5 étamines sont portées, comme les pétales, au sommet de l'ovaire. Celui-ci est adhérent, à deux loges, et donne à la maturité deux akènes séparés.

Fig. 261. — *Carotte* (50 cm.; fleur blanche) : *a, carotte courte.*

La Carotte est utilisée pour sa racine, alimentaire pour l'homme et les animaux; le Céleri, le Panais sont aussi alimentaires; le Persil, le Cerfeuil (*fig.* 392), le Fenouil (*fig.* 342) sont des condiments; l'Angélique, le fruit de l'Anis vert sont employés en confiserie. Certaines espèces, comme la Petite ciguë ou *Faux persil*, sont extrêmement vénéneuses.

On rapproche des Ombellifères, par leur ovaire adhérent, d'une part les *Grossulariées*, qui comprennent les Groseilliers et le Cassis; d'autre part les *Cucurbitacées*, herbes rampantes ou grimpantes, pourvues de vrilles et à fleurs unisexuées : Potiron, Citrouille, Coloquinte, Concombre, Melon (*fig.* 391), etc.

✿ *Les* Ombellifères *ont des fleurs petites et nombreuses, groupées en* ombelles composées; *l'ovaire est* adhérent; *le fruit est un double akène. Certaines sont* alimentaires (*Carotte, Persil*), *d'autres très* vénéneuses (*Ciguë*).

DICOTYLÉDONES GAMOPÉTALES

163. Famille des Solanées. — Les Solanées, dont le type est la *Pomme de terre* (*fig.* 194, B et 262), sont des herbes à feuilles alternes, découpées, à fleurs régulières, à 5 sépales soudés, 5 pétales soudés, 5 étamines insérées sur la corolle; l'ovaire est libre, à 2 loges; le fruit est une baie (Pomme de terre, Douce-amère) ou une capsule (Datura, Jusquiame). Toutes les Solanées, même celles qui sont alimentaires, renferment dans l'un ou l'autre de leurs organes des principes vénéneux.

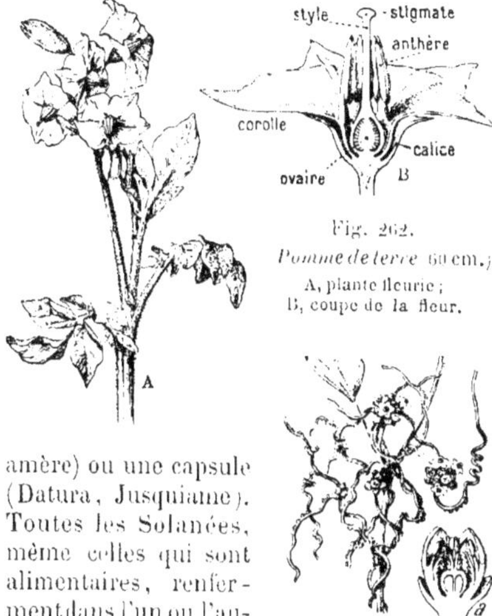

Fig. 262. *Pomme de terre* (60 cm.): A, plante fleurie; B, coupe de la fleur.

La Pomme de terre, originaire du Chili, est une plante de première importance par ses tubercules, utilisés pour l'alimentation de l'homme, pour celle du bétail, et dans l'industrie. L'aubergine, la tomate, le piment sont des fruits légumiers. Le Tabac renferme un poison violent, la *nicotine*; la Belladone, très vénéneuse, est utilisée en médecine.

On rapproche des Solanées la famille des *Convolvulacées*, avec le Liseron et aussi la Cuscute (*fig.* 263), plante sans chlorophylle, qui est parasite de la Luzerne.

Fig. 263. — *Cuscute :* *a, coupe de la fleur, grossie.*

✿ *Les* Solanées *ont des fleurs régulières du type 5; l'ovaire est* libre; *le fruit est une baie ou une capsule; beaucoup renferment des principes* vénéneux (*Belladone, Tabac*); *plusieurs sont* alimentaires (*Pomme de terre*).

164. Famille des Scrofularinées. — Les Scrofularinées, dont le type est le *Muflier* ou *Gueule-de-loup*, peuvent être considérées comme des Solanées à fleurs irrégulières (*fig.* 264 et 267, B) n'ayant plus que 4 étamines.

dont 2 petites; la corolle est souvent à deux lèvres. L'ovaire est libre, à deux carpelles, et donne une capsule. Les Scrofularinées ont des usages peu importants : Muflier et Paulownia sont des plantes ornementales ; les feuilles de Digitale renferment un poison, employé en médecine contre les palpitations de cœur.

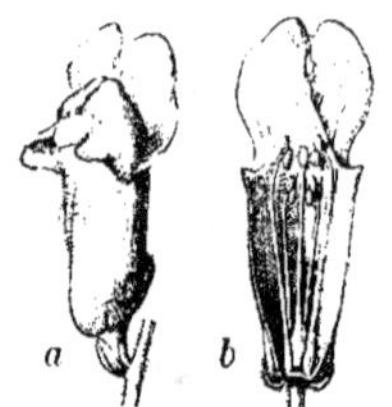

Fig. 264. — *Muflier :* a, fleur entière ; b, coupe en long.

❋ *Les Scrofularinées sont des Solanées irrégulières ayant pour fruit une capsule ; leurs usages sont peu importants Muflier, Digitale.*

165. Famille des Borraginées.

— Les Borraginées, dont le type est la *Bourrache* fig. 265 et 267, C, se distinguent des Solanées par leur ovaire à quatre loges, donnant quatre akènes. Ce sont des herbes à feuilles alternes, simples, couvertes de poils rudes. La Bourrache est employée en tisane pour provoquer la transpiration ; le Myosotis fig. 213, B, et l'Héliotrope sont cultivés dans les jardins.

Fig. 265.
Bourrache.

Fig. 266.
Lamier blanc.

❋ *Les Borraginées sont voisines des Solanées ; leur ovaire est à 4 loges et elles ont pour fruit 4 akènes (Bourrache, Myosotis).*

166. Famille des Labiées.

— Les Labiées, dont le type est le *Lamier blanc* ou Ortie blanche (fig. 266 et 268), ressemblent aux Borraginées par l'ovaire, aux Scrofularinées par la corolle et les étamines (fig. 267). Ce sont des

Fig. 267. — *Diagrammes :*
A, de Solanée (Pomme de terre) ; B, de Scrofularinée (Muflier) ;
C, de Borraginée (Bourrache) ; D, de Labiée (Lamier).

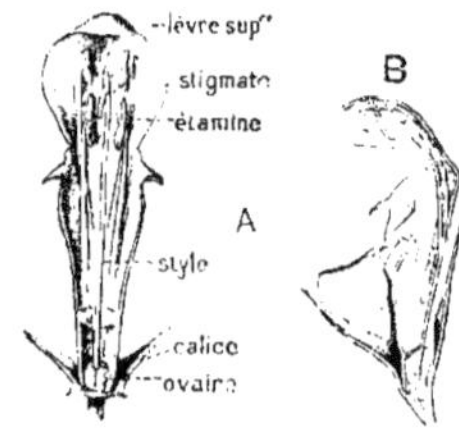

Fig. 268. — *Lamier blanc :*
A, coupe en long d'une fleur ; B, fleur isolée.

Borraginées irrégulières ; des herbes à tiges carrées et à feuilles opposées ; leur corolle est *labiée*, c'est-à-dire à deux lèvres ; il y a 4 étamines, dont 2 plus petites ; l'ovaire est libre, à 4 loges, donnant 4 akènes. Presque toutes les Labiées sécrètent des essences aromatiques ; les parfumeurs utilisent celles du Romarin, de la Lavande, du Thym. La Menthe, la Mélisse donnent des infusions toniques et stimulantes, des liqueurs ; le Thym sert de condiment. Enfin on cultive dans les jardins le Basilic, la Sauge, la Lavande.

❋ *Les Labiées sont des herbes à tige quadrangulaire, à feuilles opposées, à fleurs à deux lèvres ; il y a 4 étamines, dont 2 petites, un ovaire libre donnant 4 akènes ; elles sont odorantes (Lavande) et stimulantes (Menthe).*

167. Primulacées.

— Les Primulacées, dont le type est la *Primevère* fig. 211, B et 269, forment une petite famille comprenant des herbes à fleurs régulières, du type 5, et dont les étamines, insérées sur la corolle, sont placées vis-à-vis du *milieu des pétales,* alors que dans

presque toutes les autres familles
elles sont en face du milieu des sépales. L'ovaire est libre, se transforme en capsule. Le Cyclamen
et le Mouron rouge des champs
sont aussi des Primulacées. Chez
les *Oléacées*, la fleur n'a que 2 étamines; tels sont Lilas, Jasmin,
Frêne, Olivier (*fig.* 376).

❀ *Les* Primulacées *ont leurs
5 étamines insérées sur le milieu des* pétales *Primevère*).

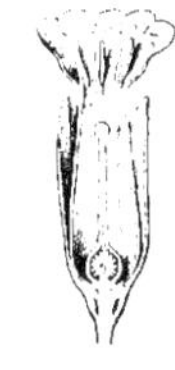

Fig. 269.
Primevère.
Coupe en long
d'une fleur.

168. Famille des Composées. — Les Composées, dont le type est la *Grande Marguerite*
(*fig.* 270 et 271), forment la plus vaste famille
végétale. Ce qu'on nomme leur fleur est, en
réalité, un *capitule* (**139**, entouré par une
collerette ou *involucre* de bractées. Les fleurs
sont du type 5; les 5 étamines sont soudées
par leurs anthères (*fig.* 272). L'ovaire est
adhérent, à un seul ovule,
et devient un akène.

Certaines Composées
(Chardon) ont le capi-
tule entièrement formé de
petites fleurs régulières en
tube ou *fleurons*: d'autres,
comme la Grande Mar-
guerite, ont des fleurons
au centre et de grandes
fleurs en languette (*ligules*)
au pourtour; enfin certaines,
comme le Pissenlit, la Laitue, ne portent
que des fleurs
en languette.

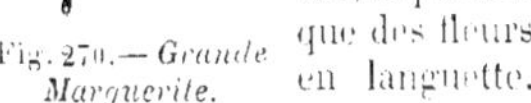

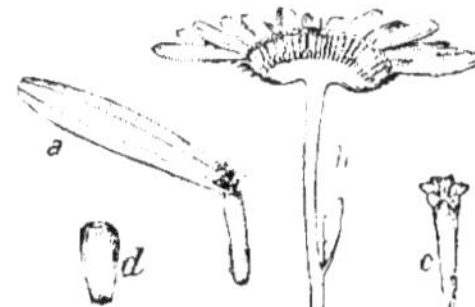

Fig. 270. — *Grande
Marguerite.*

Fig. 271. — *Grande Marguerite*
(80 cm.) :
a, coupe du capitule; *b*, fleur ligulée,
c, fleuron; *d*, fruit.

Fig. 272.
Étamines
à anthères
soudées du
Chardon.

Aucune Composée ne joue un rôle bien
saillant, sauf en horticulture. L'Artichaut, la
Laitue, le Pissenlit, la Chicorée, le Salsifis
sont alimentaires; le Topinambour (*fig.* 197)
sert pour l'alimentation du bétail; Dahlias,
Reines-Marguerites, Zinnias, OEillets d'Inde,
Cinéraires, Chrysanthèmes sont parmi nos
plus belles fleurs de jardins.

❀ *Les* Composées *ont leurs fleurs groupées
en capitule; elles ont 5 étamines soudées par
leurs anthères; un ovaire adhérent, devenant
un akène. Certaines sont alimentaires (Artichaut, Laitue; beaucoup sont ornementales
(Chrysanthème, Dahlia*.

DICOTYLÉDONES APÉTALES

169. Famille des Amentacées. — Les
Amentacées, dont le type est le *Chêne*
(*fig.* 273), comprennent la plupart des arbres
de nos forêts. Les fleurs sont unisexuées, et
les fleurs mâles y sont toujours groupées en
épis nommés *chatons* en latin, *amentum*). Il
n'y a qu'une seule enveloppe florale verdâtre;
parfois même elle manque. L'ovaire est à 2 ou
3 loges renfermant chacune un seul ovule; le
fruit est sec le plus souvent, akène ou capsule.

Le Chêne, le Châtaignier, le Hêtre, le
Charme, le Noisetier (*fig.* 212), l'Aune, le
Bouleau (*fig.* 189), le Noyer sont des arbres
monoïques (**138**) dont
on utilise le bois, ainsi
que les fruits de cer-
tains d'entre eux. Le
Saule, dont plusieurs
espèces fournissent
l'osier, et le Peu-
plier sont des arbres
dioïques.

❀ *Les* Amentacées
*sont des arbres à fleurs
unisexuées, à fleurs
mâles groupées en
chatons. On utilise
leur bois Chêne, Hê-
tre, Noyer) et par-
fois leurs fruits (châ-
taignes, noisettes).*

Fig. 273.
Chêne (20 à 45 m.) :
a, fleur mâle; *b*, fleurs femelles; *c*, chatons de fleurs
mâles.

170. Famille des Urticées. — Les Urticées, dont le type est l'*Ortie*, sont des herbes ou des arbres à fleurs unisexuées régulières, monoïques ou dioïques (*fig.* 274). Cette famille renferme le Chanvre (*fig.* 378) et la Ramie, plantes textiles, le Figuier, le Mûrier, le Houblon et l'Orme.

Plusieurs familles voisines renferment des plantes importantes. A celle des *Chénopodées* appartiennent l'Épinard et la Betterave; celle des *Polygonées* renferme l'Oseille, le Sarrasin ou Blé noir et la Rhubarbe; enfin, celle des *Euphorbiacées* contient le Manioc, le Buis, le Ricin.

✿ *Les Urticées sont des plantes à fleurs unisexuées régulières, à ovaire libre; tels sont: Ortie, Chanvre, Figuier, Houblon.*

MONOCOTYLÉDONES

171. Famille des Liliacées. — Les Liliacées ont pour type le *Lis blanc* des jardins (*fig.* 275 et 276); ce sont des herbes vivaces, grâce à un bulbe ou un rhizome; les feuilles sont simples, entières; les fleurs régulières, à 3 sépales colorés comme les pétales; 3 pétales; 6 étamines; un ovaire libre à 3 loges formées de 3 carpelles soudés; le fruit est une capsule (Lis) ou une baie (Muguet). Certaines Liliacées sont alimentaires: Asperge (*fig.* 389), Ail, Oignon, Echalote (*fig.* 387), Poireau; la plupart sont ornementales: Muguet, Jacinthe, Tulipe, Lis, Yucca, Aloès.

Les *Amaryllidées* sont des Liliacées à ovaire adhérent; tels sont la Perce-neige, les Narcisses, les Agaves. Les *Iridées* sont des Amaryllidées à 3 étamines, comme l'Iris, le Glaïeul, le Safran.

✿ *Les Liliacées sont des herbes vivaces à fleurs régulières, du type 3; l'ovaire est libre; le fruit est une capsule ou une baie. Elles sont alimentaires (Ail) ou ornementales (Lis). Les Amaryllidées et les Iridées sont des familles voisines.*

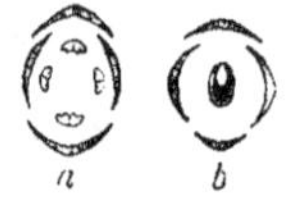

Fig. 274.
Diagrammes des fleurs d'*Ortie*: *a*, fleur à étamines; *b*, fleur à pistil.

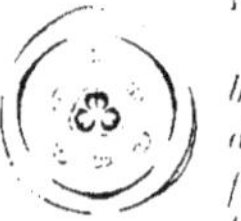

Fig. 275.
Diagramme de la fleur du Lis.

Fig. 276. — *Lis blanc* (1m,30): *a*, bulbe.

172. Famille des Graminées. — Les Graminées ont pour type le *Blé* (*fig.* 277, A); ce sont des herbes dont la tige est un *chaume* (*paille*) creux et cloisonné. Les feuilles sont alternes, sans pétiole, avec une gaine fendue. Les fleurs, petites, sont groupées en *épillets*, réunis eux-mêmes en épis (Blé) ou en grappes (Avoine); la fleur porte 3 étamines; l'ovaire est libre, à un seul ovule surmonté de 2 stigmates plumeux; le fruit est un akène.

Les Graminées fournissent à l'homme et aux herbivores leur principale nourriture. Les Graminées alimentaires ou *céréales* sont le Blé, l'Orge, le Seigle, l'Avoine (*fig.* 277, B), le Maïs (*fig.* 358), le Riz; les espèces fourragères (*fig.* 362 à 366) sont vivaces et forment l'herbe des *prairies*

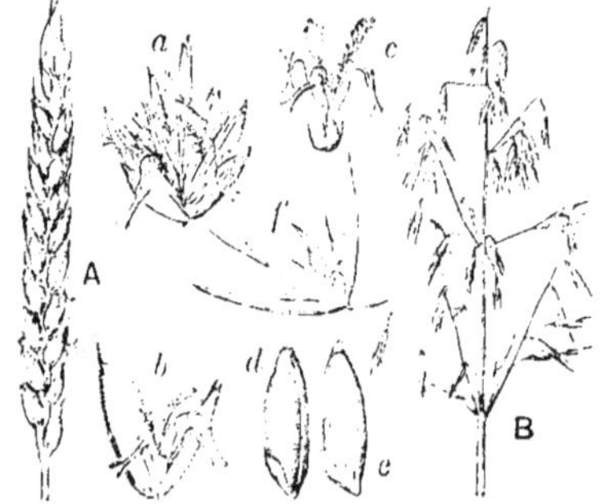

Fig. 277. — *Graminées*:
A, Blé (épi d'épillets): *a*, épillet; *b*, fleur isolée; *c*, fleur dépourvue des glumelles; *d*, graine; *e*, coupe de la graine.
B, Avoine (grappe d'épillets): *f*, épillet.

naturelles. On utilise encore la Canne à sucre et le Bambou.

✿ *Les* Graminées *sont des herbes dont la tige est un chaume ; les fleurs sont petites et groupées en épillets. Elles sont alimentaires (Céréales), fourragères (herbes des prairies naturelles) ou industrielles (Canne à sucre).*

173. Famille des Palmiers. — Les Palmiers sont des arbres des pays chauds ; leur tige, haute et mince, ou *stipe*, se termine par un bouquet de feuilles. Les fleurs (*fig.* 278), petites et verdâtres, sont groupées en une grappe nommée *régime*, qu'entoure une grande bractée ; elles sont unisexuées et du type 3, avec 6 étamines. Le fruit charnu est une baie (Dattier, *fig.* 278, D) ou une drupe (Cocotier, *fig.* 242). Les Palmiers ont des usages importants ; citons : Sagoutier (*fig.* 189), Raphia.

Signalons encore la famille des *Orchidées*, herbes vivaces, à fleurs irrégulières, n'ayant qu'une seule étamine à pollen aggloméré (*fig.* 222, *I* : l'ovaire est adhérent ; tels sont les Orchis (*fig.* 279) et la Vanille.

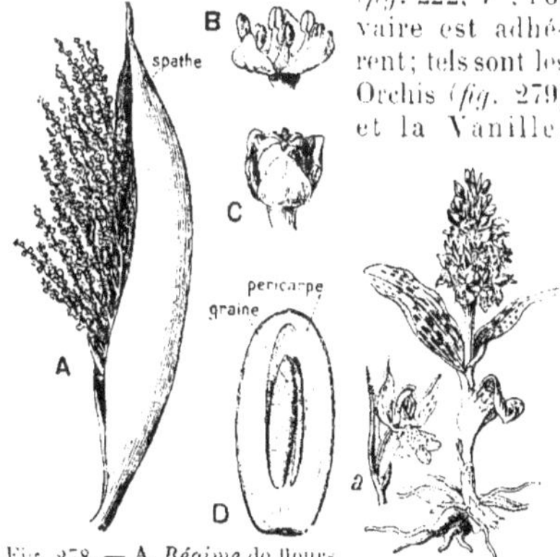

Fig. 278. — A, *Régime* de fleurs femelles de Dattier ; B, fl. *mâle* de Chamærops ; C. fl. *femelle* de Chamærops : D, coupe d'une *datte*

Fig. 279.
Orchis *tacheté*. (60 cm.) : a, fleur.

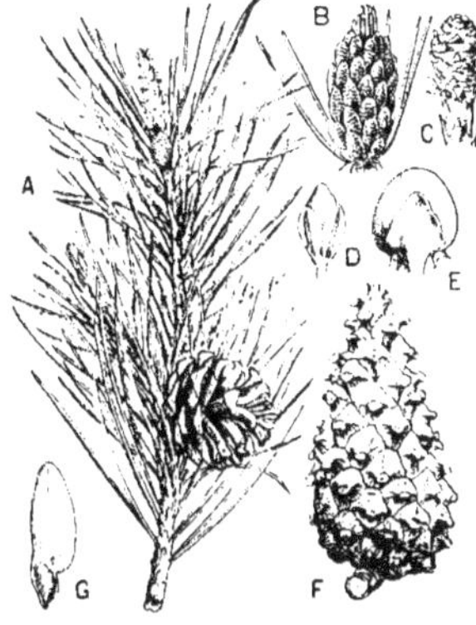

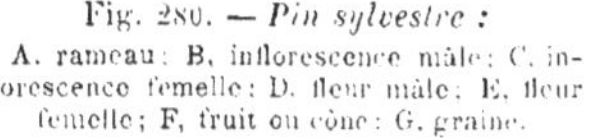

Fig. 280. — *Pin sylvestre :*
A. rameau : B, inflorescence mâle : C. inflorescence femelle : D. fleur mâle ; E, fleur femelle ; F, fruit ou cône : G. graine.

Fig. 281. — *Pin sylvestre* 10 à 30 m. .

✿ Les Palmiers *sont des arbres des pays chauds, à fleurs unisexuées, groupées en grappes (régimes). Le fruit est une baie (Dattier) ou une drupe (Cocotier). Les* Orchidées *ont des fleurs irrégulières.*

GYMNOSPERMES

174. Famille des Conifères. — La famille des Conifères, dont le type est le *Pin* (*fig.* 280 et 281), est la plus importante du groupe des Gymnospermes. Elle comprend des arbres toujours verts, résineux, à feuilles étroites, en *aiguilles*. Les fleurs, unisexuées et nues, sont groupées en chatons coniques ou *cônes* (*fig.* 280, B et C). Chaque fleur mâle comprend une écaille, avec 2 sacs polliniques ; chaque fleur femelle, un carpelle plat, avec 2 ovules. Les carpelles sont portés par de grandes écailles ligneuses formant le cône (*fig.* 280, F).

On utilise le bois et les produits résineux des arbres de cette famille : Pin, Sapin, Épicéa, Mélèze. Ces mêmes espèces sont ornementales, ainsi que les Cèdres, Thuyas, Ifs et Cyprès. Le Genévrier croît dans nos forêts.

✿ *Les* Conifères *sont des arbres* résineux *à feuilles étroites et à fleurs petites, groupées en cônes :* Pin, Sapin, Cèdre (Voir, p. 92, le Tableau-résumé de la CLASSIFICATION).

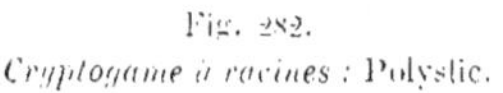

Fig. 282.
Cryptogame à racines : Polystic.

Fig. 283.
Mousse : Sphaigne.

Fig. 284.
Thallophyte : Lépiote.

IX. CRYPTOGAMES

CRYPTOGAMES A RACINES

175. Fougères; Prêles. — Les Cryptogames ou plantes sans fleurs se divisent en trois embranchements : Cryptogames à racines, Muscinées et Thallophytes **154**. Les Cryptogames à racines ont des vaisseaux : on les nomme, pour cette raison, Cryptogames *vasculaires*; les deux autres embranchements sont des Cryptogames *cellulaires*.

Les Cryptogames à racines comprennent deux classes principales, qui sont les Fougères et les Prêles.

Les *Fougères* de nos pays sont des herbes vivaces sans tige aérienne, mais pourvues d'un rhizome à nombreuses racines; de ce rhizome partent des feuilles ordinairement très-découpées *fig.* 282, enroulées en crosse dans leur jeunesse. Dans les pays chauds vivent des *Fougères arborescentes*, ressemblant un peu à des Palmiers *fig.* 286.

La reproduction a lieu, chez les Fougères,

de la manière suivante. A la face inférieure des feuilles on observe, à certaines époques de l'année, de petites taches brunes (*fig.* 285, A); ce sont des amas de sacs microscopiques ou *sporanges*, qui, lorsqu'ils sont mûrs, laissent échapper une fine poussière, les *spores*. Celles-ci germent et donnent une petite lame verte ou *prothalle fig.* 285, B, qui puise sa nourriture dans le sol par des filaments tenant lieu de racines; c'est sur cette lame verte que vont se développer deux organes, dont l'un, *l'archégone*, forme l'oosphère **142**; l'autre, nommé *anthéridie*, forme des cellules mobiles, dont l'une se fusionne avec l'oosphère

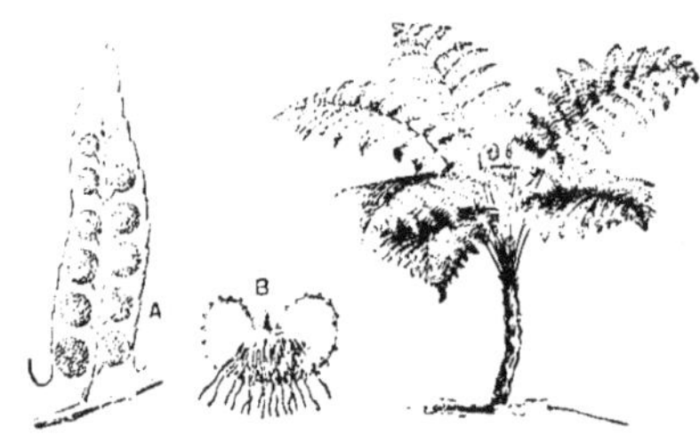

Fig. 285. — A, *sporange* d'une Fougère; B, *prothalle*.   Fig. 286. — *Fougère arborescente.*

et donne l'œuf, cellule reproductrice d'où proviendra une nouvelle Fougère.

Citons la Fougère aigle, le Polypode, l'Osmonde, la Scolopendre, les Capillaires.

Les *Prêles*, mauvaises herbes des endroits humides, ont une tige aérienne très développée et des feuilles réduites à des écailles : leurs sporanges sont groupés en épis.

❀ *Les Cryptogames à racines comprennent les Fougères et les Prêles. Nos Fougères sont des herbes ; elles se reproduisent par des spores. Chaque spore donne un prothalle, sur lequel se forment les corps reproducteurs, dont la fusion donne l'œuf.*

MUSCINÉES

176. Mousses ; Hépatiques. — Les *Mousses* sont de très petites plantes ; leur tige menue, couverte de feuilles minces et serrées, porte à sa base des filaments, qui sont à la fois crampons fixateurs et poils absorbants. La fructification des Mousses rappelle assez celle des Fougères, mais les phénomènes s'y produisent en ordre inverse. Au sommet de la tige apparaissent deux sortes de corps, oosphère et cellules mobiles (**175**), dont la fusion donne l'œuf. Celui-ci forme un long et mince pédoncule surmonté du *sporange* (*fig.* 287), qui a la forme d'un petit vase recouvert par une sorte de capuchon, ou coiffe. Quand le sporange est mûr, il s'ouvre ; les spores tombent, germent et donnent un filament ramifié, sorte de rhizome qui court sous le sol ; il produit des bourgeons, d'où naissent des tiges feuillées de Mousses. Telles sont les Sphaignes (*fig.* 283), qui, dans les marais, se transforment lentement en tourbe, l'Hypnum ou mousse des jardinières, le Polytric des bois.

Les *Hépatiques* sont des

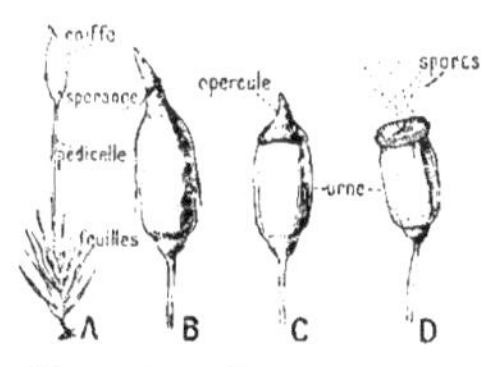

Fig. 287. — *Sporange* d'une Mousse Polytric :

A, vue d'ensemble ; B, sporange et sa coiffe ; C, la coiffe vient de tomber ; D, l'urne est ouverte et les spores sortent.

Muscinées dont l'appareil végétatif se réduit souvent à un thalle (**177**).

❀ *Les Muscinées sont des Cryptogames sans racines ; l'œuf, développé au sommet de leur tige, forme un sporange, dont les spores donneront de nouveau la plante.*

THALLOPHYTES

177. Algues. — On a créé pour les Algues et les Champignons l'embranchement des Thallophytes. Le corps de ces plantes se compose d'une seule partie, le *thalle*, qui assure à la fois la nutrition et la reproduction.

La plupart des *Algues* sont aquatiques ; elles se présentent sous forme de lames ramifiées ou de filaments ; celles des eaux douces sont ordinairement vertes ; mais chez de nombreuses Algues marines, la chlorophylle peut être masquée par une matière colorante brune ou rouge. Les Bactériacées sont des Algues microscopiques ou *microbes*, comprenant les bacilles (*fig.* 30), les vibrions, etc.

Les *Conferves*, Algues vertes filamenteuses des eaux douces, se reproduisent par

Fig. 288.
Algue Fucus.

des spores mobiles, ou *zoospores*, qui nagent dans l'eau, puis se fixent et redonnent une Conferve. Chez les Fucus (*fig.* 288), au contraire, il se forme un *œuf* qui donne l'Algue.

❀ *Les Algues sont des plantes aquatiques à chlorophylle ; leur corps, ou thalle, est ramifié ; elles se reproduisent par des spores mobiles ou par des œufs.*

178. Champignons. — Les *Champignons* (*fig.* 284) sont des Thallophytes sans chlorophylle ; ils ne peuvent donc assimiler le carbone de l'air (**132**) et sont forcés d'emprunter cet aliment indispensable soit aux matières organiques en putréfaction, soit aux animaux ou aux plantes dans lesquels ils vivent alors en *parasites*.

Examinons le Champignon de couche (*fig.* 289, A). La partie nourricière du champignon est cachée sous terre ; c'est un thalle, formé de filaments enchevêtrés ; on le nomme *blanc de champignon* (*fig.* 289, B). Sur ces filaments poussent de gros appareils fructificateurs, consistant en un *pied*, relié par sa base au thalle et terminé par un *chapeau*, à la face inférieure duquel sont des *feuillets*. Sur ces derniers naissent les *spores*, qui, en germant, forment un nouveau thalle.

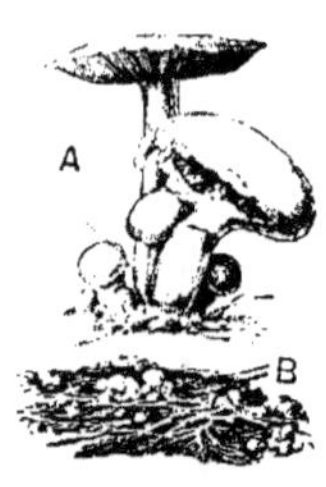

Fig. 289.
A. *Champignon de couche*; B. *blanc de champignon*.

Il existe de nombreux Champignons à chapeau ; il en est de comestibles (Oronge, Morille, Lépiote, *fig.* 284) et de très vénéneux (Fausse oronge, diverses Amanites). La *Levure de bière*, qui transforme les liquides sucrés en alcool et acide carbonique, les *Moisissures*, et beaucoup de plantes microscopiques, produisant chez les plantes cultivées les maladies dites *cryptogamiques*, sont aussi des Champignons (**224**).

Les *Lichens* sont les plus simples des plantes ; ils forment des croûtes sur les arbres, les murailles ; ils résultent de l'association d'une Algue et d'un Champignon.

❊ *Les* Champignons *sont des Thallophytes sans chlorophylle ; ils sont parasites ou vivent sur les matières en putréfaction ; les espèces communes ont un thalle filamenteux, portant des appareils fructificateurs sur lesquels naissent les spores.*

XI. — TABLEAU-RÉSUMÉ DE LA CLASSIFICATION BOTANIQUE.

EMBRANCHEMENTS.	SOUS-EMBRANCHEMENTS.	CLASSES.	ORDRES.	FAMILLES.	EXEMPLES.
I. PHANÉROGAMES. Racines, tige, feuilles, fleurs.	ANGIOSPERMES. Ovules dans un ovaire clos.	DICOTYLÉDONES. 2 cotylédons.	Dialypétales. Pétales libres	Crucifères.	Giroflée.
				Renonculacées.	Bouton d'or.
				Papavéracées.	Pavot.
				Malvacées.	Mauve.
				Papilionacées.	Pois.
				Rosacées.	Fraisier.
				Ombellifères.	Carotte.
				Cucurbitacées.	Melon.
			Gamopétales. Pétales soudés.	Solanées.	Pomme de terre.
				Scrofularinées.	Muflier.
				Borraginées.	Bourrache.
				Labiées.	Lamier.
				Primulacées.	Primevère.
				Oléacées.	Olivier.
				Composées.	Marguerite.
			Apétales. 1 seule enveloppe.	Amentacées.	Chêne.
				Urticées.	Ortie.
		MONOCOTYLÉDONES. 1 cotylédon.		Liliacées.	Lis.
				Graminées.	Blé.
				Palmiers.	Dattier.
	GYMNOSPERMES. Ovules nus.			Conifères.	Pin.
II. CRYPTOGAMES À RACINES. Racines, tige, feuilles.		Fougères. Prêles.			Polypode.
III. MOUSSES. tige, feuilles.		Mousses. Hépatiques.			Bryum.
IV. THALLOPHYTES.		Algues. Champignons.			Oronge.

Fig. 290. — Paysage *granitique* : les Calenques de Piana (Corse).

GÉOLOGIE

X. ROCHES, MINÉRAUX

179. Écorce terrestre. — La Géologie est la science de la *structure* et de l'*histoire* de la Terre. La Terre est formée d'une partie centrale dont la température très élevée maintient toutes les roches à l'état de fusion; c'est le *feu central* (*fig.* 291). Ce centre incandescent est entouré d'une croûte ou écorce *solide*, dont l'épaisseur est relativement très faible : elle est proportionnellement beaucoup moins épaisse que l'est la pelure d'une orange, comparée à la partie comestible de ce fruit.

L'écorce terrestre s'est d'abord formée par le refroidissement et le durcissement des matières minérales liquides qui composaient dans le principe la totalité de notre globe. Ce refroidissement a donné naissance à des roches *cristallines*. De nombreuses injections *éruptives* ont ensuite traversé cette première écorce dans tous les sens. Enfin, des dépôts très étendus et très épais se sont plus tard formés au fond des mers et ont ainsi donné lieu à des roches nouvelles, appelées roches *sédimentaires*.

Toutes les grandes masses de pierre qui forment l'écorce terrestre sont donc des roches. Les roches sont généralement composées de plusieurs minéraux associés; elles occupent de grandes étendues.

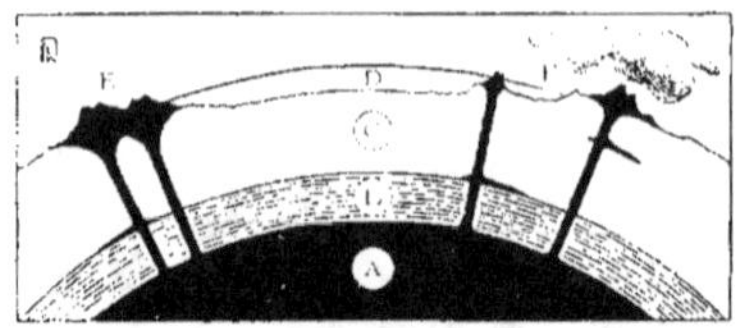

Fig. 291. — Schéma de l'*Écorce terrestre* :

A, milieu en fusion ou feu central; B, zone de première consolidation; C, terrain sédimentaire; D, océan; E, F, injections éruptives anciennes et modernes.

Les *minéraux*, au contraire, représentent des combinaisons chimiques, dans lesquelles les différents corps simples qui entrent dans leur composition sont absolument indiscernables, sauf par l'analyse chimique. Les minéraux sont peu volumineux et présentent le plus souvent une forme cristalline qui leur est propre.

❁ *La Géologie est la science de la* structure *et de l'histoire de la Terre. Celle-ci est formée d'une écorce solide de roches, entourant une masse en fusion appelée feu central. Les roches sont composées de minéraux.*

180. Minéraux, Silice. — Les minéraux entrent dans la composition de toutes les roches cristallines; ils existent en masses plus considérables dans les *filons*, qui résultent du remplissage des fractures du sous-sol; ceux qui contiennent de l'eau à l'état de combinaison sont dits hydratés.

Le Quartz ou Cristal de roche est formé de *Silice*. On le rencontre dans la nature à l'état incolore et transparent, souvent cristallisé, ou Quartz hyalin *fig.* 292 et 293; en masses blanc de lait, ou Quartz de filon; en poudre, ou Sable siliceux, etc. Les cristaux groupés sont formés de prismes à six pans, terminés par une pyramide à six faces; les cristaux isolés portent une pyramide à chacune de leurs extrémités. Exceptionnellement le quartz cristallisé se trouve avec une couleur de fumée Quartz enfumé, ou violet Améthyste, ou bien impur et brun ou noir Silex ou pierre à fusil, *fig.* 298. Également formée de silice, l'Agate est curieusement rubanée.

Le quartz, dont la dureté est grande, fait

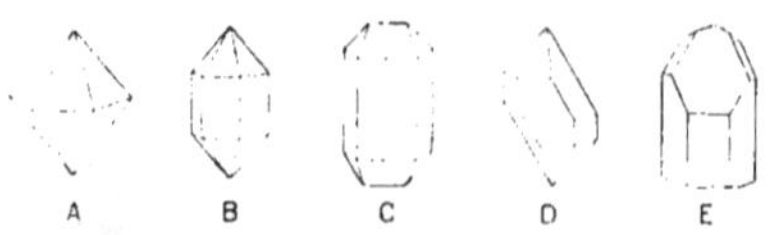

Fig. 292. — Différentes formes cristallines du *Quartz.*

Fig. 293. — *Quartz hyalin* en cristaux groupés.

feu au briquet; il raye le verre et presque tous les minéraux; le quartz hyalin se taille, notamment pour l'optique.

❁ *Les* minéraux *se rencontrent dans les roches cristallines et dans les filons. Le* Quartz *ou cristal de roche est formé de silice; l'Améthyste, le Silex ou pierre à fusil, l'Agate en sont des variétés impures.*

181. Silicates, Carbonates, etc. — Les *Silicates* sont des sels de silice; les plus répandus sont le Mica et le Feldspath. Le Mica se présente en lamelles minces et brillantes, blanches ou noires. On le remarque en fines paillettes dans la composition des roches granitiques *fig.* 303, ou bien en grandes lames empilées *fig.* 294. C'est avec le mica blanc que l'on assure la fermeture transparente et incombustible de certains poêles ou cheminées mobiles. Le Feldspath, de teinte souvent blanche ou rose, entre dans la composition de presque toutes les roches éruptives; on peut signaler ici le Kaolin ou terre à porcelaine, qui résulte de la décomposition naturelle du feldspath en une argile très pure.

Ce sont les calcaires ou *Carbonates* de chaux qui dominent dans la composition des roches sédimentaires 182. On reconnaît les calcaires à l'effervescence qu'ils produisent au contact des acides; cette effervescence est due au départ de l'acide carbonique. L'espèce minérale

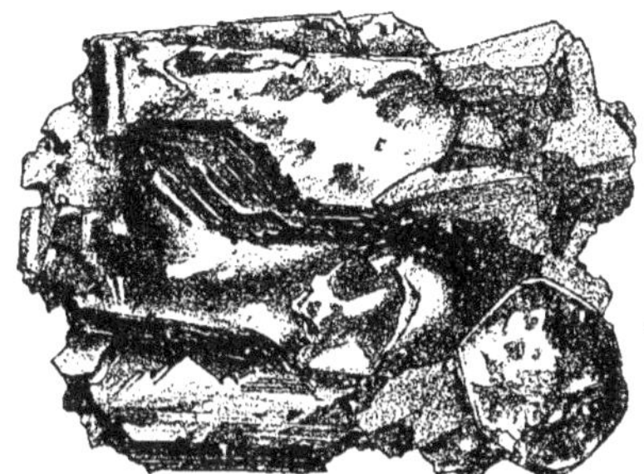

Fig. 294. — *Mica* en grandes lames empilées.

calcaire est la Calcite, absolument pure dans
la variété dite Spath d'Islande ; elle cristallise
en beaux rhomboèdres et permet, grâce à sa
transparence parfaite, de constater un phénomène de double réfraction ; il suffit pour s'en
assurer de tracer une ligne noire sur une feuille
de papier ; cette ligne, vue à travers un cristal
de calcite, apparaîtra double (*fig.* 295). Les
veines blanches des marbres et les stalactites
des grottes sont formées de Calcite.

Certains minéraux sont combustibles ; ils
sont formés de *carbone*. Le carbone pur
cristallisé est le Diamant,
qui est le plus dur des corps
connus ; il coupe le verre et
ne peut être taillé que par
un autre diamant.

✿ *Les silicates sont des sels
de silice ; les plus répandus
sont le Mica, le Feldspath. La*

Fig. 295. — *Spath d'Islande*
montrant la double réfraction.

*Calcite ou calcaire est du carbonate de chaux,
et le Diamant est du carbone pur cristallisé.*

182. Roches sédimentaires. — Pour bien
comprendre la sédimentation qui se produit
au fond des mers, il faut comparer avec ce
que la nature a fait en plus petit. Dans les
flaques d'eau de pluie qui ont pu résister quelques semaines, on remarque une mince couche de boue qui, desséchée, s'écaillera au
soleil, car elle est argileuse ; cette pellicule
est un dépôt sédimentaire, un dépôt géologique. Si l'on examine le fond d'une *mare* per-
sistante, l'argile y sera plus épaisse, plus
impure et renfermera certainement des débris
organiques, tels que coquilles vides de petits
mollusques ; il s'agit alors d'un sédiment renfermant des *fossiles*. Les vases d'un *étang* ou
d'un *lac* représentent des dépôts encore plus
importants, et c'est ainsi que nous arrivons
aux mers et aux océans, dont les dépôts sont
infiniment plus épais. Après leur émersion,
ces dépôts se dessèchent, se durcissent et deviennent des roches. Les débris fossiles ont
été conservés au fond des eaux parce qu'ils
s'y trouvaient à l'*abri de l'air* ; au contraire, les êtres morts à la surface du sol

Phot. de M. Aug. Robin.

Fig. 296. — Escarpement montrant la *roche stratifiée*.

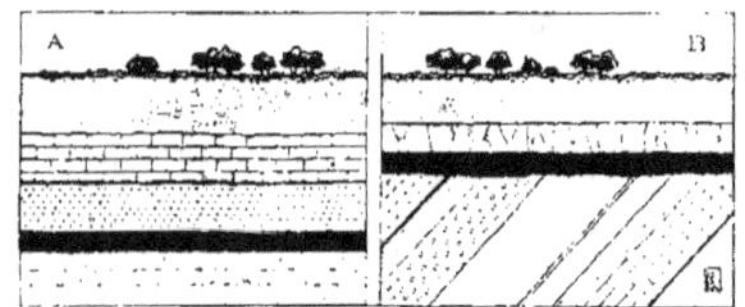

Fig. 297. — Disposition des *roches stratifiées* :
A. Stratification concordante ; B. Stratification discordante.

sont détruits par l'influence des intempéries.

Les roches sédimentaires sont étagées les unes sur les autres en couches ou *strates*; aussi les appelle-t-on souvent roches *stratifiées* (*fig*. 296 et 297). Toutes les roches sédimentaires se différencient par leur composition minérale, leur dureté, leur structure, etc.

✿ *Les roches sédimentaires ont été déposées au fond des mers sous forme de vases qui, après leur émersion, se sont desséchées et durcies; elles sont* stratifiées. *Elles contiennent généralement les débris* fossilisés *des organismes qui vivaient dans ces mers.*

183. Roches calcaires. — Les calcaires sont composés de carbonate de chaux et font tous effervescence au contact des acides. La Craie (*fig*. 298) blanchit les doigts et se raye à l'ongle; son grain est très fin, sa cassure mate. On en fait des petits bâtons blancs qui servent à écrire au tableau noir, ainsi que du blanc d'Espagne. Le Calcaire grossier est employé comme pierre de construction; son grain est grossier, sa cassure irrégulière; il se raye au canif et il est souvent criblé de petites coquilles fossiles (*fig*. 299). Il est très répandu aux environs de Paris. Le Marbre offre une cassure saccharoïde, c'est-à-dire cristalline comme celle du sucre; il est compact, mais souvent traversé de veines. Les plus beaux types sont le Marbre blanc de Carrare (Italie), recherché par les statuaires, puis le Griotte et le Campan des Pyrénées, exploités pour la décoration.

Le Calcaire lithographique présente un grain très fin et une parfaite compacité; il est employé pour obtenir la gravure lithographique : sur une surface plane, l'artiste dessine avec un crayon gras; on attaque ensuite la pierre avec un acide. Lorsque l'opération est terminée, le dessin se trouve en relief par rapport aux parties rongées, et l'on a un véritable cliché qu'il suffit d'enduire d'encre pour en tirer des épreuves. La plupart des calcaires sont employés pour la fabrication de la chaux.

✿ *Les Calcaires font tous effervescence au contact des acides. Ce sont la Craie, tendre, blanche et traçante; le Calcaire grossier, souvent criblé de coquilles; le Marbre, dont les variétés sont nombreuses, et le Calcaire lithographique utilisé en gravure. Les calcaires fournissent la* Chaux.

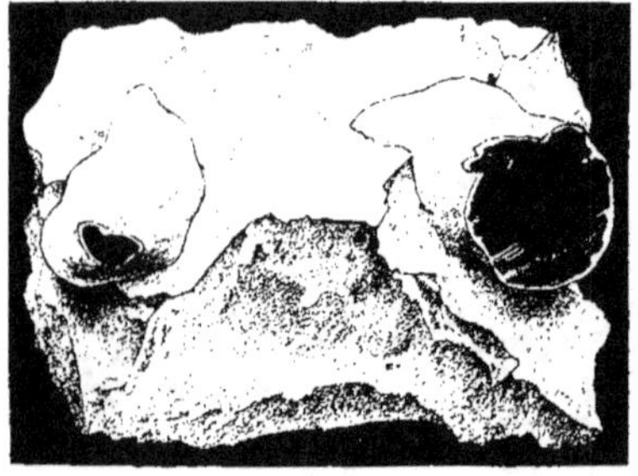

Fig. 298. — Fragment de *craie blanche* contenant des rognons de silex.

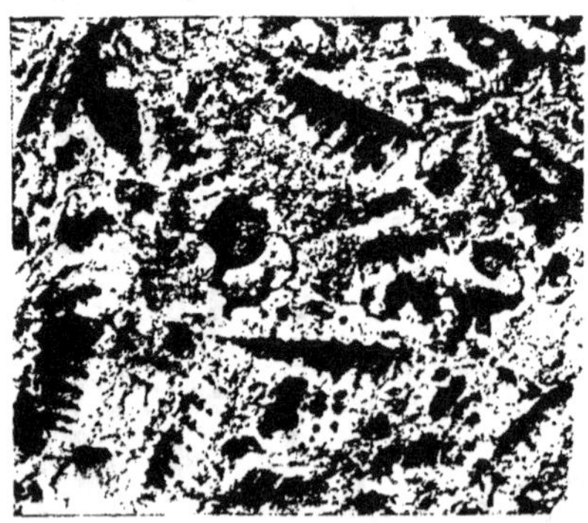

Fig. 299. — *Calcaire grossier*, avec nombreuses empreintes de coquilles *fossiles*.

184. Argiles, Sable, Meulière. — L'Argile est un silicate d'alumine hydraté ; elle est douce au toucher ; sa cassure est irrégulière, sa pâte extrêmement fine ; elle est tendre et happe à la langue, semblant s'y coller ; enfin, mélangée à l'eau, elle s'amollit, se pétrit, elle est malléable. Par la cuisson, elle acquiert une grande dureté ; aussi en fait-on des briques, des tuiles, des poteries. La Marne est une argile mélangée de calcaire. Lorsque les argiles ont subi dans l'écorce terrestre de grandes pressions, elles deviennent plus dures, avec une structure feuilletée qui permet de les fendre en lames minces : c'est alors du Schiste, dont l'Ardoise est une variété, propre à la couverture des maisons.

Le Sable est une poudre fine de quartz ; cette poudre est blanche lorsqu'elle est pure et sert à fabriquer le verre. Lorsque le sable a été agglutiné par un corps minéral venu à l'état dissous, il devient une roche très dure appelée Grès et dont on fait des pavés. L'agglomération des galets ou cailloux roulés produit des Conglomérats.

La Meulière (*fig.* 300) est encore une roche siliceuse très dure, mais trouée, caverneuse. Elle est utilisée dans la fabrication des meules et pour certaines constructions : fondations d'édifices, égouts, voûtes de tunnels.

✻ *L'Argile est un silicate d'alumine hydraté, tendre et malléable. La Marne est une argile mélangée de calcaire. Le Schiste est une argile durcie et feuilletée. Le Sable est une poudre de quartz dont l'agglomération*

produit le Grès. La Meulière est très dure et souvent caverneuse.

185. Roches combustibles, Gypse. — La Houille, ou charbon de terre (*fig.* 301), se présente dans les profondeurs du sol en variétés nombreuses. Sa couleur est noire ; sa cassure donne des petites surfaces planes très brillantes ; sa dureté est faible. On l'exploite dans des mines souvent profondes, notamment sur la frontière franco-belge. Le Lignite est une sorte de houille ligneuse très incomplètement carbonisée. La Tourbe est de teinte brun noirâtre ; sa structure est fibreuse. Elle résulte de la carbonisation, sous l'eau des marais et par conséquent à l'abri de l'air, de divers végétaux, notamment de mousses.

Le Gypse ou pierre à plâtre offre une cassure irrégulière, cristalline et saccharoïde comme le marbre blanc de Carrare (**183**). Il se raye facilement à l'ongle. C'est un sulfate de chaux hydraté. Pour fabriquer le plâtre, il faut retirer l'eau ; dans ce but, on chauffe le gypse dans des fours spéciaux et l'eau qu'il contient s'échappe sous forme de vapeur.

Signalons aussi le Sel gemme ou chlorure de sodium ; c'est le sel minéral, vitreux, incolore, exploité dans l'est de la France.

✻ *La Houille ou charbon de terre est activement exploitée dans le nord de la France. Le Lignite est une houille ligneuse, la Tourbe est fibreuse. Le Gypse ou pierre à plâtre est un sulfate de chaux hydraté. Le Sel gemme ou chlorure de sodium est du sel minéral.*

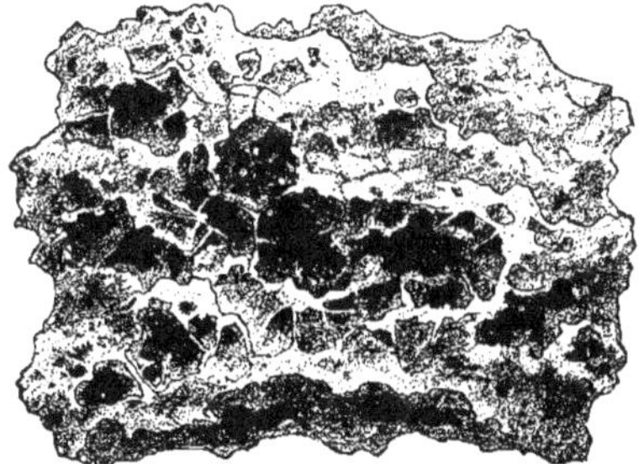

Fig. 300. — Fragment de *Meulière* caverneuse.

Fig. 301. — Fragment de *Houille*.

Fig. 302. — Fragment de *Gneiss*.

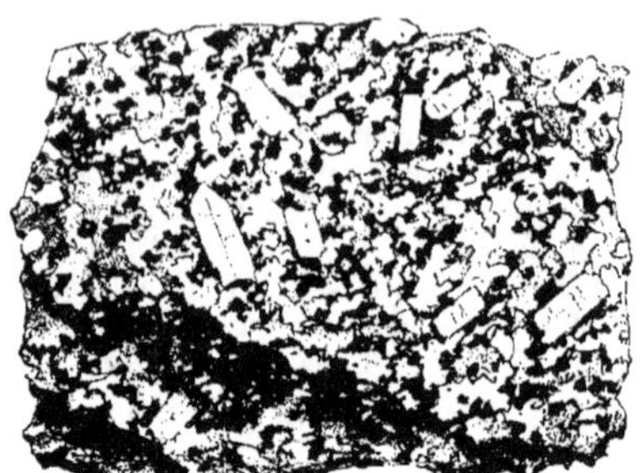

Fig. 303. — Fragment de *Granite*.

186. Roches cristallines. — Certaines roches cristallines paraissent avoir une origine sédimentaire : toutes les autres sont éruptives. Les premières sont appelées roches *cristallophylliennes*, parce qu'elles sont feuilletées comme les schistes : tel est le Gneiss (*fig.* 302) dans lequel le feldspath et le mica se trouvent réunis avec un peu de quartz. Un autre type cristallin, très brillant et plus finement feuilleté, est le Micaschiste, principalement composé de mica et de très peu de quartz.

Les roches cristallines *éruptives* se sont injectées à travers l'écorce terrestre à la manière des laves volcaniques *fig.* 291. On distingue facilement les très nombreuses roches de cette catégorie : elles ne sont pas stratifiées ; elles se présentent en grandes masses, venues à peu près verticalement des profondeurs, et se sont épanchées en coulées ; elles ne contiennent naturellement aucun fossile. Nous en citerons ici les types essentiels : Granite, Porphyre, Basalte.

※ *Les roches cristallophylliennes sont cristallines et feuilletées ; leur origine paraît sédimentaire : Gneiss, Micaschiste. Les roches éruptives se sont injectées à travers l'écorce terrestre comme les laves volcaniques : Granite, Porphyre, Basalte.*

187. Types éruptifs. — Le Granite, si répandu sur le globe (*fig.* 290 et 303), est formé de trois minéraux serrés les uns contre les autres, quartz, mica, feldspath. Ce qui paraît dominer est un minéral sans éclat, blanc ou rose, qui est le feldspath ; puis l'attention est appelée par de petites lamelles noires très brillantes : c'est le mica ; enfin des parties vitreuses, incolores, représentent le quartz, qui est disposé en petites masses sinueuses et enveloppantes.

Si nous prenons un morceau de Porphyre, nous remarquons tout de suite son caractère principal : c'est sa compacité ; ses éléments minéraux, feldspath et quartz, ne sont pas enchevêtrés, ils sont disséminés et noyés dans une pâte feldspathique sombre, dure et très compacte (*fig.* 304) ; c'est une roche lourde, résistante. Certaines variétés ont été employées de tout temps pour la décoration : tels sont le Porphyre rouge antique d'Égypte et le Porphyre vert antique de Grèce. D'autres

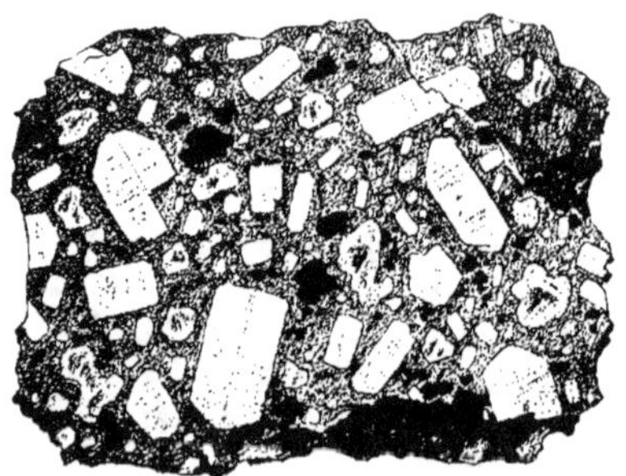

Fig. 304. — Fragment de *Porphyre*.

types sont abondants dans les déjections de nos volcans d'Auvergne, où ils forment de grandes coulées de laves; citons le Basalte, noir, compact, dur et lourd, constitué par une pâte également feldspathique. Les coulées de basalte forment parfois de belles colonnades prismatiques dues au refroidissement brusque dans les eaux *(fig. 305)*;

Fig. 305. — Colonnades basaltiques.

on en observe dans certaines vallées de notre Massif-Central et sur les côtes d'Irlande.

❀ *Le* Granite *est formé de cristaux de quartz, mica et feldspath serrés les uns contre les autres. Le* Porphyre *est formé de feldspath et de quartz noyés dans une pâte feldspathique. Le* Basalte *est aussi à pâte feldspathique.*

XII. — TABLEAU-RÉSUMÉ DES ROCHES SÉDIMENTAIRES.

	TYPES.	COMPOSITION.	COULEUR.	DURETÉ.	CARACTÈRES PRINCIPAUX.	USAGES.
Calcaires	CRAIE	Carbonate de chaux.	Blanc	Se raye à l'ongle.	Grain tr. fin.	Chaux.
	CALCAIRE GROSSIER.	Carbonate de chaux.	Blanc jaunâtre.	Se raye au canif.	Gr. grossier.	Construction.
	MARBRE	Carbonate de chaux cristallin	Variable	Se raye au canif.	Structure saccharoïde.	Décoration.
	CALCAIRE LITHOG.	Carbonate de chaux	Jaunâtre	Se raye au canif.	Grain tr. fin.	Gravure.
Argileux	ARGILE	Silicate hydraté d'alumine.	Variable	Se raye à l'ongle.	Se pétrit av. l'eau.	Briques.
	MARNE	Argile calcarifère	Variable	Se raye à l'ongle.	Effervescente, se pétrit	Ciment.
	SCHISTE	Silicate d'alumine.	Gris très foncé.	Se raye au canif.	Se divise en feuillets.	Couverture.
Siliceux	SABLE	Silice	Blanc ou jaune.	Dépolit le verre.	Structure poudreuse.	Verrerie.
	GRÈS	Sable aggloméré	Blanc grisâtre.	Raye le verre.	Str. granuleuse.	Pavage.
	MEULIÈRE	Silice impure.	Jaunâtre.	Raye le verre.	Str. caverneuse.	Fondations.
Combust.	HOUILLE	Carbone à 85 °/₀	Noir brillant.	Se raye au canif.	Se brise en surfaces planes.	Chauffage.
	LIGNITE	Carbone à 65 °/₀	Brun foncé	Se raye à l'ongle.	Struct. ligneuse.	Chauffage.
	TOURBE	Carbone à 59 °/₀	Brun foncé	Se raye à l'ongle.	Struct. fibreuse.	Chauffage.
	GYPSE	Sulfate hydraté de chaux	Blanc jaunâtre.	Se raye à l'ongle.	Str. saccharoïde.	Plâtre.
	SEL GEMME	Chlorure de sodium.	Incolore.	Se raye à l'ongle.	Soluble dans l'eau.	Alimentation.

XIII. — TABLEAU-RÉSUMÉ DES ROCHES CRISTALLINES.

TYPES.	COMPOSITION ESSENTIELLE.	CARACTÈRES PRINCIPAUX.	USAGES.
ROCHES CRISTALLOPHYLLIENNES :			
GNEISS	Quartz, feldspath, mica en paillettes parallèles.	Structure feuilletée.	Dalles, couv. des maisons.
MICASCHISTE	Mica presque totalement et quartz.		
ROCHES ÉRUPTIVES :			
GRANITE	Quartz en masses sinueuses, mica noir et feldspath.	Éléments serrés les uns contre les autres.	Construction, décoration, empierrement des routes.
PORPHYRE	Feldspath et quartz dans une pâte feldspathique.	Éléments noyés dans une pâte.	
BASALTE	Pyroxène et péridot dans une pâte feldspathique.		

Fig. 306. — Profil des montagnes démolies par le *regel* des eaux de suintement.

XI. PHÉNOMÈNES ACTUELS

188. Atmosphère. — Avant d'étudier les terrains, nous allons jeter un coup d'œil très rapide sur les phénomènes géologiques qui se produisent *actuellement* à la surface de la Terre. Ils nous permettront d'aborder les phénomènes anciens avec plus de fruit, car c'est la connaissance du présent qui nous fera comprendre le passé.

L'*air* qui constitue la masse atmosphérique est transparent et invisible ; il est formé d'oxygène indispensable à la respiration des animaux ; indispensable aussi, avec l'acide carbonique, à la vie des plantes. L'air est encore formé d'azote, puis de vapeur d'eau dont l'excès donne naissance aux nuages.

Les *vents* résultent du déplacement de grandes masses d'air de températures différentes ; les plus connus sont les alizés, qui soufflent de l'équateur vers les pôles, et les contre-alizés, qui suivent la direction contraire. Lorsque les vents prennent une allure tourbillonnaire, ils peuvent engendrer les terribles cyclones et les trombes. Le vent soulève tous les matériaux légers et sans cohésion : c'est ainsi qu'il soulève le sable des plages ; il l'accumule sur les bords de la mer et dans les déserts sous forme de *dunes*. Poussées par les vents de mer, les dunes se multiplient et menacent les terres (*fig.* 307).

Lorsque l'air manque de vapeur d'eau, parce que les vents ne lui en apportent pas suffisamment, la pluie ne se produit plus. Privé d'humidité, le sol perd sa végétation et sa cohésion : il devient un *désert*. Les oueds sont les fleuves desséchés de ces régions

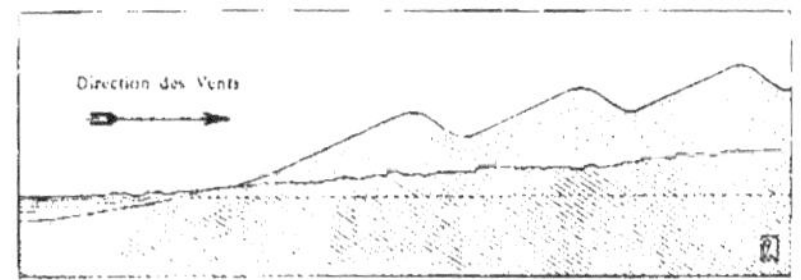

Fig. 307. — Formation des *dunes maritimes*.

désolées ; les chotts en sont les lacs évaporés. Seules de rares sources y entretiennent quelques oasis de dattiers.

❀ *Les vents sont des déplacements de masses d'air de températures différentes. En soulevant le sable des plages, ils édifient les dunes. Privé de vapeur d'eau, l'air dessèche le sol et produit les déserts, où de rares sources entretiennent quelques oasis.*

189. Eau sauvage. — Le refroidissement de la température atmosphérique provoque la condensation des nuages, c'est-à-dire la *pluie* ; c'est ce qui se produit lorsque les nuages s'élèvent. La pluie ravine tous les terrains meubles ou peu résistants ; les grosses pierres plates dénudées servent parfois de parapluies à certaines portions de terrain et ménagent ainsi de grandes colonnes naturelles, appelées pyramides d'érosion. L'eau des pluies ruisselle à la surface des sols *imperméables* ; elle ronge les terrains calcaires et leur donne des aspects de ruines ; elle entraîne les sables et dénude les blocs de grès ou de granite qu'ils contiennent ; ceux-ci s'empilent et forment des chaos.

Les eaux d'orage qui se précipitent dans l'ornière d'un chemin incliné représentent en petit un *torrent* de montagne. Au point où un torrent atteint la vallée, il dépose ses matériaux et forme ainsi un cône de déjection. Dans les montagnes où l'homme a eu l'imprudence de détruire les forêts, les pluies emportent la terre végétale et multiplient les torrents : c'est la misère et la dévastation. On peut obtenir l'extinction des torrents par des barrages et par le *reboisement*.

❀ *Le refroidissement de la température de l'air provoque la condensation des nuages : c'est la pluie, qui ravine, ronge et dénude les terrains. La réunion des eaux de ruisselle-*

ment produit les torrents de montagnes ; le déboisement les multiplie et ruine le sol.

190. Eau souterraine. — Dans les terrains *perméables* ou fissurés, les eaux de pluie s'infiltrent. En traversant le sous-sol, le gaz acide carbonique qu'elles contiennent leur permet de dissoudre les roches calcaires. À la rencontre d'une couche imperméable, ces eaux s'arrêtent et forment une *nappe* aquifère dans les terrains sableux *fig.* 308 ou bien un *niveau* aquifère dans les roches fissurées.

En rongeant les cassures des terrains calcaires, les eaux d'infiltration les élargissent et creusent des vides, *gouffres* ou *grottes*, dans lesquels elles alimentent des rivières souterraines. Les grottes sont formées de longs couloirs qui peuvent constituer plusieurs étages, réunis par des puits verticaux. En déposant sur les parois des grottes le calcaire qu'elles ont dissous dans leur trajet, les eaux donnent naissance aux stalactites et aux stalagmites. Les *sources* constituent la réapparition au jour des eaux de pluie retenues momentanément par l'infiltration ; elles coïncident toujours avec l'affleurement d'une couche imperméable qui a empêché les eaux de descendre plus profondément. Les nappes peuvent ne donner que des suintements, mais les niveaux fournissent souvent des eaux très abondantes.

❀ *L'eau de pluie s'infiltre dans les terrains perméables ou fissurés : elle se réunit en nappes sur les couches imperméables. Elle creuse dans les terrains calcaires des gouffres et des grottes et réapparaît au jour sous forme de sources.*

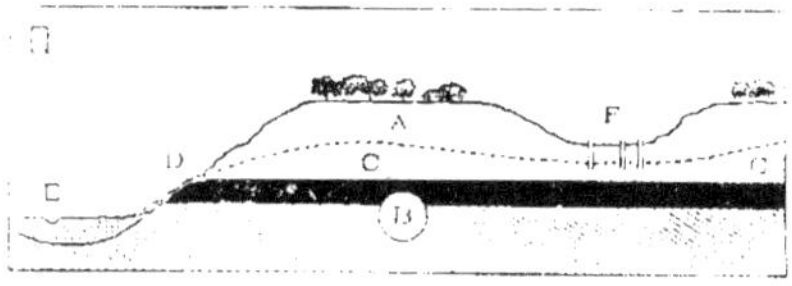

Fig. 308. — Disposition d'une *nappe aquifère* :

A. couche perméable ; B. couche imperméable sur laquelle se sont arrêtées les eaux d'infiltration qui constituent la nappe aquifère CC ; D. source dont les eaux vont alimenter le cours d'eau E. F. vallée sèche avec puits.

191. Eau solide. — La *neige* se substitue à la pluie dès que sa température est inférieure à 0°; c'est le cas dans les hautes altitudes. Dans les montagnes, le dégel et le regel répétés de la neige provoquent la démolition des sommets *fig.* 306 : les pierres s'en détachent et forment à leur base des cônes d'éboulis.

En Europe, au-dessus de 2 800 ou 3 000 mètres, la neige persiste; cristalline et poudreuse d'abord, elle se transforme en *glace* en passant par l'état de *névé* et donne naissance aux *glaciers* qui s'épanchent vers les vallées basses. Grâce à la pente de leur lit et à la poussée des neiges d'en haut, les glaciers marchent comme les autres cours d'eau, mais plus lentement. Ils creusent ainsi leur vallée; ils la mordent et la pulvérisent à l'aide des pierres qui sont prises entre leur masse et le fond de leur lit; ils abaissent ainsi les massifs montagneux. Les pierres transportées à la surface du glacier sont peu à peu rejetées sur les rives et y forment de longs amas, ou *moraines*. Les *crevasses* sont des déchirures et les *séracs* des chaos de glace qui se produisent aux dénivellations du lit. Les eaux de fusion qui s'écoulent sous les glaciers forment à leur extrémité inférieure des *sources glaciaires*.

La neige qui tombe sur les hautes montagnes s'y accumule et alimente les glaciers qui s'épanchent dans les vallées. Les glaciers rongent et abaissent les montagnes; leurs eaux de fusion forment les sources glaciaires.

192. Cours d'eau. — Les cours d'eau sont groupés en *bassins hydrographiques*; on appelle ainsi la région dont tout le ruissellement, toutes les sources et toutes les rivières concentrent leurs eaux dans le lit d'un fleuve qui se jette à la mer. La vitesse des eaux résulte de la pente du lit. Les rivières calmes creusent de larges *vallées*, les rivières torrentielles creusent des *canons*, et les torrents, des *gorges* étroites et profondes. Les dénivellations brusques du lit produisent les *chutes*.

Les cours d'eau tranquilles creusent des vallées larges, grâce au déplacement lent et constant de leurs sinuosités ou *méandres*; ce déplacement résulte de l'affouillement continu des rives concaves et de l'alluvionnement progressif des rives convexes. Avec le temps les eaux agissent ainsi sur toute la surface du fond de la vallée.

Les *alluvions* sont les sables, graviers et cailloux charriés et déposés par les rivières. En s'arrêtant contre la masse des eaux de la mer, les cours d'eau précipitent leurs alluvions et comblent leur estuaire, large écartement des rives qui précède l'embouchure. Devant cette dernière, il peut se former un vaste dépôt en forme d'éventail ou *delta*.

Un fleuve et le réseau de tous ses tributaires constituent un bassin hydrographique. Les rivières calmes creusent des vallées larges sur le fond desquelles elles déplacent leurs méandres. A leur embouchure, les cours d'eau forment souvent un delta.

Fig. 309. — *Falaises* de craie, à Étretat.

193. Mer. — La mer est agitée par les marées et les courants. Les *marées* se produisent deux fois en 24 heures 50 minutes; elles sont dues à l'influence de la Lune. Quand l'influence du Soleil s'y ajoute, elle donne lieu aux grandes marées. Les *courants* marins sont dus aux différences de température des eaux; les uns vont de l'équateur vers les pôles, les autres marchent en sens contraire; on peut comparer leur régime à celui des vents.

Les *falaises* *fig.* 309 sont des parois à pic, dues à la démolition de la côte par les attaques de la mer; les flots y sculptent des aiguilles, des arches, ils y creusent des grottes; la mer brise et roule ce qu'elle a démoli; elle accumule ainsi des levées de galets et des plages de sable. Sur le fond des mers se forment des dépôts dont les uns résultent de la démolition des rivages et les autres de l'accumulation de débris animaux et végétaux; ce sont les *sédiments*, que leur émersion pourra transformer en roches sédimentaires (**182**).

✿ *La mer est agitée par les marées et les courants. Ses vagues démolissent et sculptent les rivages (falaises, aiguilles); ou bien y accumulent des dépôts (sables, galets). Des matériaux plus fins se déposent sur le fond.*

194. Volcans. — Les *volcans* présentent une forme conique; les cônes volcaniques sont formés de lave ou de cendres; le cratère s'évase au centre du cône; la cheminée qui s'ouvre au fond du cratère est une fracture de l'écorce terrestre. Les éruptions commencent par une épaisse colonne de fumée, elles se continuent

Fig. 310. — Le *Vésuve* et la baie de Naples.

par l'émission des laves, formées de roche fondue, et sont accompagnées de chutes plus ou moins abondantes de cendres. Les volcans actifs d'Europe sont l'Etna, le Vésuve (*fig.*310), le Stromboli et le Vulcano. En 1902, l'effrayante éruption de la Montagne-Pelée (Martinique) fut accompagnée de *nuées ardentes*, formées de vapeurs lourdes à haute température.

Le volcanisme, ou fonction volcanique, s'explique d'abord par le feu central et par les grandes cassures de l'écorce terrestre; l'éruption paraît due aux propriétés foisonnantes de la vapeur d'eau dissoute en très grande quantité dans la masse minérale en fusion.

Les *Geysers* sont des sources chaudes jaillissantes et intermittentes; il en existe en Islande, Nouvelle-Zélande, États-Unis.

✿ *Les volcans mettent le feu souterrain en relation avec l'extérieur par l'intermédiaire des grandes fractures du sol; ils présentent un cône, un cratère et une cheminée. Les geysers sont des sources chaudes, jaillissantes.*

195. Dislocations. — En se refroidissant, le feu central diminue de volume. Pour rester en contact avec la masse minérale en fusion, l'écorce terrestre se plisse comme un vêtement trop large et se brise. Les plus grands *plis* sont représentés par les chaînes de montagnes (*fig.* 311). On appelle *géoclases* les grandes cassures de l'écorce terrestre.

Les *contractions* lentes de cette écorce produisent des soulèvements et des affaissements secondaires qui sont plus faciles à observer au bord de la mer à cause du niveau des eaux, qui constitue un point de repère. C'est ainsi que les fjords de Norvège sont des vallées affaissées et envahies par la mer.

Les *tremblements de terre ou séismes* sont des épisodes parfois très violents du phénomène des contractions de l'écorce terrestre: les secousses peuvent être verticales, horizontales, ondulatoires ou rotatoires; elles produisent des crevasses, des soulèvements, des effondrements; les dernières catastrophes sont celles de Calabre (1905), San-Francisco (1906), Messine (1908), Provence (1909). Les secousses sont généralement légères en France.

✿ *Pour rester en contact avec le feu central, qui diminue de volume en se refroidissant, l'écorce terrestre se plisse et se disloque. Les tremblements de terre représentent des épisodes violents de ce phénomène de dislocation.*

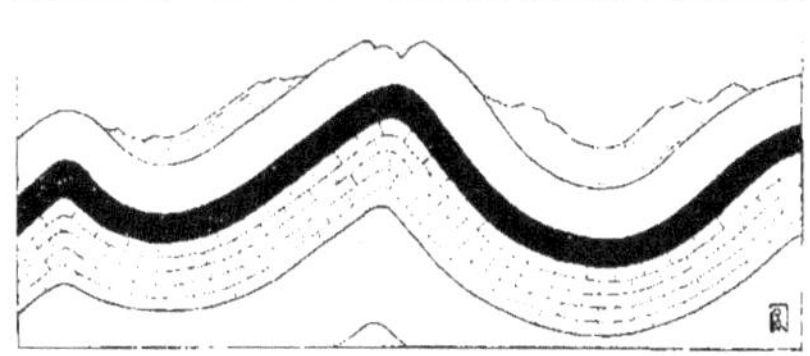

Fig. 311. — Terrains *plissés* dans le Jura.

Phot. de M. Aug. Robin.

Fig. 312. — Aspect des différentes *couches* ou *strates* dans une *carrière* en exploitation.

XII. TERRAINS

196. Fossiles, classification. — Nous avons dit que les terrains sont formés de dépôts stratifiés, s'étageant les uns sur les autres (*fig.* 296 et 312). Ajoutons que les uns sont d'origine marine et que les autres sont d'eau douce, ce que l'on reconnaît aux espèces fossiles qu'ils contiennent. Mais ce qu'il faut surtout reconnaître dans l'écorce terrestre, c'est l'*âge* des terrains, l'*ordre* dans lequel ils se sont succédé, et grouper les dépôts qui, sur toute la surface du globe, se sont formés en même temps. L'ordre est généralement indiqué par la superposition; mais cela n'est pas toujours exact, et le renseignement le plus certain est fourni par les espèces fossiles, lesquelles n'ont pas cessé de se transformer, d'*évoluer*, depuis l'apparition du premier organisme. Il en résulte que d'un sédiment à l'autre la série des fossiles est plus ou moins différente, qu'elle n'est jamais semblable. On nomme fossiles *caractéristiques* d'un terrain ceux qui lui appartiennent exclusivement et n'existent pas dans les autres.

Les roches les plus anciennes résultent de la première consolidation du globe. C'est sur ce socle cristallin, appelé terrain *primitif*, que se sont étagés les terrains *sédimentaires*, que nous allons étudier; ils ont été partagés en quatre grandes divisions ou *ères*, primaire, secondaire, tertiaire et quaternaire; ces ères ont été subdivisées chacune en périodes ou systèmes.

❀ *L'âge des terrains est généralement indiqué par l'ordre de superposition; mais il l'est principalement par les fossiles qui n'ont pas cessé d'évoluer et se modifient d'une couche à l'autre. On divise les temps géologiques en 4 ères, subdivisées chacune en systèmes.*

197. Caractères de l'Ère primaire. — Le terrain primitif est à peu près inconnu des géologues. Les formations les plus anciennes que l'on connaisse sont les roches cristallophylliennes dans lesquelles on a trouvé de rares fossiles. C'est sur cette masse que reposent les dépôts de l'ère *primaire* qui sont de beaucoup les plus épais ; ils représentent à eux seuls une masse plus importante que celle des autres terrains réunis, et le temps durant lequel ils se sont formés embrasse la plus grande partie des temps géologiques. Les roches d'âge primaire sont des schistes, des grès et des marbres plus ou moins fossilifères. Une remarquable exubérance végétale a donné naissance aux gisements de houille (**185** et **200**. Parmi les fossiles animaux, il en est une série tout à fait caractéristique qui apparaît vers le commencement de l'ère et s'éteint vers la fin : ce sont les *Trilobites* (*fig.* 313). Les Trilobites sont des crustacés ; une division longitudinale en trois lobes justifie leur nom. Ils habitaient la mer, se déplaçaient en nageant et pouvaient se rouler sur eux-mêmes comme des cloportes : les géologues en ont compté 1 700 espèces différentes. Il suffit donc de recueillir un trilobite en place pour avoir la certitude absolue que l'on se trouve en présence d'un dépôt appartenant à l'ère primaire.

La présence des mêmes fossiles dans le monde entier indique un climat uniforme très chaud et privé de saisons : c'est ainsi que la flore du Spitzberg est nettement tropicale. En France, les formations primaires sont visibles en Bretagne, puis en Cotentin, Ardennes. Massif-Central et Pyrénées. L'ère primaire a été divisée en systèmes Silurien. Dévonien et Carbonifèrien.

☦ *Les terrains de l'ère primaire reposent sur les formations cristallophylliennes. Ils sont caractérisés par le développement d'une riche végétation et par une série de crustacés appelés* Trilobites. *Un climat très chaud était uniforme sur toute la Terre.*

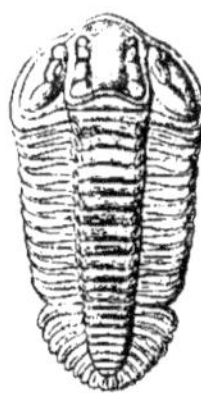

Fig. 313.
Trilobite.

198. Fossiles primaires. — Les terrains primaires ont fourni des polypiers en très grand nombre. Les brachiopodes, qui ressemblent extérieurement à des mollusques bivalves, ont fourni des genres importants : ils sont munis de deux bras enroulés en spirale : ce sont les Spirifères (*fig.* 316) et les Productus (*fig.* 318. Parmi les mollusques il n'y avait guère que des céphalopodes à coquille, comme le Nautile. Les crustacés les plus répandus étaient les Trilobites (*fig.* 313. Enfin, les articulés offrent de nombreux insectes, notamment une libellule géante.

Les poissons comprenaient surtout des *placodermes*, qui sont caractéristiques de l'ère primaire : ce sont des poissons cuirassés, leur corps est recouvert de plaques osseuses, la queue est hétérocerque, c'est-à-dire à lobes inégaux : ce qui est le cas du Ptérichtys (*fig.* 314). Les batraciens sont l'Archégosaure et l'Actinodon : ce dernier, long de 0^m,80, était le plus gros des animaux de cette époque.

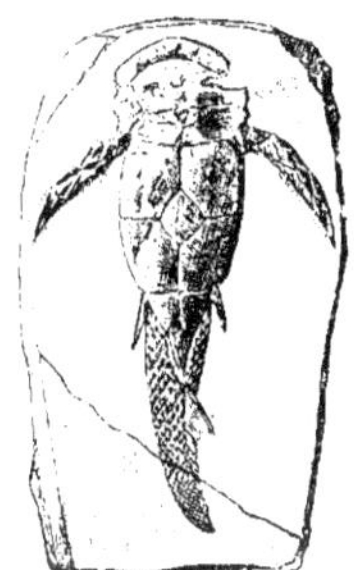

Fig. 314. — *Ptérichtys.*

Les végétaux étaient représentés par une remarquable série de cryptogames de grande taille.

☦ *Les principaux fossiles primaires sont les brachiopodes (Spirifère, Productus), les céphalopodes (Nautile), les Trilobites, les poissons cuirassés Ptérichtys) et les batraciens Archégosaure, Actinodon.*

199. Systèmes Silurien et Dévonien. — Les formations *siluriennes* sont caractérisées par les *Graptolites* (*fig.* 315), polypiers qui formaient des petites colonies flottantes, et par certaines espèces de Trilobites. Les roches les plus répandues sont des schistes, des grès, des conglomérats. Une des principales exploitations de roche

Fig. 315.
Graptolite.

silurienne est l'extraction souterraine des *ardoises* de l'Anjou. Les ardoises violettes de Fumay (Ardennes), le grès dit « armoricain » du cap de la Chèvre et de Morgat (Finistère) sont également siluriens. C'est à la fin des temps siluriens que commence le soulèvement d'une chaîne de montagnes dite *Calédonienne* qui s'étendait de l'Écosse à la Scandinavie et qui depuis a été presque détruite par l'érosion.

Les assises *dévoniennes* sont caractérisées par un genre de brachiopodes : les **Spirifères** (*fig.* 316). Les roches calcaires prennent une très grande importance; les marbres de cet âge sont l'objet d'exploitations très actives dans les Pyrénées. Le calcaire de Givet (Ardennes) est également d'âge dévonien.

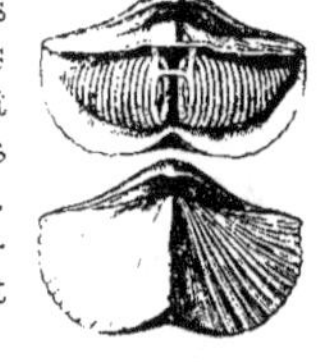

Fig. 316.—*Spirifère.* En haut : coquille ouverte.

Le système Silurien *est caractérisé par des polypiers flottants appelés* Graptolites *et par les ardoises de l'Anjou et des Ardennes. Le système* Dévonien *est caractérisé par des brachiopodes nommés* Spirifères *et par les marbres des Pyrénées. Soulèvement en Écosse et Scandinavie.*

200. Système Carbonifèrien, Houille. —

Les couches *carbonifériennes* sont caractérisées par un genre de brachiopodes : les *Productus* (*fig.* 318). C'est entre certaines assises de schistes et de grès que se trouve la *houille*, dont l'extraction est des plus importantes. Il se produisit, durant la seconde moitié des temps carbonifères, une chaîne de montagnes dite *Hercynienne* dont les reliefs de la Bretagne, des Ardennes et des Vosges représentent les ruines.

Les *végétaux* primaires sont presque tous des cryptogames. Les Lycopodes, aujourd'hui si petits, étaient de grands arbres de 20 à 30 mètres de hauteur; les plus répandus étaient les Lépipodendrons (*fig.* 319) et les Sigillaires. Les Prêles de cette

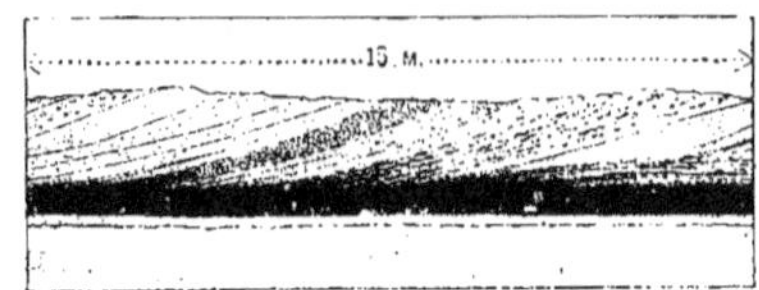

Fig. 317. — Couche de *houille* recouverte par des alluvions dans un delta.

époque étaient presque aussi élevées, c'étaient les Calamites. Enfin, les Fougères arborescentes collaboraient par le nombre de leurs espèces à la beauté des forêts. Les gisements de houille résultent du charriage et du dépôt des végétaux arrachés par les cours d'eau tout le long de leurs rives; ces végétaux, transportés jusqu'aux deltas, s'y sont enlisés et s'y sont carbonisés à l'abri de l'air jusqu'à devenir de la houille (*fig.* 317).

La plus grande masse de terrain houiller intéressant la France est le bassin franco-belge; les centres principaux sont Mons et Charleroi (Belgique) et Valenciennes (Nord). Viennent ensuite le bassin de la Loire (Saint-Étienne), puis ceux du Massif-Central, beaucoup moins étendus.

Le système Carbonifèrien *est caractérisé par des brachiopodes appelés* Productus *et par la* Houille *qui résulte de l'immersion de végétaux charriés par les cours d'eau. Ces végétaux étaient des Lycopodes, des Prêles et des Fougères de grande taille. Soulèvement des Ardennes et des Vosges.*

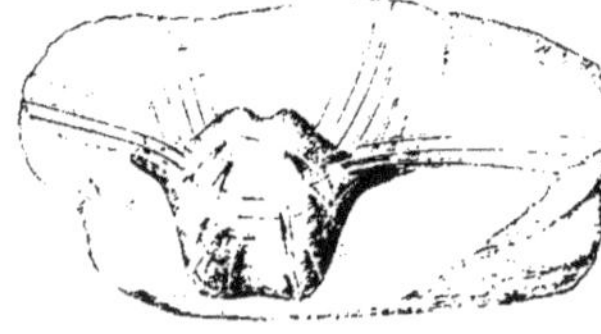

Fig. 318. — *Productus.*

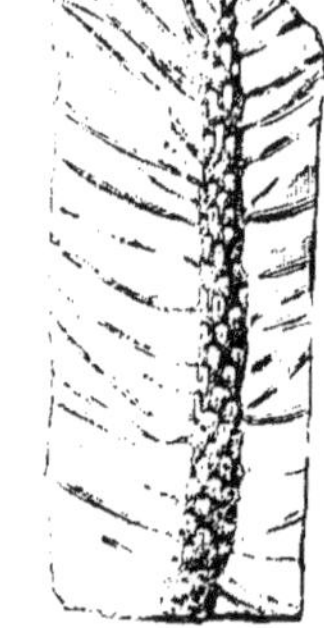

Fig. 319. *Lépidodendron.*

201. Caractéres de l'Ère secondaire. — Sensiblement moins importante que la masse primaire, la série *secondaire* est encore considérable. Les roches sont principalement des calcaires, des grès et des argiles. Les fossiles caractéristiques de cette ère sont les *Ammonites* (*fig.* 320), qui sont des mollusques céphalopodes. L'animal habitait une coquille cloisonnée et divisée en plusieurs chambres qu'il avait successivement habitées; à mesure qu'il grossissait, il sécrétait une nouvelle chambre et abandonnait la précédente. Le dessin des cloisons en est souvent visible à la surface de la coquille et simule des feuillages finement découpés.

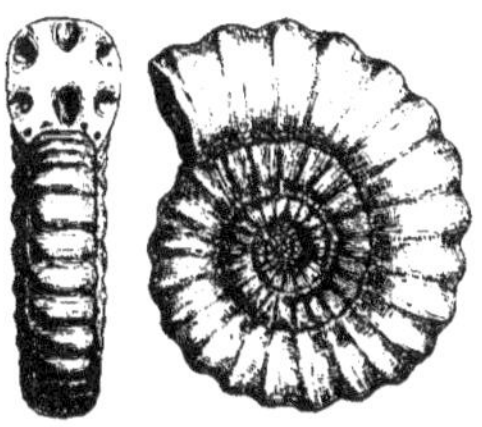

Fig. 320. — *Ammonite.*

L'étude des fossiles animaux et végétaux indique une modification dans le climat; la température n'est plus absolument égale dans le monde entier; les régions polaires jouissent d'une température qui n'est plus tropicale sans être encore tempérée; certains végétaux et les polypiers constructeurs émigrent vers le sud. Les terrains secondaires forment en France un gigantesque 8 dont la boucle septentrionale entoure le bassin tertiaire parisien, tandis que la boucle méridionale enveloppe le Massif-Central. L'ère secondaire a été divisée en systèmes Triasique, Jurassique et Crétacique.

Les Terrains de l'Ère secondaire sont caractérisés par une famille de mollusques céphalopodes à coquille appelés Ammonites. Les climats s'ébauchent, les végétaux et les polypiers, chassés par l'abaissement de température, émigrent vers le sud.

202. Fossiles secondaires. — Durant l'ère secondaire, les protozoaires sont très répandus, les spongiaires se multiplient, et il en est de même des polypiers. Les échinodermes présentent des Oursins (*fig.* 321) et de curieuses Encrines. Les brachiopodes diminuent, sauf deux genres : Rhynchonelle (*fig.* 322 et Térébratule. Les mollusques, très variés, sont notamment représentés par des Huîtres et des Hippurites (*fig.* 324). Les céphalopodes les plus intéressants sont les Ammonites, signalées plus haut (*fig.* 320, puis les Bélemnites, qui n'ont pas de coquille externe et dont on ne retrouve qu'un os interne, ou rostre. Les crustacés offrent des formes voisines du homard.

Les poissons osseux et homocerques, ou munis de queue à lobes égaux, succèdent aux poissons cuirassés. Les reptiles apparus à la fin des temps primaires se multiplient. L'Ichthyosaure (*fig.* 326) et le Plésiosaure étaient nageurs. Les dinosauriens étaient terrestres : c'est dans leurs rangs que l'on trouve les géants les plus déconcertants, dont les principaux sont le Brontosaure, le Diplodocus, l'Iguanodon (*fig.* 323). Le Ptérodactyle pouvait s'élever dans les airs, grâce à des ailes

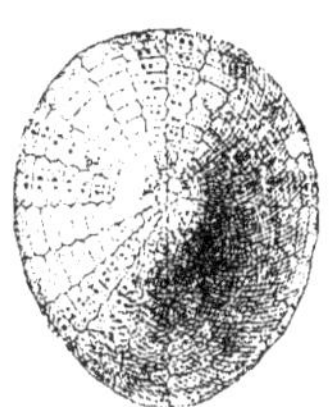

Fig. 321. — *Oursin.*

Fig. 322.
Rhynchonelle.

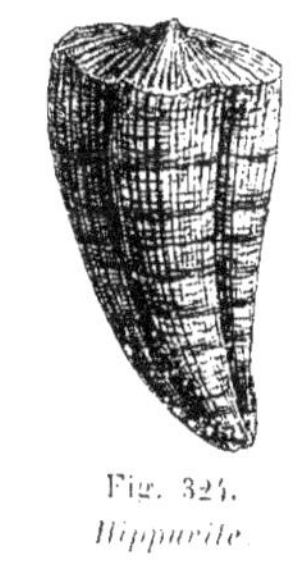

Fig. 324.
Hippurite

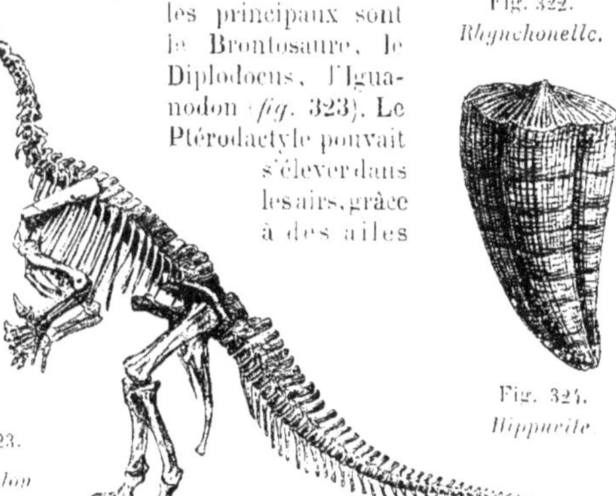

Fig. 323.
Iguanodon
long., 10 m.

membraneuses; ses mâchoires étaient armées de dents. Les oiseaux véritables paraissent être représentés par l'Archéoptéryx.

Les végétaux secondaires sont principalement des phanérogames : Cycadées, Conifères, Palmiers, puis des dicotylédones actuels : Hêtre, Chêne, Peuplier, Platane, etc.

❀ *Les principaux fossiles secondaires sont des échinodermes Oursins, Encrines, des brachiopodes Rhynchonelle, Térébratule, des mollusques Ammonites, Hippurites, Bélemnites, des reptiles nageurs Ichthyosaure, Plésiosaure, dinosauriens Iguanodon et volants Ptérodactyle. L'Archéoptéryx paraît être un oiseau.*

203. Systèmes Triasique et Jurassique.

Les couches *triasiques* d'Europe sont formées de grès rouge à la partie inférieure, de calcaires dans la partie moyenne et de marnes en haut. On peut citer comme fossiles caractéristiques les *Cératites* fig. 325, genre de mollusques céphalopodes du groupe des Ammonites. L'extraction la plus intéressante est celle du sel gemme, très répandu au sein des marnes supérieures. Le grès rouge des Vosges, les belles montagnes dites « Dolomites du Tyrol » sont d'âge Triasique.

Les dépôts *jurassiques* sont formés surtout de calcaires, de marnes et d'argiles. L'*Ichthyosaure* fig. 326 et le *Plésiosaure* sont caractéristiques de cette période. C'est à la partie supérieure du système que l'on trouve les grands reptiles dinosauriens. Les terrains jurassiques sont activement exploités pour la construction et la fabrication du ciment. Les calcaires à gryphées arquées, fossiles voisins des Huîtres fig. 327, les parois des pittoresques gorges du Tarn, le calcaire ou pierre de Caen (Calvados), les belles ruines naturelles de Montpellier-le-Vieux

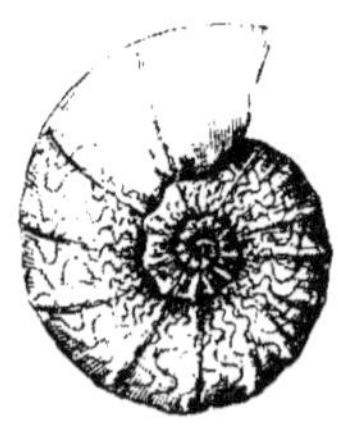

Fig. 325. — Cératite.

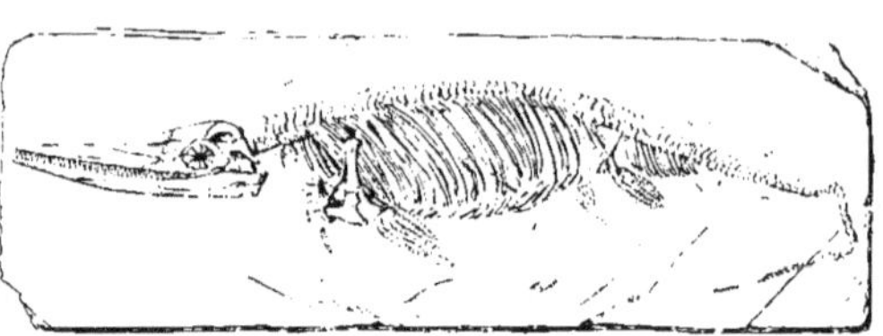

Fig. 326. — Ichthyosaure (long., 10 m.).

Aveyron, les Roches-Noires de Trouville (Calvados), etc., sont autant de formations d'âge jurassique.

❀ *Le système Triasique est caractérisé par une ammonite appelée Cératite, et par l'abondance des gisements de sel gemme. Le système Jurassique est caractérisé par l'Ichthyosaure et le Plésiosaure, les calcaires à ciment, les couches à gryphées arquées, etc.*

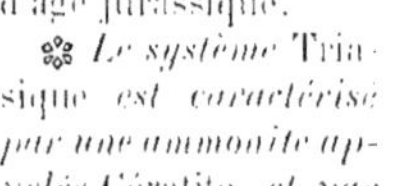

Fig. 327.
Gryphée arquée.

204. Système Crétacique.

Les roches *crétaciques* sont généralement des calcaires plus ou moins crayeux, et la partie supérieure est formée de craie blanche sur une grande épaisseur. C'est ainsi que cette dernière roche est répandue dans le bassin parisien. Des fossiles très caractéristiques de cet âge sont les ammonites déroulées, appartenant au genre *Scaphite* fig. 328. La craie blanche est très exploitée pour la fabrication de la chaux. Le calcaire à spatangues (oursins) de l'Yonne et les falaises du Rhône près Donzère (Drôme) appartiennent au système crétacique; il en est de même de toutes les craies : belles falaises blanches du département de la Seine-Inférieure (Étretat, Fécamp, Saint-Valery-en-Caux, Dieppe, Le Tréport), le sous-sol de la Champagne, de la région de Sens (Yonne), etc.

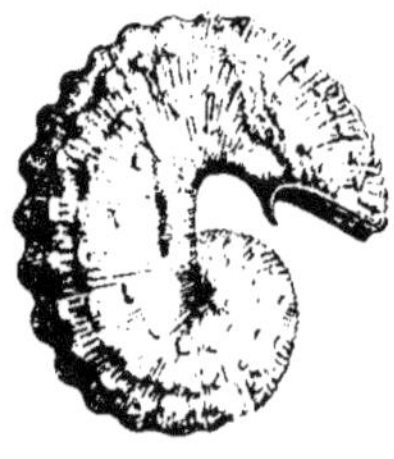

Fig. 328. — Scaphite.

❈ *Les terrains Crétaciques sont caractérisés par les Scaphites, qui sont des ammonites déroulées, et par l'abondance des calcaires crayeux. La craie blanche, notamment, abonde à la partie supérieure du système.*

205. Caractères de l'Ère tertiaire. — Les terrains *tertiaires* sont beaucoup moins épais dans leur ensemble que les précédents. Les roches y sont très variées. Les fossiles caractéristiques sont infiniment nombreux ; il suffit de citer d'une manière générale les *Mammifères* (*fig.* 330 et 334) : ces animaux se sont, en effet, prodigieusement multipliés et ils règnent sur les continents avec une très grande variété de formes. Le climat, ou plus exactement les climats, se rapprochent des nôtres ; la température s'élève progressivement des pôles vers l'équateur et le développement des arbres à feuilles caduques indique l'existence de l'hiver. C'est le jeu des saisons qui s'établit.

Les assises tertiaires constituent la surface du sol en France sur de notables étendues ; ce sont le bassin parisien dont toutes les couches légèrement concaves s'emboîtent les unes dans les autres comme des cuvettes, l'important bassin de l'Aquitaine, puis ceux du Rhône et de la Saône. L'ère tertiaire a été divisée en quatre sous-systèmes, qui sont : Éocène, Oligocène, Miocène et Pliocène.

❈ *Les dépôts Tertiaires sont caractérisés par le règne des Mammifères. Les climats se différencient de plus en plus, le jeu des saisons s'établit et les arbres à feuilles annuelles se multiplient. Le centre du bassin parisien et le bassin de l'Aquitaine sont d'âge tertiaire.*

206. Invertébrés tertiaires. — Les protozoaires sont représentés par des espèces de foraminifères en forme de lentilles, qu'on appelle Nummulites (*fig.* 332). Parmi les polypiers, on remarque encore le recul des coraux vers les mers tropicales. Les mollusques accusent une diminution considérable des céphalopodes, les gastéropodes se multiplient avec une grande richesse de formes. Les plus répandus sont Cérithes *fig.* 331 , Turritelles, Fuseaux, Natices, qui habitaient les mers ;

Planorbes (*fig.* 329) et Limnées appartenaient aux eaux douces ; les Hélix ou escargots étaient terrestres. Les crustacés et les insectes se rapprochent beaucoup de la faune actuelle. Parmi les Poissons cartilagineux, les Squales ou Requins sont très nombreux. Les poissons osseux se multiplient. Les tortues et les serpents ont fait leur apparition. Un oiseau de grande taille est le Gastornis.

Les mammifères sont arrivés à l'apogée de leur règne ; le Machairodus était

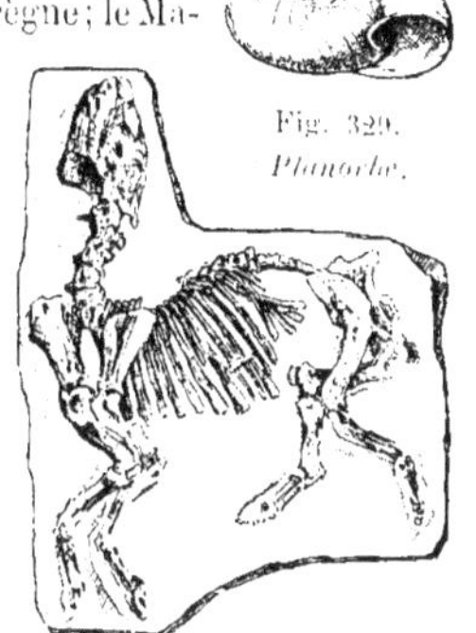

Fig. 329.
Planorbe.

un grand carnivore qui portait des canines extrêmement longues et tranchantes. Les proboscidiens comptaient de curieuses formes disparues : Mastodonte (*fig.* 334), Dinothérium. Le premier portait quatre défenses ;

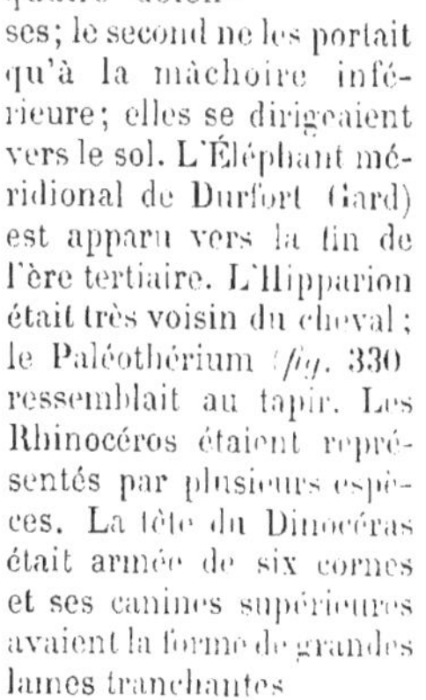

Fig. 330. — *Paléothérium.*

le second ne les portait qu'à la mâchoire inférieure ; elles se dirigeaient vers le sol. L'Éléphant méridional de Durfort (Gard) est apparu vers la fin de l'ère tertiaire. L'Hipparion était très voisin du cheval ; le Paléothérium (*fig.* 330) ressemblait au tapir. Les Rhinocéros étaient représentés par plusieurs espèces. La tête du Dinocéras était armée de six cornes et ses canines supérieures avaient la forme de grandes lames tranchantes

❈ *Les principaux fossiles Tertiaires sont des foraminifères (Nummulites), des mollusques gastéro-*

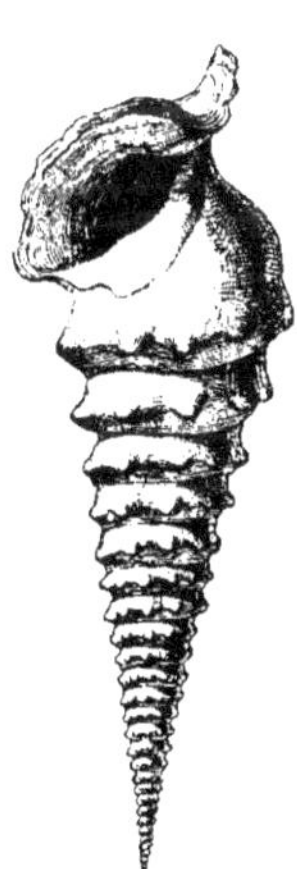

Fig. 334.
Cérithe géant.

podes (Cérithe, Natice, Limnée), des poissons cartilagineux (Requins) et des mammifères (Mastodonte, Dinothérium, Éléphant, Hipparion, Palœothérium, Rhinocéros, Dinocéras).

207. Sous-systèmes tertiaires. — Les *Nummulites (fig. 332)* sont caractéristiques des temps *Éocènes*. Le calcaire grossier et le gypse saccharoïde des environs de Paris sont activement exploités, le premier pour la construction, le second pour la fabrication du plâtre. Mais les sables du Soissonnais, l'argile plastique des environs de Paris, sont également éocènes. C'est à la fin de cette époque que s'est produit le soulèvement des *Pyrénées*.

Les *Potamides (fig. 333)*, nombreux dans les dépôts d'eau saumâtre, sont caractéristiques de l'époque *oligocène*. Les argiles blanche, verte et jaune superposées au gypse de Paris, les sables et grès de Fontainebleau, les pierres meulières de la Brie et de la Beauce, sont de cet âge.

De gros mammifères, tels que : *Dinothérium* et *Mastodonte (fig. 334)*, sont caractéristiques des temps miocènes. La faune compte déjà 20 pour 100 d'espèces actuelles. C'est alors que se produit le soulèvement des *Alpes*. En disloquant profondément l'écorce terrestre, cet événement géologique a ouvert de multiples issues à l'activité interne et a déterminé dans le Massif-Central de nombreuses éruptions *volcaniques*.

Fig. 332. — *Nummulites.*

L'étude des fossiles *pliocènes* y a révélé l'existence de 50 pour 100 d'espèces actuelles. La grande manifestation *volcanique* du Massif-Central se développe et couvre de laves une importante surface du sol.

Les *4 divisions de l'Ère tertiaire sont :* Éocène *(Nummulites, calcaire grossier et gypse de Paris,*

Fig. 333. *Potamide.*

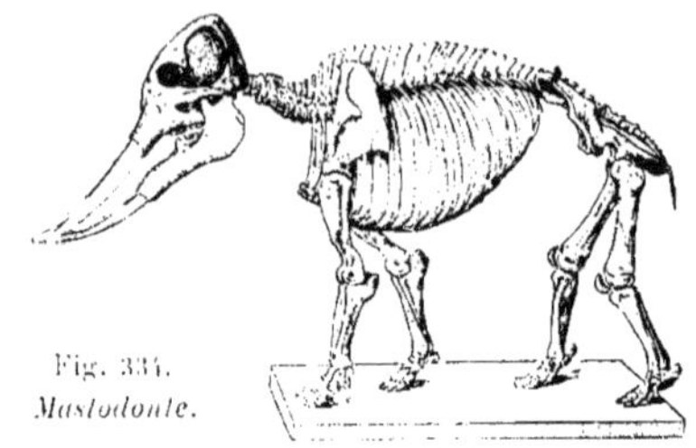

Fig. 334. *Mastodonte.*

soulèvement des Pyrénées), Oligocène *(Potamides, sables et grès de Fontainebleau)*, Miocène *(Mastodonte, Dinothérium, soulèvement des Alpes)* et Pliocène *(éruptions des volcans du Massif-Central)*.

208. Ère quaternaire ; fossiles. — L'organisme essentiellement caractéristique des temps *quaternaires* est l'*Homme (fig. 335)*. Le climat de cette ère arrive peu à peu à égaler le nôtre ; le jeu des saisons s'est précisé. Se basant sur les grandes surfaces recouvertes de traces de glaciers, on a cru à un refroidissement considérable de la température durant une partie de cette époque ; c'est ce qu'on a appelé la période *glaciaire*. Mais ce phénomène est hypothétique, il est resté inexplicable et rien ne prouve qu'il se soit produit, du moins dans les conditions longtemps admises. Les dépôts quaternaires sont localisés aux fonds des vallées et aux deltas des fleuves (alluvions), aux rivages de la mer (sables, galets, dunes), aux massifs montagneux (éboulis, moraines). Les dépôts de grande étendue sont actuellement invisibles et se forment au fond des océans.

Parmi les animaux disparus, il faut citer le Mammouth ou Éléphant primitif *(fig. 336)* qui était velu ; le Rhinocéros à narines cloisonnées, dont la taille dépassait celle des espèces actuelles. L'Ours des cavernes était également plus gros que nos ursidés. Le Cerf mégacéros ou Cerf des tourbières avait des bois largement palmés. Hors de France, en Amérique du Sud, existaient des édentés fort curieux : le gigantesque Mégathérium de Cuvier et le Glyptodonte. Le Dinornis de la Nouvelle-

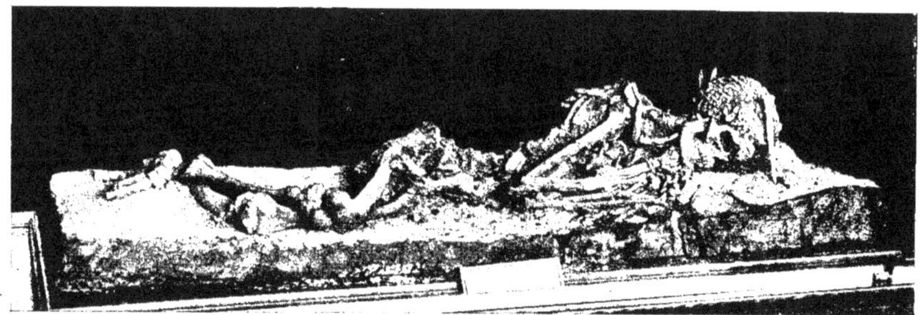

Fig. 335. — *Homme* préhistorique des grottes dites de Menton (Muséum National d'Histoire Naturelle).

Fig. 336. — *Mammouth* (long.. 5 m.).

Zélande et l'Æpyornis de Madagascar étaient des oiseaux géants. Parmi les animaux qui existaient en France et qui émigrèrent plus tard, il faut citer le Renne, l'Élan, le Glouton, qui gagnèrent les régions du Nord ; l'Ours, le Chamois, la Marmotte, qui se réfugièrent dans les montagnes.

❀ *Les temps quaternaires sont caractérisés par l'existence de l'Homme ; les climats égalent à peu près les nôtres. Les principaux fossiles de nos pays sont le Mammouth, l'Ours des cavernes, le Cerf des tourbières ; puis le Renne, qui depuis a émigré dans le Nord.*

209. L'Homme Paléolithique. — L'ère quaternaire a été divisée en deux époques : l'époque *Paléolithique* ou *Pléistocène*, durant laquelle l'homme taillait la pierre dans le but d'obtenir des outils ou des armes ; c'est l'âge de la pierre *taillée*, et l'époque *Néolithique*, pendant laquelle l'homme ajoutait le luxe de la polir ; c'est l'âge de la pierre *polie* ; elles constituent la *Préhistoire*. Les silex taillés sont très nombreux *fig. 337* ; les tailles sont autant d'éclats qui ont été enlevés adroitement et ont donné à ces silex une forme utilisable.

L'homme paléolithique vivait dans des grottes ; en dehors de la pierre, il taillait l'os, l'ivoire, il en faisait des pointes barbelées pour la chasse et la pêche. On possède des *gravures* sur schistes ou sur bois de renne ; ces gravures représentent les grands animaux disparus. Des animaux gravés ou *peints* ont été découverts et photographiés dans des grottes qui furent habitées par l'homme préhistorique. La grotte des Combarelles et celle de Font-de-Gaume, en Dordogne, sont particulièrement riches à cet égard.

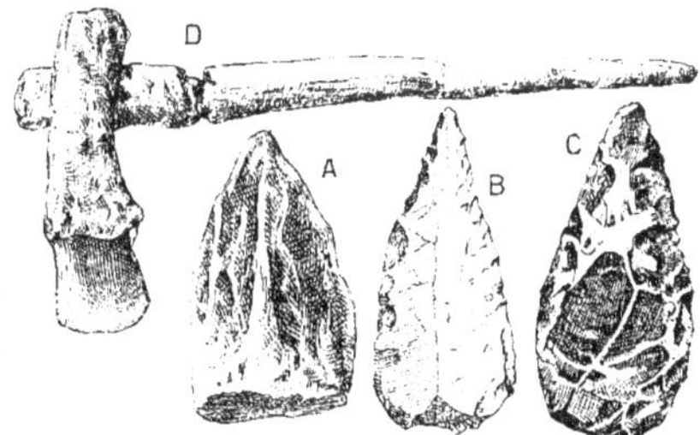

Fig. 337. — *Objets de l'âge de pierre :*
A, B, C, silex *taillés* ; D, hache en pierre *polie* emmanchée.

L'Ère quaternaire a été divisée en époques Paléolithique et Néolithique qui constituent la Préhistoire. L'homme paléolithique taillait la pierre et l'os; il habitait des grottes sur les parois desquelles il gravait ou peignait les grands animaux maintenant disparus.

210. L'Homme Néolithique. — L'homme s'est multiplié considérablement: il a ajouté l'agriculture à la chasse, qui offre moins de ressources à mesure que le gibier diminue. Puis il s'est mis à l'abri de certains dangers en se construisant des cabanes montées sur pilotis dans des eaux peu profondes : ce sont les habitations *lacustres*, groupées en villages. L'homme néolithique taillait toujours la pierre, mais il occupait ses loisirs à la polir : les haches polies étaient lentement usées sur des rochers de grès; il s'agissait là d'objets de luxe, d'apparat ou de superstition.

L'homme Néolithique a encore laissé des monuments : les *mégalithes*, si nombreux en Bretagne. Ce sont les menhirs et les dolmens. Le menhir ou *peulven* est dressé verticalement: les alignements sont des rangées de menhirs. Le dolmen (*fig.* 338) représente une table de pierre; le bloc principal, de forme aplatie, est placé horizontalement sur trois ou quatre blocs debout. On suppose que les dolmens représentent des monuments funéraires et que les menhirs avaient un caractère commémoratif.

L'homme néolithique s'occupait d'agriculture, construisait parfois des villages lacustres et polissait la pierre. Il a laissé des monuments dits mégalithes (menhirs, dolmens de Bretagne).

Fig. 338. — Un *dolmen*, en Bretagne.

XIV. — TABLEAU-RÉSUMÉ DE LA CLASSIFICATION DES TERRAINS.

ÈRES.	ORGANISMES ESSENTIELS.	SYSTÈMES.	FOSSILES CARACTÉRISTIQUES.	DISTRIBUTION GÉOGRAPHIQUE.	ACTION INTERNE.
QUATERNAIRE.	Homme.	PLEISTOCÈNE.	Mammouth.	Vallées et rivages, massifs montagneux.	Volcans du Massif-Central.
TERTIAIRE.	Règne des Mammifères.	PLIOCÈNE.	Éléphant mérid.	Bassin de Paris, de l'Aquitaine et du Rhône.	Soulèvent des Alpes.
		MIOCÈNE.	Mastodonte.		
		OLIGOCÈNE.	Potamides.		
		ÉOCÈNE.	Nummulites.		Soulèv' des Pyrénées.
SECONDAIRE.	Règne des Ammonites.	CRÉTACÉE.	Scaphites.	Normandie, Champagne, Bassin du Rhône.	
		JURASSIQUE.	Ichthyosaures.	Champagne, Bourgogne, Jura, Poitou, Causses,	
		TRIASIQUE.	Cératites.	Alsace, Lorraine, Alpes Graies et Cottiennes.	
PRIMAIRE.	Règne des Trilobites.	CARBONIFÈRE.	Productus.	Bassins franco-belge et de la Loire, Morvan, Ardennes, Cotentin, Bretagne, Pyrénées.	Soulèv' des Ardennes et des Vosges.
		DÉVONIEN.	Spirifères.		
		SILURIEN.	Graptolites.	Cotentin, Bretagne, Vendée, Pyrénées.	Soulèvement d'Écosse et de Scandinavie.
ARCHÉEN.				Bretagne, Massif Central, Alpes, Pyrénées.	

Fig. 339. — Attelage de *cheraux de labour*.

LES CULTURES

XIII. AGRICULTURE

211. But et procédés de l'agriculture. — L'agriculture est l'exploitation méthodique de certaines productions *directes* du sol, comme les plantes cultivées et les arbres des forêts, ou *indirectes*, comme le bétail, par les végétaux dont il se nourrit. Les plantes puisent dans le sol et dans l'air des matières minérales simples, qu'elles transforment en produits complexes, utilisables pour l'alimentation ou dans l'industrie. Faire de l'agriculture, c'est donc obtenir de la matière vivante, végétale ou animale, véritable opération industrielle qui doit se solder par un bénéfice, si les méthodes employées sont les plus économiques et les plus parfaites, c'est-à-dire conformes, non à la routine, mais aux données scientifiques. Nous étudierons successivement à ce point de vue le *sol*, les *travaux* et *instruments* agricoles, les *plantes* de grande culture, enfin les *animaux* domestiques.

L'agriculture est une production industrielle de matière vivante, végétale ou animale, provenant du sol, directement comme les plantes, ou indirectement comme le bétail.

LE SOL

212. Composition de la terre arable. — Les plantes trouvent leur nourriture dans la terre *végétale*, laquelle résulte de la lente altération des roches qui constituent le *sous-sol*; elle se compose des débris de cette roche, puis

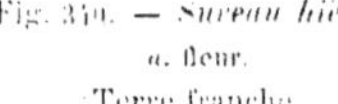

Fig. 340. — *Sureau hièble :* a. fleur. (Terre franche.)   Fig. 341. — *Pas-d'âne :* a. coupe d'un fleuron. (Sol argileux.)   Fig. 342. — *Fenouil :* a. fleur; b. fruit. (Sol calcaire.)   Fig. 343. — *Bruyère* a. fleur. (Sol siliceux.)

d'humus, matière brune provenant de la décomposition des plantes mortes. La terre *arable* est la partie supérieure, labourable, de la terre végétale; elle se compose de sable, argile, calcaire et humus ou terreau.

La meilleure terre arable est dite terre *franche;* elle est formée pour la moitié de son poids de sable, pour un quart d'argile, pour le dernier quart de calcaire et de terreau; la Chicorée sauvage et le Sureau hièble *(fig.* 340) y poussent sans culture. Mais souvent un des principes prédomine d'une façon nuisible : les terres *argileuses* ou fortes sont lourdes, d'une culture difficile; elles absorbent l'eau et la retiennent; il en est de même des terrains tourbeux ou trop riches en humus; les terres *calcaires* sont, au contraire, trop perméables à l'eau, sèches et peu fertiles, de même que les terres *siliceuses.* Chacun de ces terrains est caractérisé d'une façon très nette par sa végétation naturelle *(fig.* 340 *à* 343).

❊ *La terre* arable ou *labourable est la partie supérieure de la terre végétale; elle se compose de sable, argile, calcaire et humus;* les terres franches *sont celles où ces éléments sont en proportions convenables.*

213. Amendements. — On amende le sol, c'est-à-dire on corrige ses défauts, par différents procédés. On augmente son humidité par l'*irrigation (fig.* 344, sorte d'arrosage en grand, obtenu à l'aide de canaux et de rigoles dérivés d'une rivière. Si, au contraire, la terre garde

Fig. 346. — Deux *drains* réunis par un manchon.

trop d'humidité, on pratique le *drainage (fig.* 345 et 346), qui consiste à recueillir l'eau en excès par une canalisation souterraine aboutissant à des fossés. On améliore les terrains argileux ou granitiques, pauvres en calcaire, par le *chaulage* ou

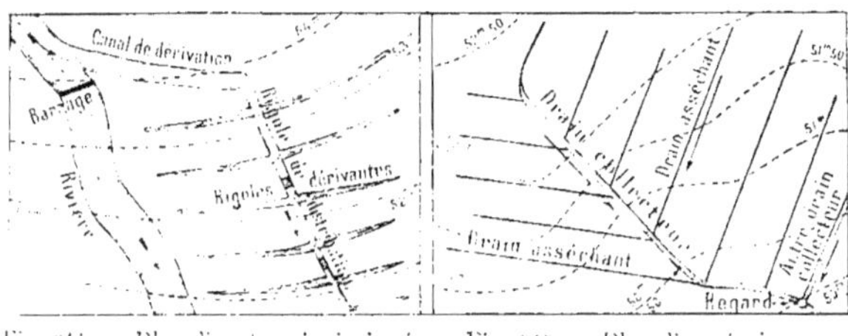

Fig. 344. — Plan d'un terrain *irrigué.*   Fig. 345. — Plan d'un *drainage.*

le *marnage*, c'est-à-dire en répandant sur le sol de la chaux vive qui, à l'air, tombe en poussière et se réduit en calcaire; ou en répandant de la marne, calcaire argileux naturel que la gelée délite. On amende aussi les terres argileuses par le *sable* et les terres calcaires par l'*argile*. Un labour mélange ensuite au sol les matières ajoutées.

✣ *On amende les sols trop secs par l'irrigation, les terres humides par le* drainage, *les terres pauvres en calcaire par le* chaulage *ou par le* marnage.

214. Engrais organiques. — Les engrais sont indispensables pour restituer au sol les matériaux enlevés par les récoltes, de façon à *maintenir* sa fertilité; ou pour l'améliorer en lui apportant des aliments nouveaux, ce qui peut *accroître* beaucoup sa fertilité. On les divise en engrais organiques, comme le fumier, et en engrais minéraux ou chimiques, comme les phosphates.

Le *fumier* est formé par l'urine et les excréments des animaux de la ferme, mélangés à la litière. C'est un engrais complet, qu'on emploie frais ou fermenté et dont les qualités dépendent de la nature des litières, de l'espèce animale et de son régime alimentaire, du degré de fermentation et des soins qu'on en a pris. Le fumier doit être enlevé souvent des étables et porté sur une plate-forme cimentée et un peu inclinée, pour que la partie liquide ou *purin* puisse se rendre dans une fosse (*fig.* 347), également cimentée, qui reçoit aussi directement

Fig. 347. — *Fumier et fosse à purin.*

l'urine des écuries. On tasse le fumier pour empêcher la formation des moisissures, et en été on l'arrose de purin. Au moment de l'emploi, après avoir épandu le fumier sur le sol, on l'enterre à la charrue aussitôt que possible.

Les autres engrais organiques les plus employés sont l'engrais humain, souvent utilisé sous forme de poudrette, les débris animaux, le *guano*, formé d'excréments d'oiseaux de mer, les eaux d'égout, utilisées par l'épandage, les goémons ou algues marines, etc.

Les *engrais verts* sont des plantes à végétation rapide, comme Pois, Vesce, Colza, etc., qu'on enfouit sur place au moment de la floraison; ils conviennent aux terres calcaires. L'*écobuage* consiste à faire brûler en tas les plantes qui couvrent un terrain, avec les mottes de terre qui y adhèrent, et à répandre les cendres sur le sol, ce qui vaut un engrais.

✣ *L'engrais restitue au sol les matériaux enlevés par les récoltes; le fumier est le principal engrais organique. On utilise aussi la poudrette, le guano, les engrais verts. L'écobuage vaut un engrais.*

Fig. 348. — Effet de divers *engrais* sur le *Lin* cultivé dans du *sable* :
De droite à gauche : 1. intensif; 2. complet; 3. sans azote; 4. sans acide phosphorique; 5. sans potasse; 6. témoin sans engrais.

215. Engrais minéraux ou chimiques. — Avant d'être utilisés par les plantes, les engrais organiques subissent dans le sol la *fermentation nitrique*, qui transforme leurs composés ammoniacaux en azotites, puis en azotates ou nitrates. Au contraire, les engrais minéraux sont d'une assimilation presque immédiate; de plus, ils apportent à la terre des éléments que parfois elle ne contient pas en quantité suffisante et que ne peut lui fournir le fumier, puisque la composition chimique de ce dernier est le reflet de la composition du sol d'où il provient, en définitive, et où il retourne. Or l'adjonction d'un seul élément chimique bien choisi se traduit immédiatement par une plus-value considérable des récoltes *fig. 348*, d'où les bons effets des engrais chimiques. On les divise en engrais azotés, phosphatés et potassiques.

Les engrais *azotés* sont le sulfate d'ammoniaque et le nitrate de soude; ce dernier provient du Chili et du Pérou; il contient 15 pour 100 d'azote et accroît économiquement le rendement de la plupart des cultures. Les engrais *phosphatés* sont les phosphates de chaux naturels qu'on trouve en certains points du sol et qu'on pulvérise avant l'emploi, et les superphosphates, plus solubles, obtenus en traitant les os ou les phosphates naturels par l'acide sulfurique; ils sont employés comme engrais complémentaires du fumier et des autres engrais chimiques dans les terres argileuses ou siliceuses, surtout pour la culture des Céréales. Les engrais *potassiques* sont le chlorure et le sulfate de potassium, utiles surtout dans les terrains calcaires et favorables à la Betterave, à la Pomme de terre et à la Vigne.

Signalons aussi le *plâtre* ou sulfate de chaux, qui est à la fois un amendement et un engrais minéral. Il double le rendement des Légumineuses fourragères 223), mais reste sans action sur les Céréales.

✿ *Les engrais minéraux sont immédiatement assimilables par les plantes. On distingue les engrais azotés (nitrate de soude), phosphatés et potassiques.*

216. Assolement. — On ne peut cultiver indéfiniment certaines plantes dans le même sol; malgré les fumures, les récoltes s'amoindrissent et la terre s'épuise. L'assolement consiste à diviser la terre d'une ferme en plusieurs portions ou *soles*, sur chacune desquelles on fait se succéder régulièrement, suivant un ordre nommé *rotation*, des plantes d'espèces différentes. On remplacera une Céréale, avide d'azote, par une Légumineuse fourragère qui, au contraire, a la propriété de fixer l'azote dans le sol; une plante à racines pivotantes, épuisant les parties profondes de la terre, par une plante à racines fasciculées, plus étalées; une plante, comme le Blé, dont la culture ne permet pas le nettoyage des mauvaises herbes, par une plante sarclée (**222**). Avec l'assolement *biennal*, la même plante revient tous les deux ans, sur la même sole, par exemple du blé, puis une plante sarclée; l'assolement peut être *triennal* (betterave, blé, avoine), ou même *quadriennal*.

✿ *L'assolement consiste à cultiver, suivant une rotation régulière, des plantes à exigences différentes sur une même parcelle de terrain ou sole, pour éviter d'épuiser la terre.*

TRAVAUX ET INSTRUMENTS

217. Labour; charrue. — Le labour *fig. 339* retourne et divise la couche superficielle du sol; il l'aère, facilite les fermentations qui transforment

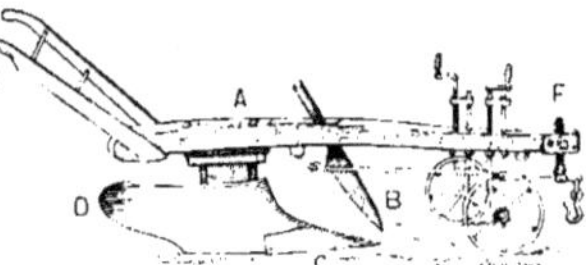

Fig. 349. — Charrue ordinaire: A. age; B. coutre; C. soc; D. versoir; E. mancherons; F. avant-train.

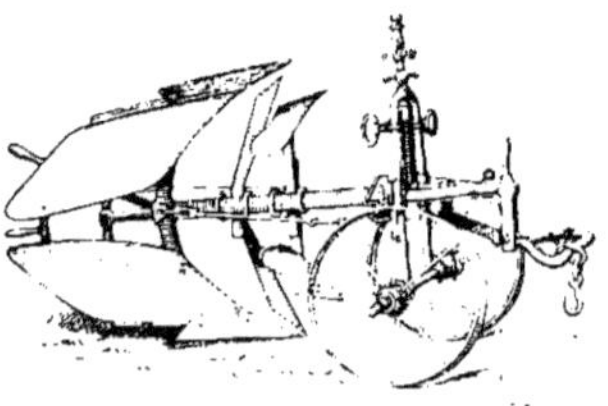

Fig. 350. — Charrue Brabant.

ses principes organiques en matières minérales assimilables; il détruit les mauvaises herbes, enfouit les engrais ou les semences, facilite la germination et la pénétration des racines des plantes. On laboure en tout temps, surtout à l'automne; mais la terre ne doit être ni trop sèche, ni trop humide, ni gelée. Le labourage des jardins se fait à la bêche, celui des champs à la charrue.

La *charrue ordinaire* (*fig.* 349) comprend trois pièces essentielles fixées sur l'*age*; ce sont: le *coutre*, couteau d'acier qui tranche la terre verticalement; le *soc*, pièce qui la tranche horizontalement; le *versoir*, qui la retourne, la rejette de côté et ouvre le sillon. On guide la charrue par les *mancherons*; un *avant-train* à deux roues la supporte; enfin un *régulateur*, fixé sur l'age, permet de modifier la profondeur du labour.

On emploie beaucoup la charrue *Brabant double* (*fig.* 350), comprenant deux corps de charrue superposés, qu'on retourne autour de leur age commun à chaque extrémité de sillon, par un mécanisme approprié, ce qui permet de renverser la terre toujours du même côté.

✣ *Le* labour *aère et ameublit le sol; il se fait à la* charrue, *laquelle comprend le* coutre, *le* soc *et le* versoir, *fixés sur* l'age.

Fig. 351. — Herse articulée.

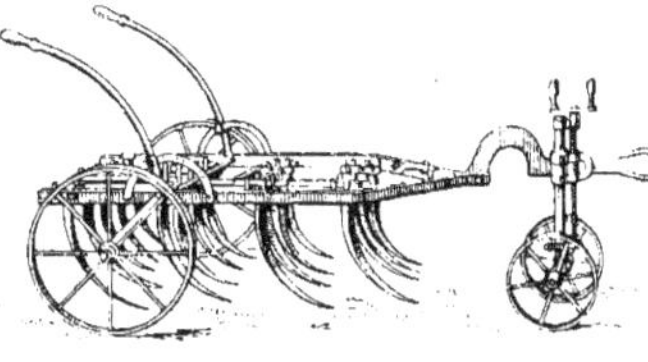

Fig. 352. — Scarificateur.

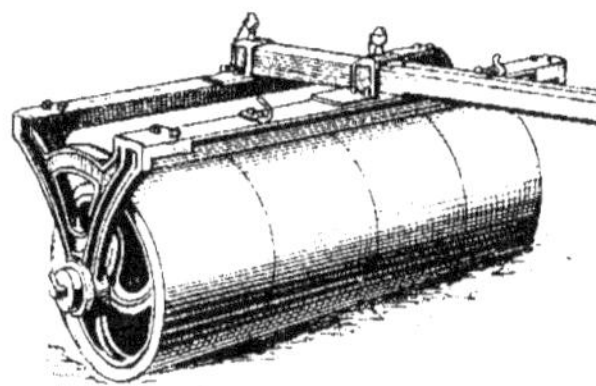

Fig. 353. — Rouleau à fentes.

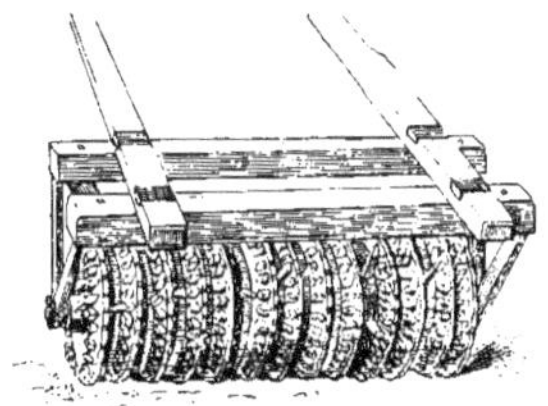

Fig. 354. — Rouleau brise-mottes.

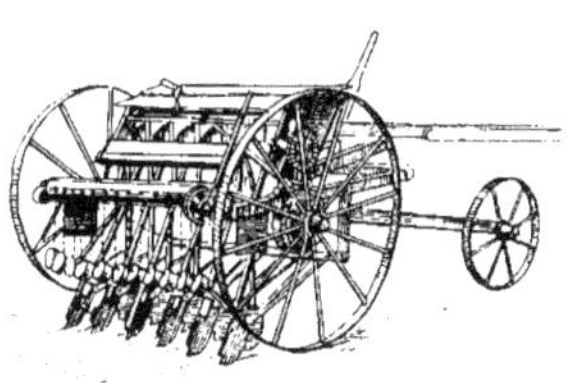

Fig. 355. — Semoir mécanique.

218. Hersage, roulage. — Les labours doivent être complétés par les hersages et les roulages, qui donnent à la surface du sol la consistance la plus favorable à la germination des graines. Le *hersage* ameublit le sol, enfouit les semences et arrache les mauvaises herbes. Une herse comprend un châssis supportant des dents; la herse *articulée* (*fig.* 351), formée de plusieurs petites herses à mouvements indépendants, est très pratique. Le *scarificateur* (*fig.* 352) est une herse montée sur roue, et à dents longues, courbées en avant.

Le *roulage* tasse le sol et égalise sa surface; le rouleau couche les jeunes tiges du Blé et provoque le *tallage*, c'est-à-dire la formation de nouvelles racines adventives et de nouvelles tiges qui augmenteront le rendement des grains. Les rouleaux unis, formés de plusieurs pièces indépendantes (*fig.* 353), compriment le sol plus régulièrement que ceux à une seule pièce; ils offrent l'avantage de ne pas creuser le sol dans les tournants; les rouleaux *brise-mottes* (*fig.* 354) ont une surface denticulée.

✣ *Le* labour *est complété par le* hersage, *qui ameublit le sol, enfouit les semences, arrache les mauvaises herbes, et par le* roulage, *qui tasse le sol et fait taller le blé.*

219. Semis, sarclage. — Les graines pour le semis doivent avoir été triées avec soin. Avant de semer le Blé, il faut le chauler ou le sulfater, c'est-à-dire plonger les graines dans un lait de chaux ou dans une solution de sulfate de cuivre, pour détruire les germes des maladies cryptogamiques : ergot, rouille, charbon.

Le semis *à la volée* exige de l'habileté et doit se faire par temps calme ; le semis *en lignes* à l'aide d'un semoir mécanique (*fig.* 355) est plus économique, et facilite plus tard le *sarclage*, ou destruction des plantes nuisibles, qui a lieu soit à la main, soit au *sarcloir*.

❉ *Les semis se font à la volée ou, mieux, en lignes à l'aide d'un semoir mécanique.*

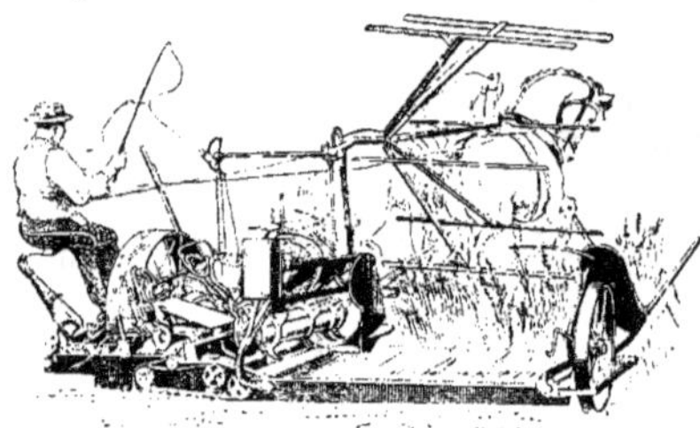

Fig. 356. — Moissonneuse-lieuse.

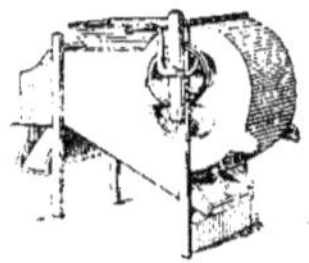

Fig. 357. — Tarare.

220. Récolte. — La récolte consiste en un arrachage (Betterave), une cueillette (Pois) ou une coupe, pour l'herbe et les céréales. L'herbe, coupée à la faux ou à la faucheuse mécanique, est ensuite fanée, c'est-à-dire étendue, retournée ; elle sèche et devient le *foin*. Les céréales sont coupées à la faucille, à la faux ou à l'aide de moissonneuses mécaniques dont certaines lient les gerbes (*fig.* 356) : celles-ci sont disposées en meules ou rentrées en grange, en attendant le passage à la machine à battre qui sépare le grain de la paille, puis le nettoyage du grain à l'aide du *tarare* (*fig.* 357).

❉ *La récolte est un arrachage, une cueillette ou une coupe. On fauche l'herbe des prairies et les céréales.*

PLANTES DE GRANDE CULTURE

221. Céréales. — Nous diviserons les plantes de grande culture en céréales, plantes sarclées, plantes de prairies, plantes pour boissons et plantes industrielles.

Les plantes alimentaires les plus importantes sont les Graminées annuelles (**172**) à graines riches en amidon et en gluten : on les nomme *céréales* : ce sont le Blé, le Seigle, l'Orge, l'Avoine, le Maïs.

Le *Blé* ou *froment* (*fig.* 277, A) se sème à l'automne ; on le herse et on le roule en mars, et on ajoute du nitrate de soude en couverture, s'il paraît faible ; on le sarcle en avril ; on moissonne en juillet. Le rendement moyen en France est de 18 hectolitres à l'hectare ; il peut aller à 30 hectolitres et au delà dans de bonnes terres bien fumées. Il existe des variétés de Blé moins productives, à semis printanier. Sous la meule, le Blé se sépare en son et en farine, dont on fait le pain et les pâtes alimentaires.

Le *Seigle* est moins exigeant que le Blé, comme température et comme terrain ; on le sème en septembre ; sa farine donne un pain lourd et de couleur foncée ; sa paille, longue et souple, est très estimée.

L'*Orge* mûrit fort bien dans le Nord ; on l'emploie surtout à fabriquer la bière. L'*Avoine* (*fig.* 277, B) croît dans tous les sols, même les plus secs, et sert principalement à nourrir les chevaux. Dans le Midi on utilise la graine du *Maïs* (*fig.* 358) pour en faire des galettes ; on la donne aux chevaux et aux volailles ; le Maïs est aussi un fourrage vert. Le *Riz* est une céréale des régions tropicales.

Fig. 358. — Maïs :
A, fleur mâle ; B, épi.

Le *Sarrasin* ou *Blé noir* est une plante très différente. C'est une Polygonée (**170**) dont la graine anguleuse fournit une farine propre à la confection des galettes et bouillies. Il croît vite, aime les sols siliceux et les climats humides ; on le cultive en Bretagne.

❧ *Les* Céréales *sont alimentaires par leurs graines ; ce sont le* Blé *dont on fait le pain, le* Seigle, *l'*Orge, *base de la bière, l'*Avoine *qui nourrit les chevaux et, enfin, le* Maïs.

222. Plantes sarclées. — On réunit sous ce nom plusieurs espèces cultivées pour leur racine ou leurs tubercules, et qui ont besoin, au cours de l'année, de plusieurs sarclages.

La *Betterave* (*fig.* 359) est une plante bisannuelle (**150**), à racine jaune ou rouge, renflée par des matières de réserve. On sème en lignes, au mois d'avril, dans une terre riche et bien fumée ; on arrache en octobre. Les variétés fourragères sont conservées en *silo*, après sectionnement du collet. Un silo (*fig.* 361) est une fosse creusée en terre et recouverte. Les variétés sucrières sont transformées dans l'industrie en sucre ou en alcool.

La *Carotte* (*fig.* 261), le *Navet* et le *Rutabaga* (*fig.* 360) sont aussi des plantes bisannuelles se cultivant comme la Betterave et utilisées pour nourrir chevaux, moutons et bovidés ; la carotte et le navet servent aussi dans l'alimentation de l'homme.

Les *Pommes de terre* (*fig.* 194, B, 262 et 388) se plantent en lignes, dans le courant d'avril, dans un sol léger, mais fertile et bien fumé. On les *bine* plusieurs fois pour ameublir la surface du sol et, à la floraison, on les *butte*, c'est-à-dire qu'on amoncelle de la terre au pied pour augmenter le rendement en tubercules. On arrache en septembre. Il existe de nombreuses variétés de pommes de terre : on les utilise dans l'alimentation de l'homme et du bétail ; l'industrie en retire de la fécule, qu'on peut transformer en dextrine, glucose, et alcool. Le *Topinambour* (*fig.* 197) se cultive comme la pomme de terre et a des usages analogues.

❧ *Les plantes sarclées sont* Betterave, *Carotte, Navet, cultivés pour leur* racine ; Pomme de terre *et* Topinambour, *pour leurs* tubercules.

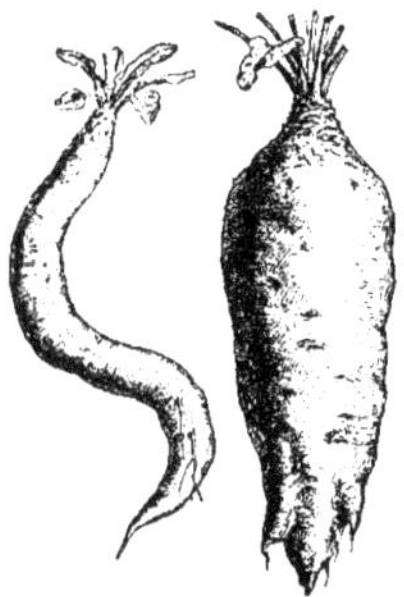

Fig. 359.
Betteraves *fourragères*.

Fig. 360.
Rutabaga.

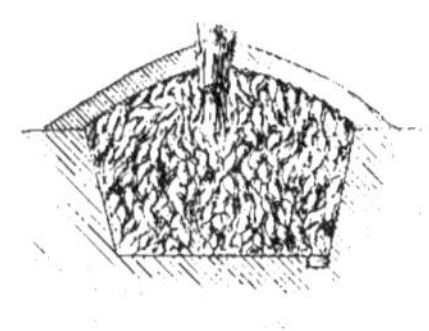

Fig. 361.
Betteraves en *silo*.

223. Plantes des prairies. — Les herbes des prairies sont fourragères ; on distingue les prairies naturelles et les prairies artificielles.

Les prairies *naturelles* sont formées surtout de Graminées vivaces : Pâturin, Vulpin, Fléole, Dactyle, Brize, Flouve odorante, etc. (*fig.* 362 à 366) ; elles prospèrent dans les terrains frais, mais non mouillés ; elles naissent spontanément comme les forêts, mais l'homme peut les créer par semis. On irrigue les prairies, quand c'est possible ; on les arrose au printemps de purin étendu d'eau ; on fauche en été, à la floraison ; l'herbe repousse ensuite : on la fauche : c'est le *regain*.

Les prairies *artificielles* sont formées d'une seule Légumineuse : Luzerne, Trèfle ou Sainfoin, plantes qui enrichissent le sol en azote. Ces prairies sont ensemencées par l'homme ; elles donnent plus de fourrage que les prairies naturelles. La *Luzerne* (*fig.* 367) vient bien en terrain fertile et suffisamment calcaire ; ses racines s'enfoncent profondément dans le sol ; on la sème en mars ; elle dure environ dix ans, en fournissant deux à trois

<table>
<tr><td>Fig. 362.
Vulpin:
a, épillet; b, fleur.</td><td>Fig. 363.
Dactyle aggloméré:
a, épillet.</td><td>Fig. 364.
Floure odorante:
a, épillet.</td><td>Fig. 365.
Brize
intermédiaire.</td><td>Fig. 366.
Ivraie enivrante:
a, épillet.</td></tr>
</table>

coupes par an; elle est souvent envahie par une plante parasite, la *Cuscute* (*fig.* 263). Le *Trèfle* (*fig.* 368) aime les terres fraîches et profondes; on cultive le trèfle *incarnat* qu'on sème en août, le trèfle *commun* ou *violet* et le trèfle *blanc* qu'on sème au printemps. Le *Sainfoin* (*fig.* 369) ne redoute pas les terrains secs et calcaires; on le sème en mars; il dure quatre à cinq ans et donne une ou deux coupes par an. Le trèfle commun et la luzerne doivent être mélangés à du foin sec ou à de la paille, car ils fermentent parfois dans la panse des ruminants, la font gonfler et peuvent amener la mort. On combat ce gonflement, qu'on nomme *météorisation*, en faisant boire à l'animal atteint un litre d'eau, contenant une cuillerée à bouche d'ammoniaque.

❋ *Les prairies* naturelles *sont formées de plusieurs* Graminées *vivaces; elles exigent des engrais azotés; les prairies artificielles sont ensemencées par l'homme et formées d'une* Légumineuse: *Luzerne, Trèfle ou Sainfoin; elles enrichissent le sol en azote.*

224. **Plantes pour boissons.** — Les principales sont la Vigne, les Pommiers à cidre, l'Orge et le Houblon.

La *Vigne* est un arbrisseau à tige noueuse,

<table>
<tr><td>Fig. 367.
Luzerne:
a, fleur; b, fruit.</td><td>Fig. 368.
Trèfle:
A, blanc: a, fleur. B, rose; b, c, fleur.</td><td>Fig. 369.
Sainfoin:
a, fleur; b, fruit.</td></tr>
</table>

Fig. 370. — Vigne attaquée par
la *Pyrale de la vigne :*

a, chenille dévorant une feuille et une
jeune grappe ; *b*, chenille suspendue ;
c, *d*, papillon au repos et ailes déployées.

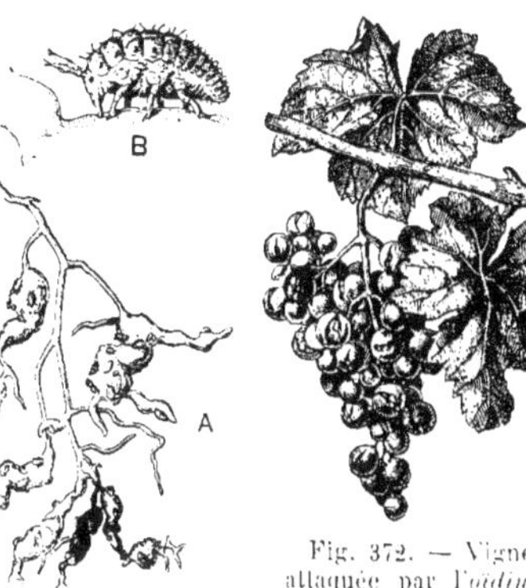

Fig. 371. — A, Radicelles
de la Vigne attaquées
par des *Phylloxéras;*
B, l'insecte très grossi.

Fig. 372. — Vigne
attaquée par l'*oïdium.*

ou *cep,* portant des rameaux grêles ou *sarments;* elle donne le raisin de table et le raisin de cuve dont on fait le vin. Les sols calcaires et perméables, en pente, avec exposition ensoleillée, lui conviennent surtout. On ne la cultive que dans le midi et le centre de la France, car elle craint les gelées. On la plante en lignes dans un sol profondément défoncé et fumé ; on la taille au printemps et on bine deux fois par an : la vendange se fait en août-septembre. On foule en cuve les raisins noirs ; le jus fermente par l'action d'une levure (**178**), et donne le vin rouge ; ou bien on porte le raisin au pressoir et on fait fermenter le jus (vin blanc). On multiplie la Vigne par boutures ou par marcottes, nommées *provins.*

La Vigne a de nombreux ennemis : la chenille d'un petit papillon, la *Pyrale* (fig. 370), et un coléoptère, l'*Eumolpe*, rongent ses feuilles. Le *Phylloxéra* (fig. 371), très petit puceron, s'attaque à ses racines et tue la plante. On se préserve de ses attaques en greffant nos vignes françaises sur des plants américains, à racines plus résistantes. La vigne est sujette à de nombreuses maladies *cryptogamiques*, dues à des champignons microscopiques : *oïdium* (fig. 372), qu'on prévient en soufrant ; *black-rot* (fig. 373) et *mildiou* (fig. 374), qu'on traite par des pulvérisations d'une solution de sulfate de cuivre avec de la chaux (*bouillie bordelaise*). Le mildiou attaque les feuilles ; le black-rot et l'oïdium attaquent toutes les parties de la plante.

Les *Pommiers à cidre* sont cultivés en Bretagne, Normandie et Picardie ; on les multiplie par greffe. Par broyage des fruits et fermentation du jus, on obtient le cidre. Le *Houblon* (fig. 192) est une plante grimpante à tige annuelle, volubile, cultivée dans l'Est ; ses fruits en cônes (fig. 375) servent, avec l'Orge, à fabriquer la bière.

✻ *La* Vigne *fournit le raisin, dont le jus fermenté donne le vin ; elle a de nombreux ennemis : insectes (phylloxéra) ou champignons (oïdium). Les Pommiers à cidre, le Houblon et l'Orge sont aussi des plantes pour boissons.*

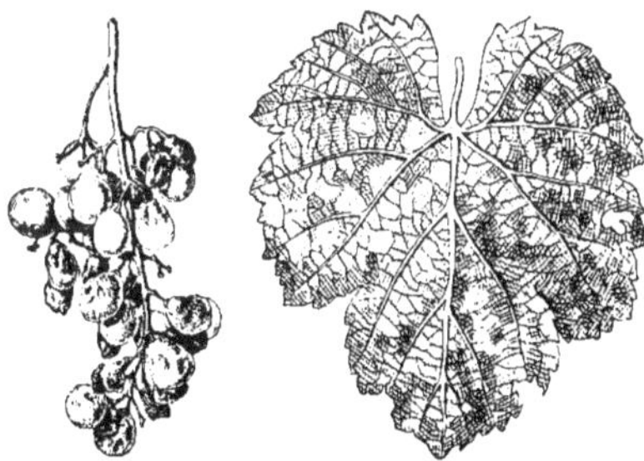

Fig. 373.
Grappe attaquée
par le *black-rot.*

Fig. 374.
Feuille de Vigne attaquée
par le *mildiou.*

Fig. 375.
Cône
de Houblon.

225. Plantes industrielles. — Les plantes industrielles sont celles qui doivent être transformées par l'industrie, en vue de certaines utilisations. La Betterave, d'où l'on retire le sucre ; la Pomme de terre, le Topinambour, les graines des Céréales avec lesquelles on obtient du glucose et de l'alcool, les plantes à boissons sont des plantes industrielles. Nous parlerons ici des plantes oléagineuses, des plantes textiles et des plantes à parfum. Nous nous bornerons à signaler le *Tabac*, cultivé dans certains départements sous la surveillance de la régie,

Fig. 376. — *Olivier :*
a, fleur ; *b*, fruits.

et nous ne dirons rien des plantes tinctoriales, qui ne sont plus guère cultivées en France.

Les plantes *oléagineuses* sont l'Olivier (*fig.* 376, arbre de la région méditerranéenne, puis le Noyer, le Pavot noir et le Colza. La pulpe de l'olive donne l'huile de table la plus estimée. Les graines du Pavot noir donnent de l'huile d'*œillette*, alimentaire ; celles du Colza fournissent de l'huile à brûler. On retire l'huile par broyage et compression, à froid d'abord, puis à chaud.

Les plantes *textiles* sont le Lin (*fig.* 377) et le Chanvre (*fig.* 378), herbes annuelles ; elles subissent le rouissage, fermentation qui détruit la matière gommeuse réunissant leurs fibres, puis, après broyage et peignage, donnent la filasse qu'on transforme en fil, propre à faire des tissus. On utilise aussi leurs graines.

Les plantes à *parfum* sont : Rosier, Violette, Oranger, Jasmin, etc., cultivés dans les Alpes-Maritimes et le Var ; puis la Lavande et le Romarin, qui croissent spontanément en Provence.

❀ *Les plantes industrielles subissent des transformations avant d'être utilisées ; ce sont les plantes à sucre (Betterave), à alcool (Pomme de terre), oléagineuses (Olivier), textiles (Lin) et à parfum (Rosier).*

Fig. 377. — *Lin :*
a, coupe de la fleur.

Fig. 378. — *Chanvre :*
a, tige mâle ; *b*, tige femelle ; *c*, fleur mâle ; *d*, fleur femelle.

XV. — TABLEAU-RÉSUMÉ DES PLANTES DE GRANDE CULTURE.

CULTURES.	NOM DES PLANTES.	UTILISATIONS.
CÉRÉALES	Blé ou froment	Pain, pâtes alimentaires.
	Seigle, Orge, Avoine, Maïs	Alim ; nourriture du bétail ; amidon ; glucose, alcool.
	Sarrasin ou blé noir	Bouillies, galettes ; nourriture des volailles.
PLANTES SARCLÉES	Betterave	Fourragère ; sucrière.
	Carotte, Navet, Rutabaga	Fourragers et alimentaires
	Pomme de terre, Topinambour	Alimentaires, fourragers et industriels (fécule, alcool).
PLANTES DES PRAIRIES	Prairies naturelles : Graminées	Foin.
	Prairies artificielles : Légumineuses	
PLANTES POUR BOISSONS	Vigne, Pommiers à cidre	Vin, Cidre.
	Orge et Houblon	Bière.
PLANTES INDUSTRIELLES	Olivier, Noyer, Pavot noir, Colza	Oléagineuses ; huiles alimentaires ou industrielles.
	Lin, Chanvre	Textiles. Graines oléagineuses.
	Rosier, Violette, Jasmin, Lavande, etc.	Essences odorantes.
	Tabac	

Vache comtoise
Lapin bélier
Porc Yorkshire
Porc craonnais
Lapin géant
Lapin russe
Cochon d'Inde
Furet
Âne
Porc truffier (Périgourdin)
Bœufs nivernais
Mulet
Chèvre
Tarbais
Bélier mérinos
Taureau flamand
Percheron postier
Mouton southdown
Brebis berrichonne
MAMMIFÈRES DOMESTIQUES.

ANIMAUX DE LA FERME

226. Bœuf. — Le *Bœuf* est l'animal le plus précieux pour l'agriculture; il est producteur de fumier, de force et de viande; pendant sa jeunesse, on l'utilise pour labourer ou pour tirer les charrettes: on l'engraisse ensuite pour la boucherie pendant quatre mois. Les meilleures races de travail sont celles dites garonnaise, du Morvan, auvergnate ou de Salers: les meilleures races de boucherie (*fig.* 379 sont la race anglaise Durham, les races limousine et charolaise ou nivernaise.

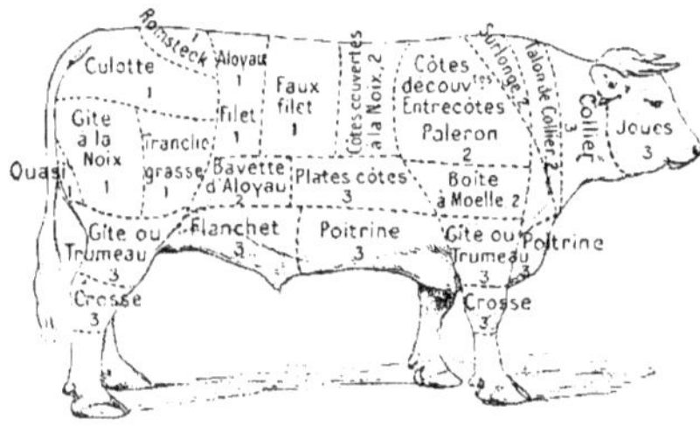

Fig. 379. — Noms des différentes parties du *bœuf*.

La femelle, ou *vache*, fournit son lait; les meilleures races laitières sont les races flamande, normande, bretonne et comtoise. Le lait de la vache, ainsi que celui de la brebis et de la chèvre sont la base de deux importantes industries, celles du beurre et des fromages. Les jeunes, ou *veaux*, après avoir été nourris de lait pendant trois mois, sont sevrés peu à peu. Beaucoup sont tués pour la boucherie vers l'âge de quatre à cinq mois; d'autres, avant d'être utilisés par l'homme, sont élevés dans de bons pâturages ou à l'étable (Voir la Planche en couleurs des MAMMIFÈRES DOMESTIQUES, p. 122).

L'étable doit être propre, vaste, aérée, mais sans courants d'air; les animaux doivent être nettoyés souvent. L'espèce bovine est sujette à la météorisation **223**.

❀ *Le Bœuf fournit sa force musculaire, puis on l'engraisse pour la boucherie: la vache donne son lait, puis sa chair; le veau est tué vers cinq mois ou élevé dans des pâturages.*

227. Cheval, âne, mulet. — Le *Cheval* (*fig.* 380) rend de grands services comme bête de selle ou de trait. Le cheval de selle doit avoir des formes élancées; le cheval *arabe* en est le plus beau type; le cheval *anglais* pur ou de race *anglo-normande* et le cheval *tarbais* sont aussi fort appréciés. Le cheval de trait léger est vigoureux et assez rapide, tel est le *percheron*; pour le gros trait on utilise des animaux robustes, à corps large, trapu et à jambes épaisses, comme le *flamand* ou le *boulonnais*.

Le jeune poulain est sevré vers quatre

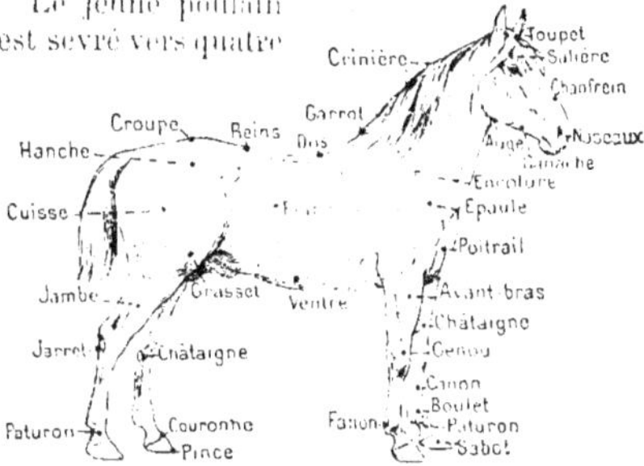

Fig. 380. — Noms des différentes parties du *cheval*.

à cinq mois, puis dressé vers l'âge de dix-huit mois. Le cheval doit être traité avec douceur: on le nourrit de foin et d'avoine, avec un peu de paille hachée, de carottes, etc. Il est très délicat et redoute beaucoup les courants d'air; il faut le couvrir quand il est en état de transpiration, et le panser chaque jour, c'est-à-dire l'étriller, le brosser et le laver.

L'*Ane* est fort, malgré sa petite taille, et peu exigeant pour la nourriture: il rend de grands services dans les petites exploitations. Le *Mulet* résulte du croisement de l'âne et de la jument; il réunit les qualités de ces deux animaux: robuste et sobre, c'est par la sûreté de son pied la bête de somme par excellence des pays de montagne. Les meilleures races d'ânes et de mulets sont celles du Poitou et de la Gascogne.

❀ *On utilise le Cheval pour la selle (tarbais), le trait léger (percheron) ou le trait lourd (boulonnais): c'est un animal délicat, qui demande des soins. L'Ane et le Mulet sont aussi très utiles.*

228. Menu bétail : mouton, chèvre, porc.
— Le *Mouton* nous fournit sa laine et sa chair.
Les meilleures races de boucherie sont les
races *Southdown* et *Dishley*, d'origine anglaise, ainsi que nos moutons nourris dans
les prés salés du bord de la mer, en Bretagne
et en Normandie. Les meilleures races pour
la production de la laine sont le *mérinos* d'Espagne, à laine courte et fine ; les *Dishley* et les
Flamands, à laine longue ; les *Southdown* et les
Berrichons, à laine courte. La brebis nous
donne de plus son lait et ses agneaux ; la
meilleure race laitière est celle du Larzac
(Aveyron) : on fabrique de son lait le fromage
de Roquefort. Le mouton aime l'herbe courte
des terres maigres ; il craint beaucoup la chaleur ; il est sujet à la météorisation, à la
gale, etc. ; on le préserve du charbon par la
vaccination, due aux travaux de Pasteur. La
bergerie doit être vaste, aérée et sèche.

La *Chèvre* est élevée pour son lait : on ne
mange que ses *chevreaux* ; il faut la sur-
veiller de près, car elle broute les jeunes
pousses dans les haies et les plantations.

Le *Porc* est élevé pour la totalité de son individu. Les races *craonnaise* (Mayenne) et
normande sont très appréciées, ainsi que les
races *Yorkshire* et *Essex* d'origine anglaise.
Le porc engraisse vite, si l'on fait cuire ses
aliments ; la porcherie doit être tenue propre.

❀ *Le* Mouton *nous fournit sa laine et sa
chair : la* Brebis *donne, de plus, son lait et ses
agneaux. La* Chèvre *est élevée pour son lait
et ses chevreaux, et le* Porc *pour sa chair.*

Fig. 381. — Aspect d'une basse-cour.

229. Volaille, lapin, abeille. — La *volaille*
comprend des Gallinacés : poule, dindon et
pintade, et des Palmipèdes, comme le canard
et l'oie (Voir Pl. *en couleurs*, p. 44). Dans les
petites fermes, les volailles vivent en liberté
des graines et des vers qu'elles trouvent ; l'élevage se fait aussi dans un enclos spécial ou
basse-cour (*fig.* 381), avec des abris, un grand
espace central libre et de l'eau propre. La
Poule commence à pondre dès la fin de l'hiver
et couve au printemps ; on vend la plupart
des poulets mâles ou coqs et on garde les femelles ou poulettes pour la production des
œufs. Les meilleures races pour la ponte sont
les races de Houdan, de la Bresse et Cochin-
chinoise ; comme couveuses, les races communes ; pour leur chair, les races de La Flèche
et de Crèvecœur. Le poulailler doit être très
propre, bien ventilé, blanchi souvent au lait
de chaux. Les Oies et les Canards ont besoin
d'eau pour se baigner ; ils aiment les vers, les
mollusques et l'herbe des champs. L'élevage
des *Pigeons* est facile et leur chair est délicate.

La chair du *Lapin* est assez estimée ; on
utilise sa fourrure, et de ses poils coupés on
fait le feutre. On élève aussi le *Cobaye* ou
cochon d'Inde (Voir Pl. *en couleurs*, p. 122).

Enfin dans toute la France on élève des
Abeilles (*fig.* 145), et dans le Midi les *Vers à
soie* (*fig.* 144). Les abeilles exigent peu de soin ;
elles favorisent la fructification des plantes et
fournissent le miel et la cire (*fig.* 382).

❀ *Les* volail-
*les, parquées
dans la* basse-
cour, sont : pou-
*le, dindon, pin-
tade, canard,
oie ; on mange
leur chair et
leurs œufs. On
élève aussi pi-
geons, lapins.
Les abeilles
fournissent le
miel et la cire.*

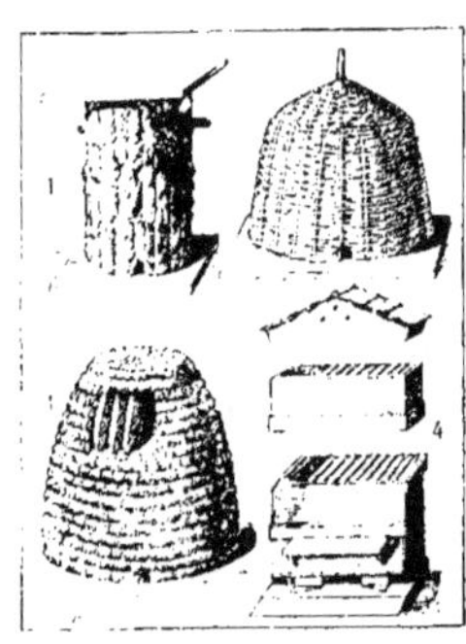

Fig. 382. — Ruches :
1. en liège ; 2. en osier ; 3. en paille ;
4. démontable.

Fig. 383. — Vue de la *roseraie* de l'Hay (Seine).

XIV. HORTICULTURE

OPÉRATIONS DU JARDINAGE

230. **Labour, arrosement, abris.** — Le jardin est la continuation en plein air de la maison ; il fournit les légumes, les fruits et les fleurs. Pour le créer, on fait sur le papier un plan où sont dessinés les allées, les plates-bandes, les massifs. Le *labour* se fait à la bêche pendant l'hiver et à chaque changement de culture ; on laboure le pied des arbustes avec la fourche à dents plates, pour ne pas couper les racines ; chaque fois qu'on laboure on enfouit du fumier ou du terreau de feuilles. L'arrosement a lieu à la lance ou avec un arrosoir à pomme trouée pour distribuer l'eau en pluie ; celle-ci doit être tirée à l'avance ; il faut toujours arroser à fond. Un *bassinage* est, au contraire, un arrosement de surface,

répété souvent pour maintenir fraîches les jeunes plantes provenant de semis récents.

Le *mur* est préférable à la haie pour abriter le jardin. Un *ados* (*fig.* 384) est la disposition en pente du sol voisin d'un mur pour qu'il reçoive mieux, en hiver, les rayons obliques du soleil. Les *cloches* de verre laissent passer la chaleur lumineuse, mais retiennent la chaleur obscure ; l'espace qu'elles limitent s'échauffe vite au soleil. Le *châssis* (*fig.* 385) est un abri plus grand, comprenant un coffre muni de panneaux vitrés que des paillassons peuvent recouvrir la nuit. Les *couches* sont des amas de matières, comme fumier, feuilles

Fig. 384. — Ados.

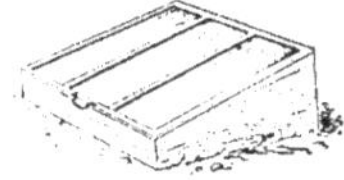

Fig. 385. — Châssis.

mortes, produisant de la chaleur par fermentation ; elles sont recouvertes de terre, dans laquelle sont les plantes à forcer. Une *serre*, même très petite et chauffée seulement par le soleil, rend des services.

✿ *Le* labour *et* l'arrosement *sont les opérations horticoles les plus fréquentes. Pour utiliser au mieux la chaleur solaire et éviter le refroidissement nocturne, on dispose de terre en ados, de* cloches *et de* châssis. *Les couches utilisent la chaleur de fermentation du fumier.*

231. Semis, repiquage, multiplication. —

Quelques plantes annuelles très résistantes se sèment en septembre, mais la plupart des autres, en mars ; les bisannuelles, en mai et juin ; les vivaces, en juin et juillet. Le semis se fait en pleine terre ou sur couche, à l'air libre ou sous abri, directement en place ou, au contraire, en *pépinière*, dans un coin de jardin, pour les graines dont les jeunes plants sont destinés à être *repiqués*, c'est-à-dire transplantés à leur place définitive ; cette opération multiplie les racines. On sème à la *volée*, ou en *lignes*, dans de petits sillons parallèles ; en *poquets*, dans de petits trous en lignes ; chacun d'eux reçoit plusieurs graines ; on recouvre ensuite au râteau ; on foule en tapant le sol avec le dos de la pelle et on bassine fréquemment.

Pour repiquer de jeunes plants, on prépare des trous avec un morceau de bois pointu ou plantoir *(fig.* 386) ; on y enfonce les racines, on tasse la terre et on arrose. On *pince* en cours de végétation les rameaux des plantes herbacées qui se développent trop vigoureusement, c'est-à-dire qu'on coupe avec l'ongle leur extrémité supérieure, de façon à obtenir une plante ramifiée et d'un bel aspect. Nous parlerons plus loin de la *taille* **235** et nous avons déjà indiqué **151** les principes de la multiplication végétative.

Fig. 386.

Plantoir.

✿ *On* multiplie *les plants par semis ou par multiplication végétative. On sème en place à la volée, en lignes ou en poquets ; au contraire, on sème en pépinière les plantes qui sont destinées à être* repiquées.

232. Légumes cultivés pour leurs parties souterraines. —

La *Carotte (fig.* 261) est bisannuelle ; on la sème en place au printemps ; on récolte avant l'hiver et on la conserve en cave ; laissée en terre, elle porte des graines la seconde année. Le *Panais* a la même culture et la *Betterave* rouge potagère se sème en pépinière en avril ; le *Radis rose* se sème en mars et le *Radis noir* d'hiver, en été ; les *Navets*, de mai en août. Le *Salsifis blanc (fig.* 182) et la *Scorsonère* ou salsifis noir se sèment au printemps ; leurs racines se mangent à partir de l'automne jusqu'à la fin du printemps suivant.

Dans les jardins on ne cultive que les *Pommes de terre* hâtives *(fig.* 388) : marjolin, jaune longue de Hollande, early rose qu'on plante en mars. Les légumes bulbeux sont : l'oignon, l'ail, l'échalote et le poireau. Les principales variétés d'oignons sont : l'*Oignon blanc*, qui se sème en août et se récolte au printemps suivant, et l'*Oignon jaune*, qui se sème très serré en avril. L'*Ail* se multiplie en février par les bulbilles, ou *caïeux*, détachées du bulbe ; il craint les terrains humides ; on récolte en août. L'*Échalote (fig.* 387) se cultive de même. Tous ces bulbes se conservent au sec. Le *Poireau* se sème en février, se repique en place en juin et se récolte en hiver.

Fig. 387.

Échalote.

✿ *On cultive pour leurs racines les* Carottes, Panais, Navets, Radis, Salsifis ; *pour ses tubercules, la* Pomme de terre ; *pour leur bulbe, l'*Oignon, l'Ail *et le* Poireau.

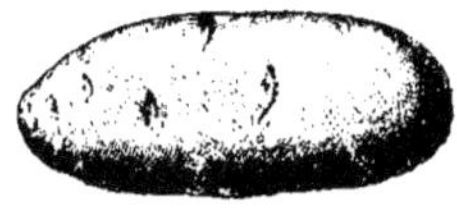

Fig. 388. — *Pommes de terre, ronde et longue.*

233. Légumes cultivés pour leurs tiges ou leurs feuilles. — On multiplie l'*Asperge* de rhizomes, ou *griffes* (*fig.* 389), provenant de semis de deux ans et qu'on plante au printemps dans des trous, creusés en bonne terre sablonneuse, bien fumée. A partir de la troisième année on récolte les jeunes tiges dès leur sortie de terre (Voir Pl. *en couleurs*, p. 78).

Les *Choux* se sèment en pépinière, en bonne terre bien fumée, soit au printemps (chou de Milan, chou de Bruxelles, *fig.* 390, chou-fleur), soit au

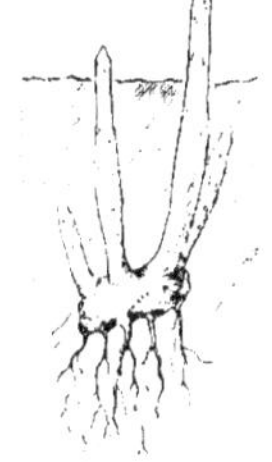

Fig. 389.
Griffe d'Asperge.

Fig. 390.
Chou de Bruxelles.

début de l'automne (chou cœur-de-bœuf).

Parmi les *salades* sont les *Laitues* (romaines, batavia, etc.) et les *Chicorées* (scarole, barbe-de-capucin); les premières se sèment en pépinière à partir de mars; les secondes en été. Le *Céleri* se sème au printemps et se repique; on le butte pour le faire blanchir. Les salades exigent une terre bien fumée et beaucoup d'eau. On cultive pour leurs feuilles l'*Épinard* et l'*Oseille*, qu'on mange comme légumes verts; le *Persil*, le *Cerfeuil* (*fig.* 392) et l'*Estragon*, qui sont des condiments.

❀ *On cultive pour ses jeunes tiges: l'Asperge; pour leurs feuilles, les Choux, les salades, l'Épinard et l'Oseille.*

234. Légumes cultivés pour leurs fleurs, leurs graines ou leurs fruits. — Pour leurs inflorescences comestibles, on cultive le *Chou-fleur* et l'*Artichaut*. On multiplie ce dernier en avril par les rejets que l'on détache; on butte à l'automne et on recouvre de paille pendant l'hiver. Le *Haricot*, le *Pois* (*fig.* 257), la *Lentille* se sèment en lignes en avril; on mange leurs graines, ou même le fruit tout entier (haricot vert, pois mange-tout).

Sauf dans le Midi, les *Melons* (*fig.* 391) sont cultivés sur couche ou sous châssis; on sème en pépinière en avril, on repique en mai. Les *Citrouilles*, les *Concombres*, les *Tomates* redoutent moins le froid; il leur faut beaucoup de fumier. A côté de ces plantes à fruits légumiers, on cultive le *Fraisier* (*fig.* 193) qu'on multiplie par ses coulants.

Fig. 391. — *Melon:*
a, fleur mâle; *b*, fleur femelle; *c*, fruit.

❀ *On cultive pour leurs inflorescences le Chou-fleur et l'Artichaut; pour leurs graines, le Pois et le Haricot; pour leurs fruits, le Melon, la Citrouille, le Concombre et la Tomate.*

JARDIN FRUITIER

235. Plantation, taille; arbres fruitiers. — Les arbres fruitiers obtenus de semis sont les sujets *francs* ou *sauvageons*, dont les fruits sont de qualité inférieure; mais ces arbres servent de porte-greffe **153**. La plantation des arbres fruitiers se fait à l'automne ou en mars dans une fosse, qu'on remplit de terre bien fumée. On *taille* en février-mars, c'est-à-dire qu'on sacrifie un certain nombre de branches ou de bourgeons, pour obtenir des fruits plus beaux, une forme plus régulière et bien adaptée à la situation qu'occupent les arbres. S'ils sont en *plein air*, on leur donne une forme arrondie, pyramide ou vase (*fig.* 396); s'ils sont en *espalier* (*fig.* 394), c'est-à-dire à branches appliquées le long d'un

Fig. 392. — *Cerfeuil:*
a, fleur; *b*, fruit.

mur, ou en *contre-espalier*, suivant un fil de fer, on les taille en formes plates, palmettes, cordons *fig.* 395), etc. Plus tard, on *ébourgeonne*, opération qui consiste à supprimer les bourgeons mal placés ; il faut savoir que les bourgeons *à bois* sont plus petits et plus pointus que les bourgeons *à fruits* (*fig.* 393. A et B). Les arbres fruitiers ainsi traités sont dits *à basse tige* ; on nomme, au contraire, arbres *à haute tige* ceux qu'on laisse croître librement.

Les principaux arbres fruitiers sont : le *Poirier*, qui se greffe sur sujet franc ou sur Cognassier ; le *Pommier*, qui se greffe sur franc ; le *Cerisier*, sur Merisier ; le *Prunier*, sur franc ; le *Pêcher* et l'*Abricotier*, sur Amandier ou sur Prunier.

❋ *Les arbres fruitiers sont plantés avec soin à l'automne ou au printemps,* taillés *en mars,* ébourgeonnés *un peu plus tard. On les cultive en plein air, en espalier ou bien encore en contre-espalier.*

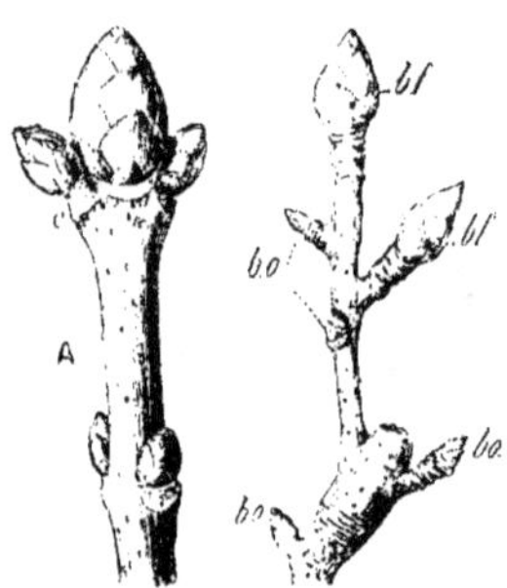

Fig. 393. — *Bourgeons :*
A. de Marronnier ; B. de Poirier ; *bo,* bourgeons ordinaires ; *bf,* bourgeons à fruit ; *c,* cicatrice.

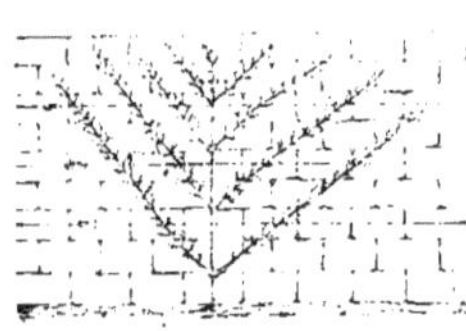

Fig. 394. — Taille en *espalier.*

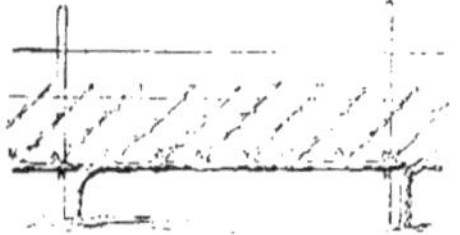

Fig. 395. — Taille en *cordon.*

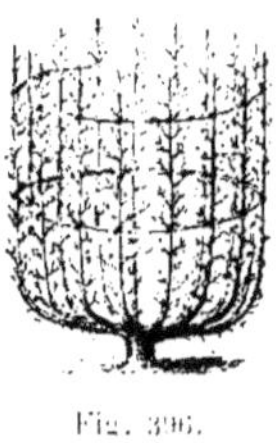

Fig. 396.
Taille en vase.

236. Principales espèces d'ornement ; ennemis des jardins. — Les espèces *annuelles* les plus intéressantes à cultiver sont : Balsamines, Giroflées (*fig.* 177), Pensées, Pétunias, Reines-marguerites, Résédas, Zinnias, parmi les plantes dressées ; Capucine, Cobéa, Haricot d'Espagne, Pois de senteur, Volubilis, parmi les plantes grimpantes. Les espèces *vivaces* les plus remarquables sont : Ancolies, Campanules, Chrysanthèmes, Dahlias, Fuchsias, Mufliers, Œillets, Pélargoniums, Phlox, Pivoines ; on les multiplie de semis ou d'éclats de pied. Nous avons déjà indiqué les époques favorables pour le semis (**234**). Les plantes *bulbeuses :* Crocus, Jacinthes, Tulipes, Lis (*fig.* 276), Glaïeuls, sont aussi de culture facile.

Parmi les *arbustes*, citons les Rosiers, dont il existe d'innombrables variétés dressées ou sarmenteuses (*fig.* 383 et 397), puis l'Fusain du Japon, Laurier-tin, Forsythia, Lilas, Seringat.

Les limaces et les escargots sont très nuisibles aux jeunes plants. On se débarrasse des pucerons et des autres insectes par des bassinages avec une solution étendue de nicotine ; on tue les chenilles, courtilières, forficules ou perce-oreille et aussi les vers blancs ou larves du hanneton (*fig.* 151) dès que le labour les ramène à la surface du sol. Au contraire, les petits oiseaux, le crapaud, le hérisson sont utiles à toutes les cultures.

❋ *Les plantes à fleurs ornementales sont nombreuses ; on les divise en plantes annuelles, dressées ou grimpantes, en plantes vivaces, et en arbustes comme les Rosiers.*

Fig. 397.
Rosier, variété Cent-feuilles.

INDEX ALPHABÉTIQUE ET ÉTYMOLOGIQUE

DES TERMES ET NOMS CITÉS DANS LE VOLUME

Tous les chiffres renvoient aux *paragraphes*; les chiffres en caractères gras (**98**) indiquent les paragraphes où les termes sont *définis*.

A, B

Abeille, 96, **98**, 99, 229.
Ablette, 94.
Abricotier, 161.
Abris, **230**.
Absinthe, **18**.
Absorption. 14.
Acanthoptérygiens (gr. *akantha*, épine, *pterugion*, nageoire . 94.
Acariens gr. *akari*, mite , 103.
Aconit. 157.
Actinie, 110.
Actinodon, 198.
Adventif, Bourgeon lat. *adventus*, qui survient . 115.
Adventive. Racine. **115**.
Æpyornis, 208.
Agate, 180.
Agriculture lat. *ager*, *agri*, champ, et *colere*, cultiver . **211** à **229**.
Aigle, 81, 82, **83**.
Ail, 135, 232.
Akène gr. *a* privatif, et *chainein*, s'ouvrir, **145** .
Albatros. 83.
Alcool. Alcoolisme, **17** à **19**. 52.
Algues, **177**.
Aliments. Alimentation, **11**, **15**.
Allouatte. 60.
Alluvions lat. *alluvio*, formé de *ad*, vers, et *luo*, j'arrose. 192.
Alouette. 81, **86**.
Amandier. **161**.
Amanite, 178.
Amendements. **213**.
Amentacées. **169**.
Améthyste, 180.
Amibe, 111.
Ammonite. 201.
Amphibies gr. *amphô*, tous les deux, et *bios*, vie. 91.
Anatife. 105.
Anatomie de l'homme gr. *ana*, à travers, *tomé*, section . **4**. **7** à **54**.
Ancolie, 157, 236.

Androcée gr. *anêr*, *andros*, mâle . **137**. **141**.
Ane. 71, 227.
Anémone. 157 : — de mer. 110.
Angiospermes gr. *aggeion*, petit vase, *sperma*, semence . 155 à 173.
Anguille. 94.
Annélides lat. *annellus*, anneau . 106.
Anoures gr. *an*, privatif, et *oura*, queue, 91.
Anthère gr. *anthéros*, fleuri . 141.
Anthéridie. **175**.
Anthropoïdes gr. *anthrôpos*, homme, *eidos*, ressemblance . 60.
Antilope, 70.
Apétales gr. *a* privatif, et *pétalon*, pétale . **138**, 155. **169**. **170**.
Aptères gr. *a* privatif, et *pteron*, aile . 98. **102**.
Aptéryx. 86.
Ara, 83.
Arachnides. Araignée gr. *arachnê*, araignée . 96, 103.
Arbres fruitiers. 235.
Archégone gr. *arché*, principe, et *gonos*, rejeton . **175**.
Archégosaure. 198.
Archéoptéryx, 202.
Ardoise, **184**. 199.
Arénicole. 106.
Argile. 184.
Argonaute, 108.
Argyronète. 103.
Artères, 19. 22. **23**. 24.
Artichaut. 144. 168, 235.
Articulations. 41.
Articulés ou Arthropodes gr. *arthron*, article, *podos*, pied . 56. 96 à 105.
Ascaride. 106.
Asperge. 125. 233.
Asphyxie gr. *a* privatif, et *sphuxis*, pulsation . **32**.
Assimilation. **35**.
Assolement rad. *sole* . 216.

Astérie. 109.
Atèle, 60.
Atmosphère, 188.
Aubépine. 161.
Aubier lat. *albus*, blanc, **123**.
Aune. 169.
Autruche. 82. **86**.
Avoine. 149. 172. 221.
Axillaire. Bourgeon lat. *axilla*, aisselle . **119**.
Axolotl. 91.
Bacille lat. *bacillum*, bâtonnet, 32. **177**.
Bactériacées gr. *baktérion*, petit bâton . **177**.
Baie lat. *bacca*, même sens . **145**.
Balane. 105.
Baleine. 58. **73**.
Bambou, 172.
Baobab. 169.
Barbeau, 94.
Basalte. 186. **187**.
Batraciens gr. *batrachos*, grenouille . 57. **90**. **91**.
Baudroie. 94.
Bécasse. 85.
Bélemnite. 202.
Belette. 62.
Bergeronnette. 86.
Bernard-l'Ermite. 105.
Bétail. 226 à 229.
Betterave. 115. 118. 222. 232.
Bison. 70.
Bivalves, 108.
Blaireau. 61. **62**.
Blatte. 101.
Blé. 115. 148. 159. 172. 221.
Boa. 89.
Bœuf domestique. 58. 68, **70**. 226.
Bœuf musqué. 70.
Bois. 116. 122. **123**. 125.
Boissons. **17** à **19**. 224.
Bombyx. 98. **102**.
Borraginées, 165.
Bouche. 7.
Bouleau. 125.

TABLE DES MATIÈRES

PLANCHES EN COULEURS

Paris. — Imp. LAROUSSE, 17, rue Montparnasse.